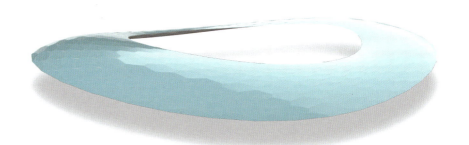

Computational Modeling

コンピュテーショナル・モデリング
入門から応用

{ Grasshopper × スクリプトで極めるアルゴリズミック・デザイン }

◉ 中島淳雄＋髙木秀太 [共著]
◉ 熊野優美＋田上雅樹＋金野圭祐 [執筆協力]

Windows 10 (64-bit)
Windows 8.1 (64-bit)
Windows 7 (64-bit)
対応

JN133507

Rutles

本書のサポートページ → https://www.applicraft.com/cpmodeling_data/
本書で紹介したサンプルデータなどをご提供いたします。

次の製品は、TLM, Inc.(Robert McNeel & Associatesとして事業経営中)の登録商標です。
　Rhinoceros®
　Rhino®
　Rhino3D®
　Flamingo®
　Bongo®
　Grasshopper®
　openNURBS®
次の製品は、TLM, Inc.(Robert McNeel & Associatesとして事業経営中)の商標です。
　Rhino OS X™
　iRhino 3D™
　The Zoo™
Windowsは米国Microsoft Corporationの米国およびその他の国における商標または登録商標です。
その他、本文中に登場する製品の名称は、すべて関係各社の商標または登録商標です。

はじめに ── 曲面造形から、コンピュテーショナルデザインへ

Rhinoceros（以降、Rhino）というモデラーがこの世に現れて、20年になろうとする（β版にさかのぼれば、さらに数年）。
Rhinoは一言で表現すれば、NURBSという数学表現による3次元モデラーということになるだろう。
NURBSは多くのCADやCGで採用されているが、Rhinoはその中でも優れた表現力を持つモデラーである。

3次元アプリケーションの機能を拡張したり、カスタマイズしたりするためには、従来はVisualStudio等の開発環境を使用して、C、C++等のプログラミング言語を使用して行われてきた。
開発にあたっては、RhinoがAPIとして公開しているクラスライブラリーを使用して独自に外部からパラメーターを入力してカスタマイズしたプラグインをコンパイラ型言語で作成する方法がある。
また、早くから"Rhinoスクリプト"というインタープリター型のツールも提供されている。
前者の方法はプロフェッショナルが行う開発手法で、多くの優れたRhinoのプラグインが開発元以外によって提供される"サードパーティーアプリケーション"として提供されている。
後者は大学や個人のユーザー等で研究目的や趣味、簡単なカスタマイズ目的で使用されてきた。

"Rhinoスクリプト"や後年標準で組み込まれた"Pythonスクリプト"は、開発環境を整える必要がなく、プログラミングの知識があれば誰にでも扱えるようになったということの意味は大きい。
しかしながら、例えインタープリター型であれ、コーディングが正しく行われないうちは結果を見ることができず、一般のデザイナーや設計者には敷居が高い。

2008年頃に、Grasshopper（以降GH）というVisual Programming Language（以降、VPL）型のRhinoのプラグインがβ版で登場した。
VPLは文字通り、実施したいプロセスを視覚的に確認しながらモデリングのアルゴリズムを構築していくものである。
このアルゴリズムは、GH定義ファイル（以降、GHファイル）という形で保存される。
GHにおいては、Graphical Algorithm Editor（以降GAE）、つまり"視覚的にアルゴリズムを編集する"という位置付けがされている。

Autodesk社も同じ流れで、Design Scriptというインタープリター型の開発言語から、現在はDynamoというGAEに取り込まれる形で変遷してきている。

VPLはどちらかというとCG系のソフトで、アニメーションやCG的なイフェクトを取り込むためにHOUDINIを始めとするアプリケーションで使用されてきたものと考えて良い。

GHで取り扱う3次元オブジェクトは、その形状、数、配置、そして変形等に関して、様々な数値を変数として与え変化させることにより、無数のシミュレーションを行うことが可能である。
これにより、変数の数と変数の領域に比例して、人間が取り扱える範囲をはるかに超えた、無限ともいえる形状やパターンをシミュレーションすることができるようになった。

シミュレーション時には、膨大な計算結果が出力されることもある。
これを発散と捉えた場合、様々な結果から意思決定し、逆に収束計算を行って最適解を求めることも可能である。

GHで3次元モデルをデザイン、モデリングすることは、単にプログラムの知識があればできるという訳ではなく、Rhinoのような3次元モデラーの形状モデルがどのような理論で構築されているか、知ることが必要である。
本書では、この点に関しての記述にも重点を置いている。

実際に、3次元モデラーの開発者は、自らをコンピューターサイエンティストというよりは、Mathematician（マスマティシャン、数学者）と捉えている。

3次元デジタルモデルの形状は、NURBSという数学表現で形状が定義されるが、その中で重要な概念は、3次元カーブは、"t"という1つの変数で、3次元曲面は、"u"と"v"の2つの、始点から終点に向かって増加する（正規化した場合、0~1）変数の多項式で表現されているということである。
これらの変数（パラメーター）で表現されるので、NURBSで構築されるカーブや曲面は、パラメトリックカーブ、パラメトリック曲面等と呼ばれることがある。
GAE内では、パラメーターというとNURBSの変数だけではなく、アルゴリズムにおいて図形オブジェクトに与える、移動距離や回転角、分割の値もパラメーターである。

これらのNURBSの知識を踏まえた上で、ある程度のプログラミングの知識があれば、様々なデジタルデザインを具現化することができる。

もう1つ重要なのは、データの構造とその編集方法の理解である。
GHで定義されるデータはツリー構造となり、ツリー構造に格納されるデータは、数値情報、論理値、参照されるRhinoの図形オブジェクトや、GHで定義された図形オブジェクト等である。
これらのデータが、ツリー構造の最下層に、1つまたは複数のデータとしてリストが形成され、そのリストをGH内のコンポーネント（Rhinoにおけるコマンドに相当する）に接続することでコンポーネントの機能に応じた処理を行う。

本書の前半では、GHの概要、主要コンポーネントの説明、アルゴリズムの組み立て方の説明が主になる。
GHアルゴリズムを作成するにあたり、重要なデータ構造とNURBSに関しては、第4章で解説する。

後半では、インタープリター言語であるスクリプトに関して解説する。

スクリプトは、Rhino上で動作するのは、"Rhinoスクリプト"と"Pythonスクリプト"である。
GH内で使用できるスクリプトとして、"VB"、"C#"、"Python"の3つがスクリプトコンポーネントとして用意されている。

筆者はいくつかのクライアントに対して、意図したデザインの実現や、マンパワーでの処理が困難な大規模なデータ処理が必要なモデリングのコンサルテーションをさせていただいているが、Rhinoだけで実現する場合と、アルゴリズムを使用して実現する場合の2つのケースがある。

前者の場合は曲面造形そのものの理解とそれに対して最適なコマンドを使用するスキルが要求されるが、後者の場合はアルゴリズムに関する知識や経験も要求される。

アルゴリズムを構築するにあたっては、GHコンポーネントとGHプラグイン（実に多くのGHプラグインが第3者から公開されている）だけで多くの場合は事足りている。

例外として、Rhinoにはコマンドとして用意されているがまだGHコンポーネントとして提供されていない機能や、連続的に処理する際のエラー対応等を、プログラミングスキルを持つ開発者に依頼をすることはあるが、より重要なことは、目的を達成するための最適なアルゴリズムの全体像を把握し、自分でできることとできないことを理解し、誰がそれを補完できるかロジカルに判断することである。

もちろん、開発環境を使用してRhinoやGHのプラグインを独自に作成することができれば理想的である。

Rhinoが登場した当時は、先進的なパワーユーザーが、3Dモデリング自体を「言語を超えたコミュニケーションを行うための"デザイン言語"である」と言ったことを非常に印象的に感じたことを憶えているが、これからは、意図したデザイン・モデリングを実現するためのアルゴリズムも新しい"デザイン言語"として認識されていくであろう。

プログラミングのスキルやNURBSの知識に応じて、必要とするアルゴリズムの作成にトライして有効に活用していただければ幸いである。

中島淳雄

【目次】 CONTENTS

第1章
アルゴリズム構築と開発環境概要──009

第2章
インターフェース──019

- 2-1　Grasshopperの起動──020
- 2-2　Grasshopperのインターフェース──022
- 2-3　コンポーネントの基本と操作方法──028
  - 1　コンポーネントの配置──028
  - 2　コンポーネントの端子について──028
  - 3　コンポーネントの接続──030
  - 4　コンポーネントの編集──031
  - 5　コンポーネントの表示方法──032
  - 6　検索画面からコンポーネントを呼び出す──033
  - 7　コンポーネント補助機能"Canvas Widgets"──034
  - 8　コンポーネントのグループ化──035
  - 9　コンポーネントの表示色の設定──036
  - 10　コンポーネントの逆引き──037
  - 11　入出力端子の追加──037
  - 12　黒いラベル付きコンポーネント──038
  - 13　演習:コンポーネントの設定と機能──039

第3章
Grasshopperモデリング基礎──043

- 3-1　モデリング基礎──044
  - 3-1-1　演習1:直方体の作成と配列──044
  - 3-1-2　演習2:サンプルで見るGrasshopperの機能──049
  - 3-1-3　演習3:パラメータ(t・UV)とReparameterizeについて──059
  - 3-1-4　演習4:簡単な3次元形状作成とマッピング──062
  - 3-1-5　データ構造の基本 - Graft,Flatten,Simplify──068
- 3-2　Grasshopperコンポーネント──071
  - 3-2-1　[Params]タブ──072
  - 3-2-2　[Maths]タブ──076
  - 3-2-3　[Sets]タブ──079
  - 3-2-4　[Vector]タブ──082
  - 3-2-5　[Curve]タブ──085
  - 3-2-6　[Surface]タブ──088
  - 3-2-7　[Mesh]タブ──090
  - 3-2-8　[Intersect]タブ──091
  - 3-2-9　[Transform]タブ──093
  - 3-2-10　[Display]タブ──096
- 3-3　便利な機能──099
  - 3-3-1　Lock Solver機能とマルチスレッド - 作業を効率化する──099
  - 3-3-2　Cluster機能とUser Object - 複数のコンポーネントをまとめる──100
  - 3-3-3　Degrees機能によるラジアンから度への変換──105
  - 3-3-4　[Expression]コンポーネントによる数式の定義──106
  - 3-3-5　Number SliderのAnimate機能による連続自動キャプチャー──108

3-3-6　　プラグインを追加する——109
　　　コラム1　データを繋いだときの働き方について（基礎）——112

第4章
データ構造とNURBS——115

4-1　データ構造　　116
　　　4-1-1　　データ構造の基本コンポーネント——116
　　　コラム2　データを繋いだときの働き方について（応用）——120
　　　4-1-2　　データの選択とマトリックス変換——124
　　　4-1-3　　データのリスト——125
　　　4-1-4　　Voronoiパターンとデータツリーの操作——128

4-2　NURBS表現の基礎知識　　137
　　　4-2-1　　UV空間、非トリムサーフェス、トリムサーフェス——137
　　　4-2-2　　NURBSの要素：ノット、ウエイト——144
　　　4-2-3　　ウエイトコントロールによるモデリングシミュレーション——148
　　　4-2-4　　スーパー楕円を利用したシミュレーション——150
　　　4-2-5　　NURBSを理解した上でのアルゴリズム構築の応用（曲面からパネル化）——154
　　　コラム3　データを繋いだときの働き方について（その他）——159

第5章
KangarooとGalapagos——165

5-1　Kangaroo Physics　　166
　　　5-1-1　　簡単な運動シミュレーション——166
　　　5-1-2　　バネを使ったカテナリー曲線——170

5-2　Kangaroo2　　172
　　　5-2-1　　アンカーポイントによる変形——172
　　　5-2-2　　風による変形——176
　　　5-2-3　　メッシュのエッジを指定した形状に変形——178
　　　5-2-4　　曲げ要素による変形——181
　　　5-2-5　　重力による布の形状変形シミュレーション——184

5-3　Galapagos　　189
　　　5-3-1　　［Galapagos］コンポーネントの使い方——189
　　　5-3-2　　複数の遺伝子から導かれる解——194
　　　5-3-3　　［Gene Pool］コンポーネントによる遺伝子指定——196
　　　5-3-4　　曲線内の最も大きい長方形を求める——198

第6章
スクリプト言語を使用したコンピューテーショナル・モデリング——201

6-1　RhinoPython　　202

6-2　GhPython　　205
　　　6-2-1　　GhPythonサンプルプログラム——205
　　　6-2-2　　［GhPython Script］コンポーネントのインターフェース——207
　　　6-2-3　　文字列、変数、組込関数——210
　　　6-2-4　　演算子による四則演算——211
　　　6-2-5　　forループ文——212

【目次】CONTENTS

  6-2-6 "RhinoCommon"と"rhinoscriptsyntaxモジュール"――213
  6-2-7 多重ループ――217
  6-2-8 "math"ライブラリー――219
  6-2-9 If文とサーフェスのUV方向の変更――221
  6-2-10 ブール演算のエラー発生時の対処――226
  6-2-11 RhinoCommonの使用――229
  6-2-12 ghpythonlibの使用――232
  6-2-13 カスタム関数の作成――235

6-3 Pythonプログラミングの基本 238
  6-3-1 はじめに――238
  6-3-2 コーディングを始める前に――238
  6-3-3 変数――239
  6-3-4 配列――245
  6-3-5 繰り返し構文（for文）――247
  6-3-6 条件分岐（if文）――249
  6-3-7 関数――251
  6-3-8 クラス――254

6-4 C#とPythonの違いについて 257

6-5 C#によるGHA（Grasshopper Assembly）開発 263
  6-5-1 開発環境の構築――263
  6-5-2 プロジェクトの作成――265
  6-5-3 コンポーネントのビルド――269

第7章
サンプルアルゴリズム――275

7-1 プロダクトサンプル 276
  7-1-1 バスチェアー――276
  7-1-2 ハンディクリーナー――280
  7-1-3 スピーカー――284
  7-1-4 槌目甲丸リング――288

7-2 建築サンプル 291
  7-2-1 面積等分アルゴリズムを応用したアーケード構造の最適化――291
  7-2-2 タワー状構造物のモデリングと積算用ツールとしての活用――295

7-3 Kangaroo2サンプル 298
  7-3-1 アーチ状天幕の物理演算シミュレーション――298
  7-3-2 シャボン膜モデルの物理演算シミュレーション――300

7-4 スクリプトサンプル 303
  7-4-1 スクリプトサンプルの確認――303
  7-4-2 曲面上にある曲線を平面化するPythonスクリプト――307
  7-4-3 IDE（統合開発環境）を使用してみる――310

 索引――313

Computational Modeling

第 1 章

アルゴリズム構築と開発環境概要

Grasshopperやスクリプトでアルゴリズム構築することは、
目的を達成するための手段である。
ユーザーの目的とアイデアによってアルゴリズムの種類は無数に存在する。
その1つの例を、意匠建築モデルを題材に考察してみる。

素のままのRhinoでデザイン・モデリングするユーザーが、ニーズに応じたカスタマイズや高度なプラグインの開発に至るまでの段階は、下記のように考えられる。

1) Rhinoのカスタマイズ
- アイコンのカスタマイズ
- コマンドエイリアスやショートカットキーの追加・編集
- rui(Rhino User Interface)のカスタマイズ

2) GHによるアルゴリズム構築
- GH定義ファイルの作成(GHコンポーネントを使用したアルゴリズムの構築)
- 複数コンポーネントから構成されるアルゴリズムのクラスター化
- ユーザーオブジェクトの追加

3) インタープリター型言語による開発
- Rhino上でのScript(Rhinoスクリプト、VBスクリプト、Pythonスクリプト)の使用
- GHコンポーネントと、GH上のScript(VB、C#、Python)を使用したアルゴリズムの構築

4) 開発環境を使用したコンパイル型のプログラム開発
- ソフトウエア開発キット(SDK)を使用してRhinoのプラグインを作成
- ソフトウエア開発キット(SDK)を使用してGHのプラグインを作成

本書では、2)を中心に解説し、3)と4)の一部について紹介する。

アルゴリズム構築の実例

GHの使用方法やスクリプトの解説の前に、意匠建築モデルのシミュレーションを例に、アルゴリズム構築の必要性と有用性について考えてみたい。

図1-1は、GHアルゴリズムと、GH上でPython Scriptを使用した例である。

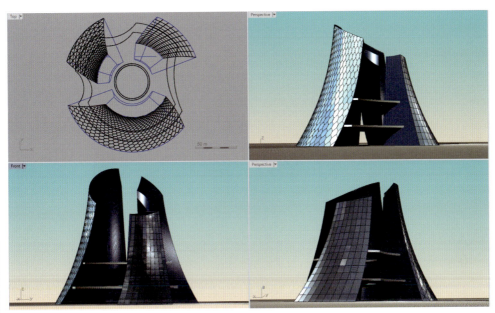

▲図1-1

この例では、3つのタワーから構成される建築モデルに関して、次の2つの面からアプローチしている。

1) 意匠形状の決定

Rhinoで基本形状となるカーブを定義し、GHでパラメータを操作して、建築モデル全体の大きさ・レイアウト・形状のシミュレーションを行い、形を決定する。

2) パネリングのシミュレーション

建築モデルの形状の決定後、表面のパネリングを検討する。これはGHのコンポーネントだけでアルゴリズムを構築することができないので、Python Scriptでプログラミングをして対応する。

この建築モデルは、Rhinoだけでモデリング可能である。

しかしながら、意匠決定の初期段階では多くの検討事項がある。
意匠情報だけではなく、全体の容積、床面積、日照条件、流体等を考慮のうえ、意匠モデルを作成する。さらにそのモデルを構造モデルとして解析シミュレーションも行うが、その結果によって意匠モデルの変更が必要になる。
後工程との関連を考慮しできる限りシンプルに、意匠形状のシミュレーションができるようにしたい。
ここでは、3本のプロファイルカーブのみをRhino上のFrontビューで定義し、この3本のカーブを元にアルゴリズムを構築した。
この章ではアルゴリズムの詳細は説明しないが、アルゴリズム構築をイメージしてから第2章以降に進んでほしい。
なお、このモデルとGH定義ファイルは、第7章のダウンロード可能なサンプルの1つである。

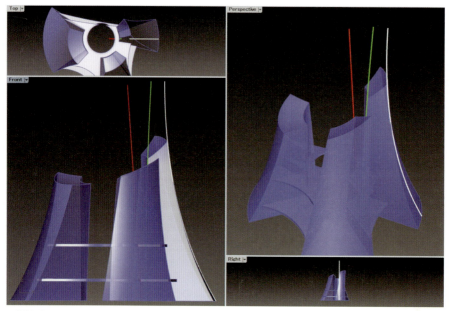

▲図1-2

まず意匠形状の決定だが、下記のようなプロセスとなる。
Rhino上で定義したカーブからZ方向を軸とした回転サーフェスを作成する。
次にそのサーフェス上のUVパラメータ(詳細は第3章)を3点、パラメトリックに指定できるようにしておき、その点を通過し、なおかつサーフェスの面上に配置されるカーブをUVパラメータの数値を調整することで定義する。
ここでユーザーが定義できるカーブは無限に存在するため、このようなアルゴリズムを構築することで、効率よく無限に近いデザインの比較が可能となる。

▲図1-3

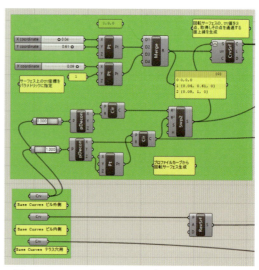

▲図1-4:GHアルゴリズムイメージ

下図は回転配置する際に、等間隔ではなく間隔に若干粗密が出るように調整可能にしたアルゴリズムである。

▲図1-5

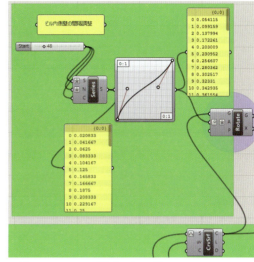
▲図1-6：GHアルゴリズムイメージ

次に3つのタワーのエッジとなる、カーブを取得する。
先の工程で回転配置したカーブ群から任意のカーブを6本選択し、回転サーフェスの上面と下面エッジとの交点を求め、分割した必要なエッジを抽出する。

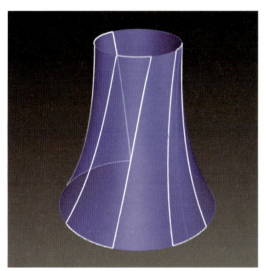
▲図1-7

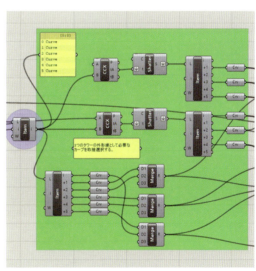
▲図1-8：GHアルゴリズムイメージ

中心線との間に平面サーフェスを生成し、上面・下面とも塞いでおく。

▲図1-9　　　　　　　　　　　　　▲図1-10：GHアルゴリズムイメージ

空間にタワー上面を切り取る球を配置する。球はXYZ座標指定で移動可能とし、半径も調整できるアルゴリズムを構築しておく。
中心をくり抜くため、カーブから回転サーフェスを作成しておく。

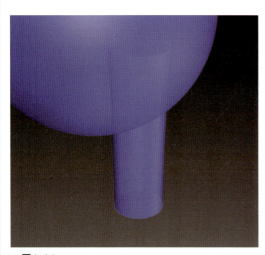
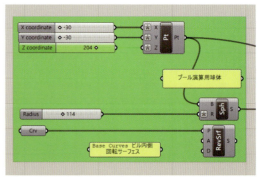

▲図1-11　　　　　　　　　　　　　▲図1-12：GHアルゴリズムイメージ

ブール演算の差の演算で交差部分を取り除く。

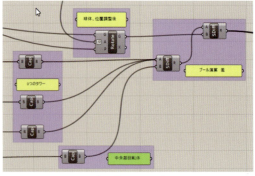

▲図1-13　　　　　　　　　　　　　▲図1-14：GHアルゴリズムイメージ

最後にテラスとなる平面サーフェスを作成し、高さ位置を変更できるようにしておき、和のブール演算を行ってアルゴリズムを完成する。

従来はこれらの一連のモデリングを、デザイナー、設計者や専門のモデラーあるいはCADオペレーターが分担して行うわけだが、一度アルゴリズムが決まってしまえば、理屈では無限の変更が可能になる。アルゴリズムは、最終モデルを作成するための手順をGHコンポーネントを使用して構築していくが、手順の1つ1つをプログラムで言うところのサブルーチンと考えて良いだろう。
仮に例で挙げたアルゴリズムのフローチャートを作成すると、図1-15のようなものになる。

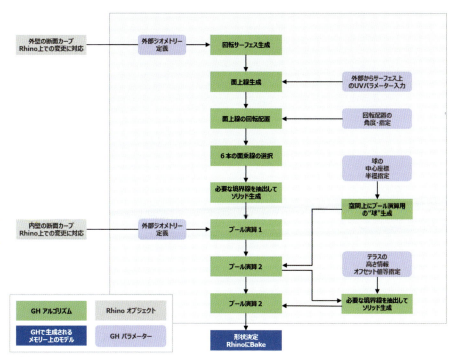

▲図1-15

次にビルのパネル分割を多角形で行うことを考えてみよう。
分割の方法としては、ビルの表面上に多角形を投影し、その頂点を直線で結べば面になる。3つの点から構成される面は必ず平面になるが、4点以上の点から構成されるパネルが平面になる場合はまれである。また生成されたビルの表面サーフェスは完全な自由曲面であるため、同一サイズ・同一形状でパネルを生成するのは、例え三角形であっても難しいことは容易に分かる。

ここではパネルを共通部品としてではなく、レーザーカッター等で切断して、少なくとも平面のパネルで、かつある程度の誤差内でパネルを貼っていくという方法を考えてみる。
つまり、全てユニークな形状を持つ多角形から構成されるが、そこで使用されるパネルは完全な平面パネルであるという条件で考える。

図1-16は表面上にヘキサパターンを生成した例だが、GHの初期の状態ではこの機能を持つコンポーネントはないので、ここではLunch Boxというプラグインを使用している。
ヘキサパターンのパネルの縦横の数を指定して、その頂点部分を表面に投影し、頂点を直線で補間したポリラインを生成している。

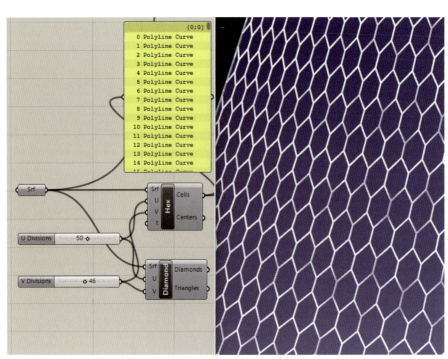

▲図1-16

生成されたポリラインは平面上になく微妙にねじれた位置関係にあるので、それぞれの頂点から近似した六角形のパネル（平面）を作成する。
この時点で、隣り合うパネルの頂点間にギャップが生じる。
そこでギャップとして許される値を指定し生成された平面を、再帰計算によりパネルの角度がギャップ内に収まるようなアルゴリズムが必要である。
標準のGHコンポーネントでは再帰計算ができないので、スクリプトでこのアルゴリズムをコーディングする。再帰計算が可能なGHプラグインもあるが、ここではPython Scriptを使用した。

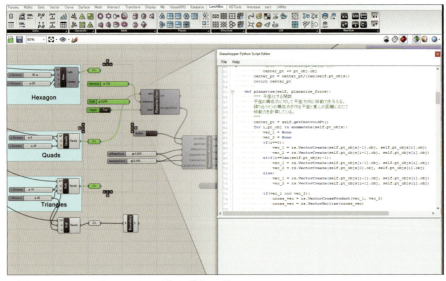

▲図1-17：Python Scriptのコーディングイメージ

図1-18は、再帰計算を行いつつ、条件の満たされたパネルが順次生成されていく様子である。大きなパネルを造ろうとすれば、当然大きなギャップが生まれる。
プログラムの内容次第で、パネルの数を調整しつつ、最適なパネル分割をシミュレーションすることが可能だ。

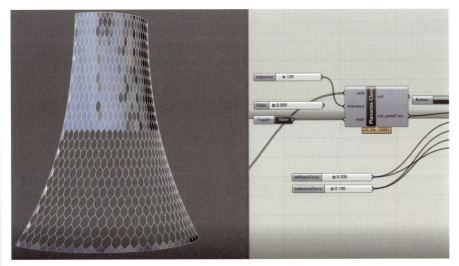

▲図1-18

図1-19は、Rhinoの開発環境のダイアグラムである。

Rhinoの開発環境　(公式推奨2019年7月時点)

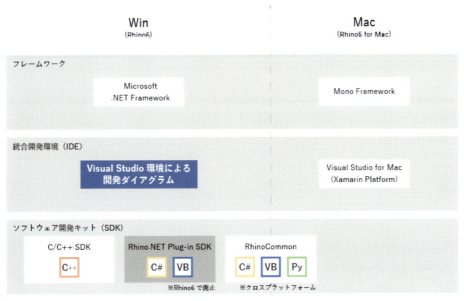

▲図1-19

Rhino、GHにおいては各種機能の拡張性が広く提供されているのが大きな特徴である。

1 フレームワーク

Rhino5からOSのクロスプラットフォームが採用された。.NET FrameworkとMonoの相互互換性が担保された開発が可能である。

2 統合開発環境（IDE）

推奨される統合開発環境（IDE）についてはオフィシャルのリファレンスが存在し、構築の手順を含めてサポートが整っている。紹介は開発者向けサイトを参照のこと。

　　https://developer.rhino3d.com/

3 ソフトウエア開発キット（SDK）

Rhino5から公開されたSDK「RhinoCommon」は、①Win-Macのクロスプラットフォーム、②C#，VB，Pythonのクロスランゲージを実現しており、より柔軟な開発体制が実現可能である。

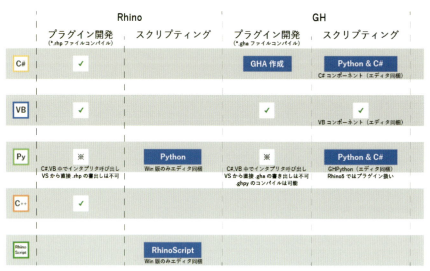

▲図1-20

開発は主に、以下の4種に分けられる。

1. Rhinoのプラグイン開発
2. Rhinoの処理スクリプト開発（スクリプティング）
3. GHの処理スクリプト開発（スクリプティング）
4. GHのプラグイン開発

1.のプラグイン開発はコンパイル言語に限定されるので、専用のコンパイラアドオン、テンプレートが開発元のMcNeelより提供されている。C#での開発が推奨されており、サポートも手厚い。

  https://developer.rhino3d.com/guides/rhinocommon
  https://developer.rhino3d.com/guides/cpp/
  https://developer.rhino3d.com/guides/opennurbs/

2.のスクリプティングに関してはコンパイル言語、インタープリター言語共にサポートされている。コンパイル言語のC#，VBはプラグイン開発とほぼ同様の記法で開発ができるので相互の開発で難がない。インタープリター言語のPythonはその開発のしやすさから独自の展開を見せており、「RhinoPython」、「GhPython」という独自のサービス名を冠した環境が提供されている。プログラム初心者にはPythonでの開発がオススメだ。

  https://developer.rhino3d.com/guides/rhinocommon

以上は、開発者向けのサイトとなり本書では言及しないが、プログラミングという共通言語を持つプログラミングスキルを持つユーザーはトライしてもらいたい。

3.と4.に関しては、第6章で解説する。

Computational Modeling

第2章
インターフェース

Grasshopperは、Rhinoのコマンドに相当するジオメトリーの作成・編集する機能を、"コンポーネント"というもので行う。Grasshopperのインターフェースを理解し、コンポーネントの基本的な使用方法を理解しよう。

2-1
Grasshopperの起動

以下のいずれかの操作でGrasshopperのメインウインドウが起動できる。

- Rhinoの標準ツールバーにある"Grasshopperアイコン"をクリック
- コマンドプロンプトにて「Grasshopper」と入力する

▲図 2-1-1

▲図 2-1-2

▲図 2-1-3

これよりGrasshopperはGH、RhinocerosはRhinoと記述する。

新規でGHファイルを作成する：「Fileメニュー>New Document」を選択。
既存ファイルを開く：「Fileメニュー>Open Document…」でファイルを指定して開く。

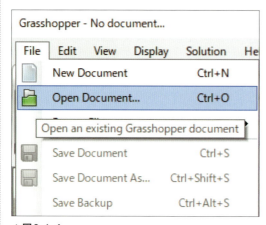

▲図 2-1-4

GHで作成したデータは、Rhinoの.3dmファイルとは別に、GHの定義ファイル（*.gh/*.ghx）として保存される。右上の×印でウインドウを閉じても、再度開けば定義ファイルはそのまま残っている。Rhinoの終了時に未保存の定義ファイルがある場合は保存の有無を聞いてくるので、必要に応じて青いアイコンをクリックして保存する。

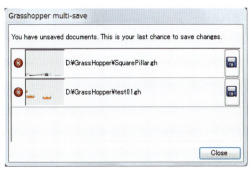

▲図2-1-5

または「Fileメニュー>Save Document」で保存、「Fileメニュー>Save Document As…」で名前を付けて保存することもできる。

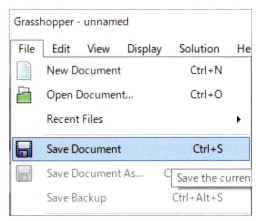

▲図2-1-6

保存形式[*.gh]と[*.ghx]の違いについて

*.gh………… バイナリ形式として保存される。データは軽いが他のソフトでは開くことはできない。基本的にはこちらを選択すると良い。

*.ghx……… アスキー（xml）形式として保存される。データ量は増えるがテキスト形式で保存されるため、GHを起動しなくても他のソフトでも編集可能である。

Computational Modeling

2-2
Grasshopperのインターフェース

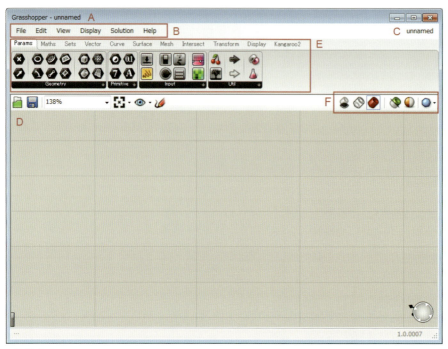

▲図2-2-1

A:タイトルバー･････････････････････ダブルクリックでGHのウィンドウを最小化⇔通常サイズに切り替える。

B:メニューバー･････････････････････よく使用するメニューを選択できる。Rhinoにおけるコマンドでなはく、オプションに当たるものが含まれる。またアイコンで表示されているものと同じものも含まれる。

C:ファイルブラウザコントロール･･････GHでは、複数のファイルを開くことができる。ここでは、開いているファイルをサムネイルで表示し、切り替えることができる。ファイルを開いていない場合は表示されない。

D:キャンバス･････････････････････････実際にコンポーネントを配置する場所である。キャンバス左上のアイコン群で、キャンバスのズームや視点の保存が可能。

▲図2-2-3

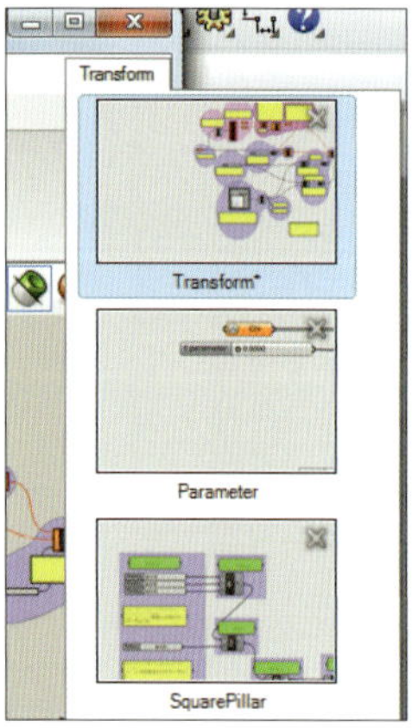

▲図2-2-2

また、キャンバス上の任意の場所でマウスをダブルクリック、または F4 でキーワードによる検索ウインドウが開く。ここでコンポーネントの名前の一部を入力すると、その名前の一部を含むコンポーネントがリスト表示される。例えば「Curve」と入力すると、関連するコンポーネントのリストが表示されるので、目的のコンポーネントを選択しキャンバスにドラッグして配置する。

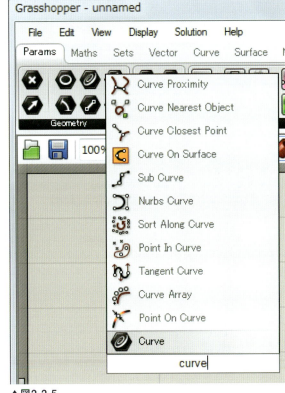

▲図2-2-4　　　　　　　▲図2-2-5

E：コンポーネントパネル ………… すべてのコンポーネントが配置されている。メニュー名をクリックするとタブが切り替わり、それぞれのカテゴリごとに分かれたアイコンが表示される。コンポーネントのアイコン上にマウスカーソルを合わせると、簡単な機能説明が表示される。また、アイコンをダブルクリックすると機能詳細が表示される。

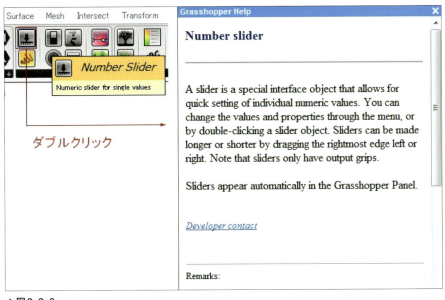

▲図2-2-6

アイコンは、ウインドウ幅が狭い場合や後述の"Obscure Components"が設定されていない場合、すべては表示されない。アイコン下のカテゴリ名(黒い帯の部分)をクリックすると、下部に隠されたすべてのアイコンが表示される。

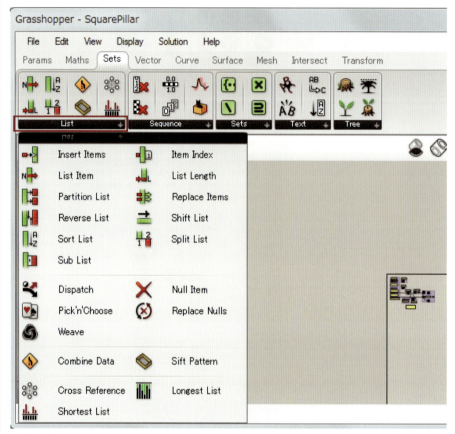

▲図2-2-7

「Viewメニュー>"Obscure Components"」を選択すると、表示するアイコンの数をウインドウの大きさに応じて自動調整する設定に変更できる。

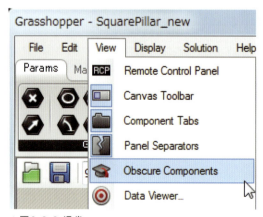

▲図2-2-8:通常

▲図2-2-9：Obscure Components/ON - ウインドウ幅最大までアイコンを配置できる

F：プレビュー表示･････････････Rhinoと同様に GHでもいくつかの表示モードがある。画面右上で以下のプレビュー表示を切り替えができる。

▲図2-2-10

"Don't draw any preview geometry"
GHで作成したすべてのオブジェクトをRhino上で非表示にする。ショートカットキーでは、Ctrl＋1で切り替えることができる。

"Draw wireframe preview geometry"
GHで作成したすべてのオブジェクトをRhino上でワイヤーフレーム表示する。ショートカットキーでは、Ctrl＋2で切り替えることができる。

▲図 2-2-11

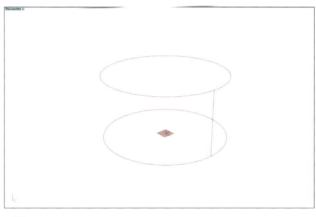

▲図 2-2-12

"Draw shaded preview geometry"
GHで作成したすべてのオブジェクトを、Rhino上でシェーディング表示（赤）する。ショートカットキーでは、Ctrl＋3で切り替えることができる。

▲図 2-2-13

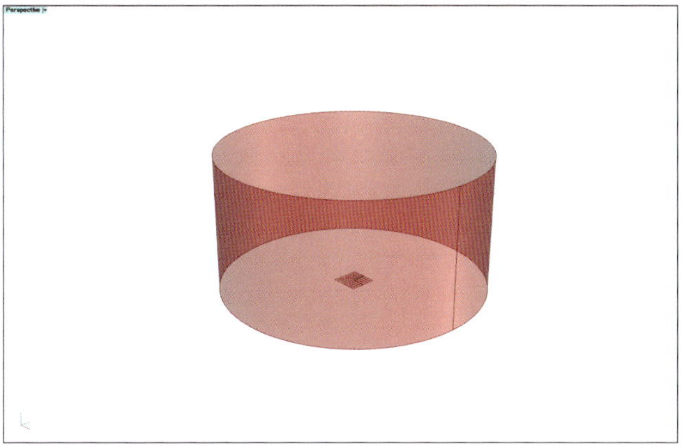

▲図 2-2-14

この表示モードの状態で、特定のコンポーネントだけ Rhino上に表示させたくない場合は、Preview機能を使う。Previewがオフになるとコンポーネントの表示が濃いグレーになる。

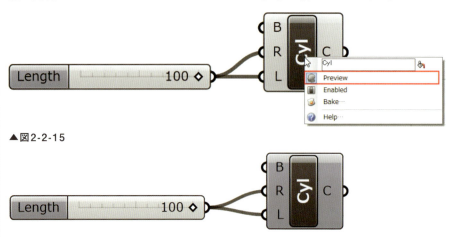

▲図2-2-15

▲図2-2-16

またこの表示モードの状態で、コンポーネント名を右クリック後Previewを実行、または Ctrl + Q で、コンポーネントごとにプレビューや機能のON/OFFができる。表示が重い場合など、不要なコンポーネントをOFFにしておくことで画面描画を軽くできる。

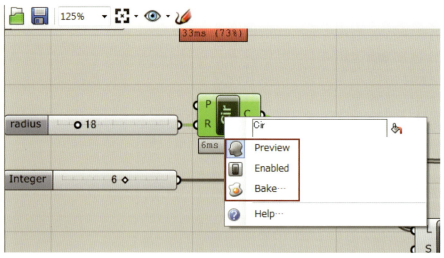

▲図2-2-17

○ HINT

GHの定義ファイルのコンポーネントの数が増えてくると見づらくなることがある。そのような場合は、特定のコンポーネントのみをプレビュー表示し、他のコンポーネントは非表示にするか、選択したコンポーネントのみを表示("Only draw preview geometry for selected objects")するように設定しておくと良い。

"Only draw preview geometry for selected objects"

選択したコンポーネントのオブジェクトのみをRhino上でシェーディング表示（緑）する。

▲図2-2-18

▲図2-2-19　　　　　　　　　▲図2-2-20

◎　注　意

"Only draw preview geometry for selected objects"にチェックが入っているときは、コンポーネントの表示・非表示にかかわらず、選択したものが表示される。

プレビュー表示の品質設定

右端の"Preview Mesh Quality"アイコンをクリックすると、プレビュー表示の品質を設定できる。初期設定では"Low Quality"になっているため、曲面などは角張ったプレビューになることがあるが、このプルダウンメニューから"High Quality"や、"Custom Quality"など任意の設定にすることができる。

▲図2-2-21

なお、これらの設定は"Display"メニューでも行うことができる。

▲図2-2-22

Computational Modeling

2-3
コンポーネントの基本と操作方法

詳細説明は第4章に記載する。

1 コンポーネントの配置

コンポーネントをキャンバスに配置するには、アイコンをドラッグしてマウスを放すか、アイコンをクリックし、キャンバス上で再びクリックする。配置したコンポーネントを削除する場合は、コンポーネントを選択してDeleteを押す。

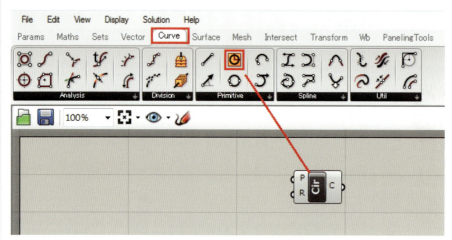

▲図2-3-1

2 コンポーネントの端子について

GHで使われるコンポーネントには端子があり、左が入力端子、右が出力端子になっている。左から必要なデータを入力することでコンポーネントの処理が行われ、右から結果が出力される。

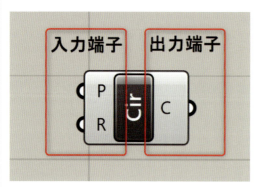

▲図2-3-2

アルファベットが付いている端子にはそれぞれ入力データの種類が決まっている。アルファベットの上にマウスを載せると、詳細説明が表示される。ここで入力データの種類が確認できるので、該当するデータを入力する必要がある。例えば[Circle]コンポーネントの場合、"P端子":Plane（平面）と"R端子":Radius（半径）を入力すれば、"C端子":Circle（円）が出力される。その下の枠内には、デフォルトで入っているデータが記載されている。[Circle]コンポーネントではPlaneにはＸＹ平面、Radiusには1があらかじめセットされているのが確認できる。

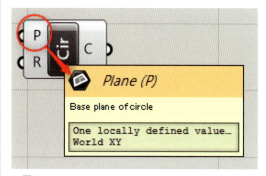

▲図2-3-3

▲図2-3-4

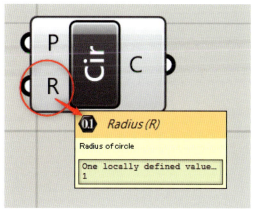

▲図2-3-5

また端子の詳細説明についているアイコンは、"データの型"を表している。コンポーネントの入力端子に別のコンポーネントの出力端子を繋ぐときは、"データの型"を合わせる必要がある。

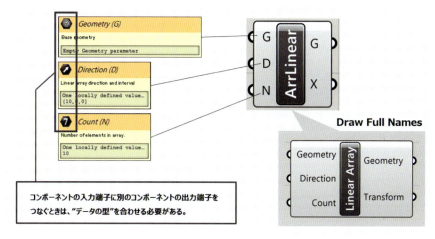

▲図2-3-6

"データの型"の例として、[Geometry][Direction][Integer]などがあるので、どのようなデータを入力するか覚えておくと良い。

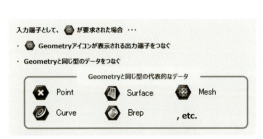

▲図2-3-7

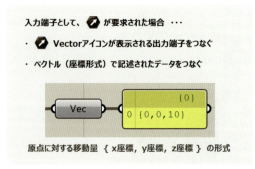

▲図2-3-8

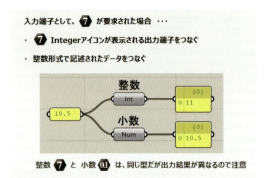

▲図2-3-9

3 コンポーネントの接続

GHではコンポーネント同士を繋いで形を生成する。

- 接続…端子をドラッグし、入力端子の位置で離す。

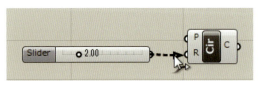

▲図2-3-10

- 複数接続…Shift（緑の矢印と+マークが表示される）を押しながら接続。

Shiftを押さないで新たに接続した場合、古い接続は自動的に外れる。

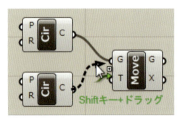

▲図2-3-11

- 接続の解除…Ctrl（赤の矢印と-マークが表示される）を押しながら接続。

または、接続先の名前部分を右クリックして、メニューから"Disconnect"を選択すると、個別または一度にすべての接続の解除を行うことができる。

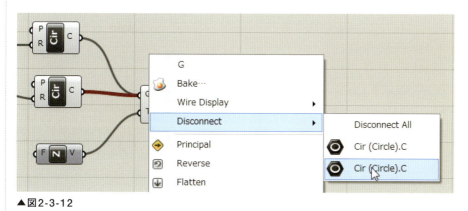
▲図2-3-12

4 コンポーネントの編集

コンポーネントによっては、そのコンポーネントを編集して使用する場合がある。数値を入力パラメーターとして使用する[Number Slider]コンポーネントは、名前の部分をマウスでダブルクリックすると"Slider"ダイアログが表示され、指定する数値の範囲や浮動小数点の設定等が可能になる。

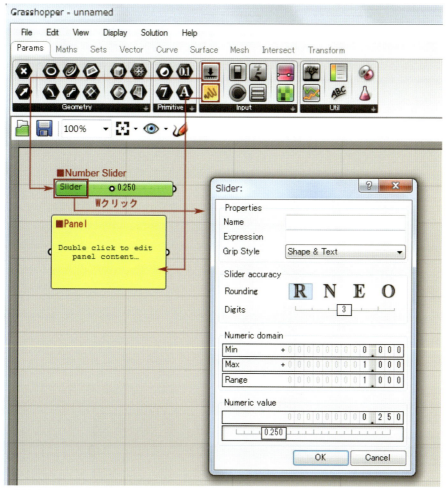
▲図2-3-13

●Number Slider:変数の出力

スライダーを使用して数値データを出力する。最大/最小値や小数点の設定を行うことができる。

- R ……Floating Point Numbers:小数
- N ……Integer Numbers:整数
- E ……Even Numbers:偶数
- O ……Odd Numbers:奇数

●Panel:データの中身を表示

ダブルクリックでテキストや数値データを直接入力することができる。また、他のコンポーネントに繋ぐと、データを数値化して構造を確認することができる。

5 コンポーネントの表示方法

"Display"メニューから様々なコンポーネントの表示方法を設定できる。

▲図2-3-14

"Draw Icons"

コンポーネントをアイコン表示にする。

▲図2-3-15

"Draw Full Names"

コンポーネントのすべての端子、名前をフルネーム表示にする。

▲図2-3-16

"Draw Fancy Wires"

コンポーネントを繋ぐワイヤーの表示方法でどんなデータを受け渡しているかを見ることができる。

受け渡しデータが1つの場合:線で表示

▲図2-3-17

受け渡しデータが 複数の場合：二重線で表示

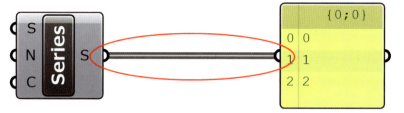

▲図2-3-18

受け渡しデータが階層構造を持つ場合：破線で表示（階層構造についての詳細は第3章、第4章に記載）

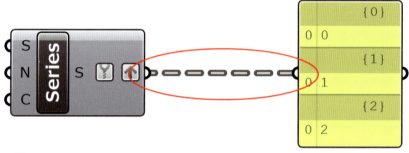

▲図2-3-19

6 検索画面からコンポーネントを呼び出す

ダブルクリックして表示される検索画面に直接数値の範囲を入力すると、[Number Slider]コンポーネントを指定した範囲で呼び出すことができる。

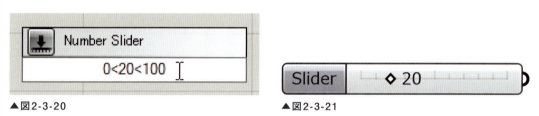

▲図2-3-20　　　　　　　　　　　　　　▲図2-3-21

また直接"50"と整数を入力すると、0から100までの整数のスライダーが、"50.00"と入力すると浮動小数点2桁の0.00から100.00までナンバースライダーが生成される。

検索画面に座標値を入力すると、点座標が格納された状態で[Point]コンポーネントを呼び出すことができる。

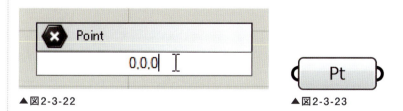

▲図2-3-22　　　　　　　　　　　　　　▲図2-3-23

7 コンポーネント補助機能 "Canvas Widgets"

"Display"メニューの"Canvas Widgets"から以下の補助機能を使うことができる。

▲図2-3-24

"Align"

この機能をオンにすると、選択したコンポーネント群を整列させる機能が水平・垂直方向に表示される。

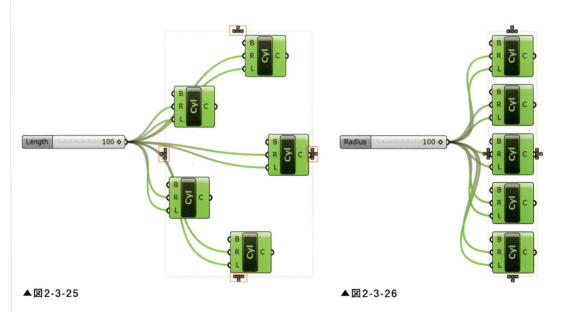

▲図2-3-25　　　　　　　　　　　　　　　▲図2-3-26

"Markov"

画面左下に使用してきたコンポーネントから類推し、次に使用するコンポーネントを予測して表示する。

▲図2-3-27

"Profiler"

コンポーネントの下に吹き出しで、計算処理にかかる時間を"ms"(秒)で表示する。時間表示をダブルクリックすると、そのコンポーネントが全アルゴリズムの処理時間の何パーセントであるかを"%"で表示する。

▲図2-3-28　　▲図2-3-29

8 コンポーネントのグループ化

コンポーネントをグループ化することで、まとめて移動したり、視覚的に整理することができる。グループ化するにはコンポーネントをまとめて選択し、Ctrl + G を押す。

解除するにはコンポーネントを選択し、Ctrl + Shift + G、もしくは Delete を押す。

グループにカーソルを載せて右クリックするとグループの編集メニューが表示され、形状のタイプの変更や、グループ編集ができる。

- "Box outline"……………Boxタイプ(デフォルト)
- "Blob outline"……………Blobタイプ
- "Rectangle outline"………Rectangleタイプ
- "Ungroup"…………………グループ解除
- "Add to group"……………グループに追加
- "Remove from group"……グループから削除
- "Colour"……………………色の変更

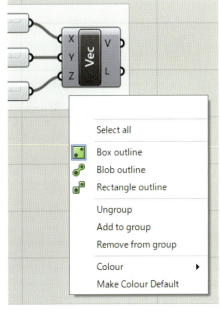

▲図2-3-30

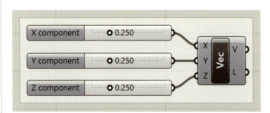
▲図2-3-31:Boxタイプ

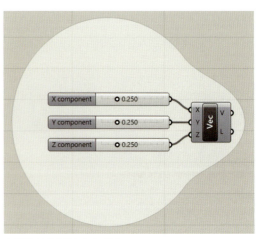
▲図2-3-32:Blobタイプ

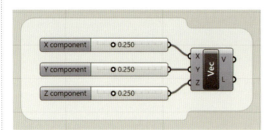
▲図2-3-33:Rectangleタイプ

9 コンポーネントの表示色の設定

右から2番目のアイコンをクリックで"Document Preview Setting"ダイアログが開き、コンポーネントの表示色をカスタマイズができる。初期設定ではコンポーネントの表示色は、"赤"、選択したときの表示色は"緑"になっている。

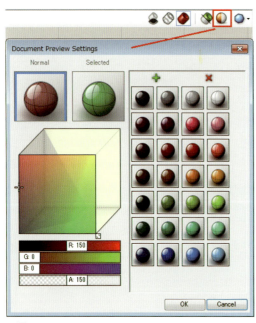
▲図2-3-34

10 コンポーネントの逆引き

Ctrl + Alt を押したまま、コンポーネントをマウスで左クリックすると、表示されているコンポーネントの場所を表示することができる。

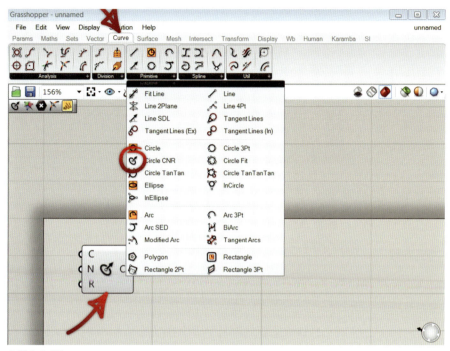

▲図2-3-35

11 入出力端子の追加

コンポーネントの中には、入出力端子を増減できるものがある。コンポーネントを拡大していくと "+" と "−" のアイコンが表示される。例：[Merge]、[List]、[Item]など。

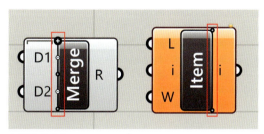

▲図2-3-36

"+" と "−" のアイコンをクリックすることで、端子の増減ができる。

▲図2-3-37

12 黒いラベル付きコンポーネント

コンポーネントの中には、下に黒いラベルが付いているものがある。この場合、コンポーネント中央にて右クリックで、オプション機能を選択することができる。

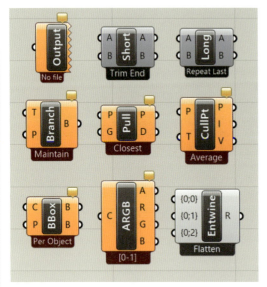

▲図2-3-38

例えば[Surface>Primitive>Bounding Box]コンポーネントであれば、複数のオブジェクトデータを1つのBoxに充てる"Union Box"というオプションがある。この例では、[Geometry]コンポーネントに複数のテキストオブジェクトを定義しているので"Per Object"のままだと複数のBoxが作成される。

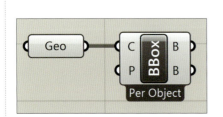

▲図2-339　　　　　　▲図2-3-40

コンポーネント中央で右クリックし、"Union Box"を選択する。

▲図2-3-41

複数オブジェクト全体を含んだ1つのBoxが作成された。

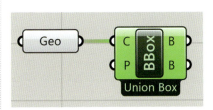
▲図2-3-42

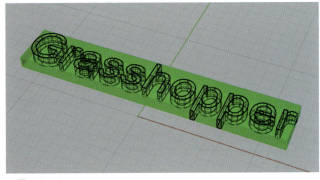
▲図2-3-43

このように黒いラベル付きのコンポーネントには各用途に合わせたオプションがあるので、必要に応じて使い分けると良い。

13 演習：コンポーネントの設定と機能

コンポーネントの設定や機能を理解するため、ここで簡単なGHファイルを作成してみよう。[Curve>Primitive>Circle]コンポーネントを配置する。初期状態では、Rhinoのビュー上でXY平面の原点を中心として、半径1の円が赤く描画されているはずだ。
周りのグリッドは、XY平面を表している。

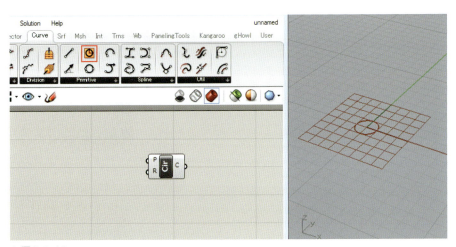
▲図2-3-44

グリッドを拡大してみると、X方向は赤色の軸で、Y方向は緑色の軸で表示されているのが分かる。

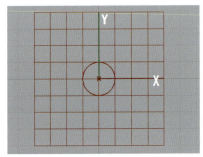
▲図2-3-45

［Circle］コンポーネントの"P入力"にマウスカーソルを近つけてみよう。すると、現在の円の中心がどの平面を基準にしているかが表示される。初期値は、ワールド座標のXY平面である。

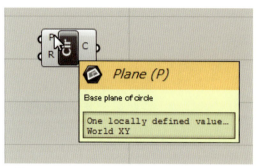

▲図2-3 46

同様に、"R入力"にマウスカーソルを持っていくと、現在の半径の値が表示される。初期値は、"1.0"である。

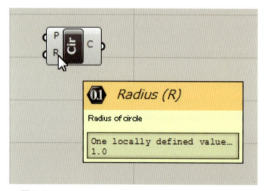

▲図2-3-47

"P入力"の上でマウスを右クリックし、メニューから"Set one Plane"を選択する。

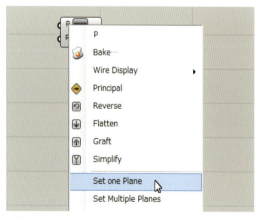

▲図2-3-48

すると、GHのキャンバスは非表示になり、Rhinoのコマンドエリアに"Origin of Plane"というメッセージが表示される。ここで、任意のビュー上にマウスで円の中心となる平面の原点を配置することができる。まず、原点を指定すると、次に、X方向の点を指示するように下記のようなメッセージが表示される。

```
Plane X-Axis direction ( ParallelGrid(P)  ParallelXY(A)  ParallelYZ(R)  ParallelZX(L) ):
```

X方向の点を指定すると、Y方向の点を指定するメッセージが表示される。

```
Plane X-Axis direction ( ParallelGrid(P)  ParallelXY(A)  ParallelYZ(R)  ParallelZX(L) ):
```

Y方向の点を指定すると定義する平面が決まる。
コマンドのオプションからはワールド座標系の平面を指定することができるが、これらの原点はいずれも(0,0,0)である。

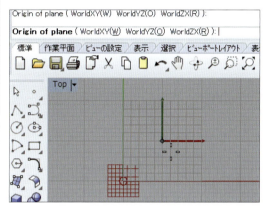

▲図2-3-49

> **○ HINT**
> この操作において、TopビューではXY平面に、FrontビューではXZ平面、RightビューではYZ平面に固定されるが、Perspectiveビューにおいては、自由に平面を指定することができる。

下図は、XY平面上の原点を(10,10,0)に指定した例である。表示のZ(0.00,0.00,1.00)は、面の方向を示す。もしも、原点の座標が(0,0,0)であれば、WorldXYと表示される。

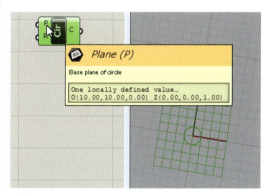

▲図2-3-50

同様に"R入力"の上でマウスを右クリックし、"Set Number"で半径の値を変更することができる。

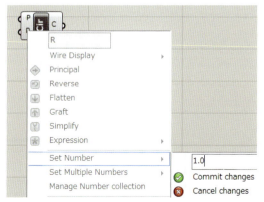

▲図2-3-51

数値を変更したあと、緑色のマーカーをクリックして半径の値の変更を確定する。

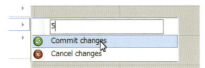
▲図2-3-52

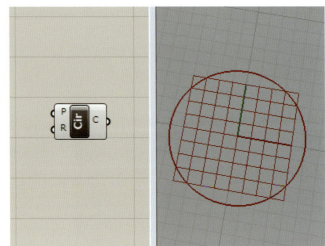
▲図2-3-53

実際には、前述のようにその都度数値を指定するのは限られた使用方法になるので、円の中心点の座標や半径をインタラクティブに変更できるように、XYZ座標を指定した点を中心点として与え、半径も[Number Slider]コンポーネントや、[Panel]コンポーネントで指定する。これらの方法については、次章で説明する。

Computational Modeling

第 **3** 章

Grasshopper
モデリング基礎

Rhinoではある程度、感覚的にモデリングを行うことも可能だが、Grasshopperではモデルを構築する手順を論理的に構築していく必要がある。その手順の固まりがアルゴリズムだ。

Computational Modeling

3-1
モデリング基礎

3-1-1
演習1：直方体の作成と配列

ここではGHの操作や仕組みに慣れるため、直方体の作成と配列の演習を行う。作成できたらナンバースライダーを動かし、パラメトリックに形状や数が変化するのを確認する。

●使用するファイル>>>　Rhinoモデル：3-1-1_box.3dm
　　　　　　　　　　　GHファイル：3-1-1_box.gh

▶1　Rhinoの既存サーフェスを使用した直方体

1-1 Rhinoオブジェクトの読み込み

GHではRhinoにある既存オブジェクトを読み込ませる（定義する）ことができる。[Params>Geometry>Surface]コンポーネントをドラッグ、またはクリック後キャンバス上でクリックすることで配置する。コンポーネントがオレンジ色で表示されているのは、入力データが足りないことを示している。"Message Balloon"をクリックすると詳細が表示される。

▲図3-1-1　　　▲図3-1-2

[Surface]コンポーネントに既存サーフェスを読み込む。RhinoのRectangleレイヤをONにしておく。[Surface]コンポーネント上で右クリックするとメニューが表示されるので、"Set one Surface"を選択する（複数のサーフェスを読み込む場合は"Set Multiple Surfaces"を選択する）。

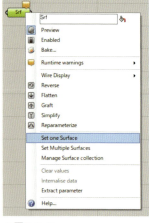

▲図3-1-3

Rhinoのコマンドプロンプトに"Surface to reference"と表示されるので、読み込みたいオブジェクト(ここでは正方形のサーフェス)をRhinoビューポート上でクリックし選択する。

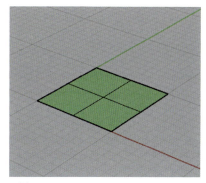

▲図3-1-4　　　　　　　　　　　　　　　　▲図3-1-5

1-2 ［Extrude］コンポーネントを使った押し出しの作成

読み込んだサーフェスを押し出して直方体にするため、［Surface＞Freeform＞Extrude］コンポーネントを配置する。［Extrude］コンポーネントはRhinoの［ExtrudeCrv］［ExtrudeSrf］コマンドと同様の機能を持つ。Rhinoでは作業平面に対し自動的に垂直に押し出されるが、GHでは押し出し方向を指定する必要がある。

"B端子"(ベースとなるカーブまたはサーフェスを入力)に、先ほどの［Surface］コンポーネントを接続する。"D端子"(方向を入力)に、Z方向を指定する［Vector＞Vector＞Unit Z］コンポーネントを接続する。距離を指定するため［Params＞Input＞Panel］コンポーネントを配置し、「10」と数値入力し、［Unit Z］コンポーネントの入力端子に接続する。正方形のサーフェスがZ方向に10単位分押し出され直方体が作成される。

> ◯ 注 意
> パネルに値を入力する際、改行しないように注意すること。

GH上での高さ方向は［Panel］の数値を変更することで変更可能だが、XY方向の変更はできない。定義するサーフェスを"Set one Surface"でTriangleレイヤに入っている三角形に切り替えると、結果の形状が変更されるのが確認できる。

▲図3-1-6

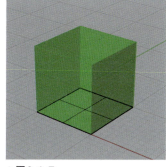 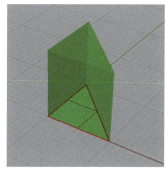

▲図3-1-7　　　　　　　▲図3-1-8

ここで［Panel］コンポーネントから直接［Extrude］コンポーネントに接続してみると、コンポーネントの色が赤になる。赤になっているときは間違ったデータが入力されたことを示しているので、"Message Balloon"をクリックしてエラーメッセージを確認する。テキスト形式ではなくベクトル形式で入力しないといけないということが分かる。エラーメッセージの上でクリックするとコピーもできる。

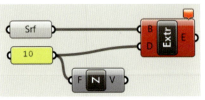

▲図3-1-9

▲図3-1-10

▶2 パラメトリックな直方体

2-1 ［Plane Surface］コンポーネントを使ったサーフェスの作成

1で読み込んだサーフェスを今度はGHで作成してみる。矩形サーフェスを作成する［Surface＞Primitive＞Plane Surface］コンポーネントを配置する。"P端子"（作業平面を入力）はデフォルトでXY平面となっているのでここでは入力不要、"X/Y端子"（サーフェスのX/Y各々の長さを入力）に［Params＞Input＞Number Slider］コンポーネントを接続する。「Slider」の文字の上でダブルクリックすると編集パネルが表示される。

Slider accuracy（スライダー精度）

- R:浮動小数点数（小数）
- N:整数
- E:偶数
- O:奇数

Numeric Domain（数値の範囲）

MinからMaxで指定した範囲のスライダーになる。

Numeric Value（指定数値）

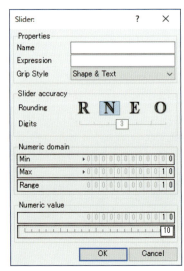

▲図3-1-11

図のように設定を行い"OK"ボタンで編集終了する。［Number Slider］コンポーネントをコピー＆ペースト（Ctrl＋C後、Ctrl＋V）で合計3点作成し、2点を"X/Y端子"に接続する。

2-2 サーフェスの押し出し

[Extrude]コンポーネントと[Unit Z]コンポーネントを接続し、残りの[Number Slider]コンポーネントを[Unit Z]コンポーネントの"F端子"に接続する。これでX/Y/Z方向に変形可能なパラメトリックな直方体が作成された。スライダーを動かして変形できることを確認する。

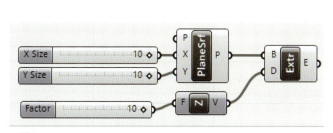

▲図3-1-12

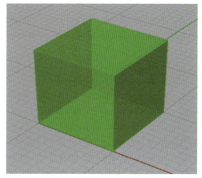

▲図3-1-13

▶3　直方体をX方向に均等配列

3-1 [Series]コンポーネントを使った均等配列設定

2で作成した直方体をX方向に均等に配列する。[Set>Sequence>Series]コンポーネントは、"S端子"(開始位置、デフォルトは0)、"N端子"(1回の増加数=間隔)、"C端子"(繰り返す数)を設定できる。[Number Slider]コンポーネントをNとC端子に繋ぎ、間隔と繰り返す数を設定する(注:数値が大きいと計算に時間がかかるので小さめの数を設定、またCには整数を入力する)。

3-2 [Move]コンポーネントを使って直方体を配列

設定した数と間隔でX方向に移動させるため、[Series]コンポーネントから出力したリストを[Vector>Vector>Unit X]コンポーネントに繋ぎ、[Transform> Euclidean>Move]コンポーネントの"T端子"(移動距離)に繋ぐ。[Extrude]コンポーネントから[Move]コンポーネントの"G端子"(ジオメトリー)に入力すると、指定した距離と間隔で直方体を配列した結果が表示される。

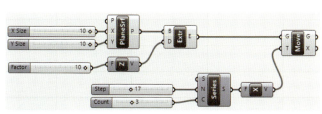

▲図3-1-14

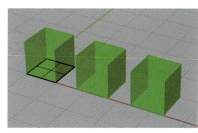

▲図3-1-15

▶4　直方体をXY方向に矩形配列

4-1　[Rectangular Array(ArrRec)] コンポーネントを使った矩形配列の設定

2で作成した直方体をXY方向に矩形配列する。色々な方法があるが、ここではRhinoの矩形配列Arrayコマンドと似た機能を持つ[Transform＞Array＞Rectangular Array(ArrRec)]コンポーネントを使用する。2-2で作成した直方体のコンポーネントグループをコピーし、出力端子から[Rectangular Array]コンポーネントの"G端子"に入力する。"C端子"には配列の基準になる長方形カーブを入力する必要があるため、[Curve＞Primitive＞Rectangle]コンポーネントを使って長方形を作成する。"X/Y端子"の両方に[Number Slider]コンポーネントで直方体の1辺より大きい数値をセットし入力し、"C端子"には[Rectangle]コンポーネントの"R端子"(長方形)を繋ぐ。"X/Y端子"にはX／Y方向それぞれの配列数を入力する必要があるため、[Number Slider]コンポーネントで任意の整数を入力する。パラメトリックな矩形配列が完成した。

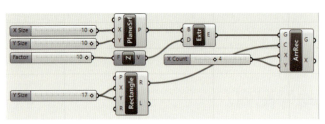
▲図3-1-16

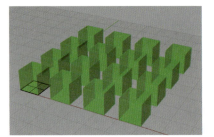
▲図3-1-17

▶5　直方体を環状配列

5-1　[Polar Array] コンポーネントを使った環状配列の設定

2で作成した直方体を環状配列する。Rhinoの環状配列[ArrayPolar]コマンドと同様の機能を持つ、[Transform＞Array＞Polar Array]コンポーネントを使用する。[Polar Array]コンポーネントはデフォルトでは原点0を中心に環状配列するため、回転時に重ならない程度にX方向に適当な距離に、Y方向にX軸が中心を通るように直方体をまず移動させる必要がある。[Move]コンポーネントを使用し、"T端子"に[Vector＞Vector＞Vector XYZ]コンポーネントのV出力端子を入力する。[Vector XYZ]コンポーネントのX入力端子に、[Number Slider]コンポーネントで原点から離したい距離を入力、Y入力端子に辺の長さの1/2の数値を入力する。[Polar Array]コンポーネントのNに[Number Slider]コンポーネントで配列個数を入力する。

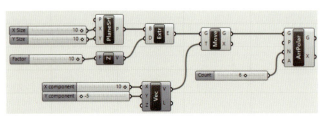
▲図3-1-18

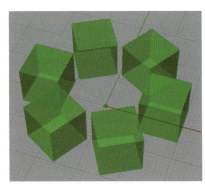
▲図3-1-19

3-1-2
演習2:サンプルで見るGrasshopperの機能

ここでは簡単なアルゴリズムサンプルを見ながら、GHを使ってできるさまざまな機能を段階的に学習する。

▶1　GHでデザインを開始する

●使用するファイル >>>　Rhinoモデル:3-1-2_Sample1.3dm
　　　　　　　　　　　GHファイル:3-1-2_Sample1.gh

Rhinoで作成した4種類のオブジェクトを元にGHで配列を作成する(左から順に1~4)。

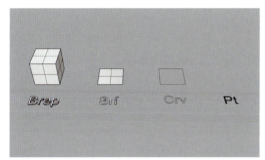

▲図3-1-20

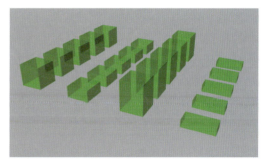

▲図3-1-21

1-1 Rhinoのソリッドを使った直方体の配列

Rhinoで作成したソリッドを[Brep]コンポーネントに読み込み、個数・間隔の変更可能な配列を作成。

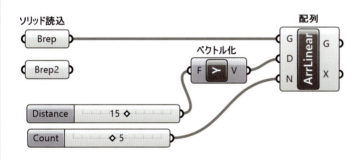

ボックス形状のソリッドまでRhinoで作成し、それを読み込んでGH上で配列した例。
・配列の個数、間隔を変えた場合の比較が可能。
・ボックスの高さなどのパラメトリックな変更などはGH上ではできない。
・Brep(≒ポリサーフェス)自体を置き換えることは可能。

▲図3-1-22

1-2 Rhinoサーフェスを使った直方体の配列

Rhinoで作成したサーフェスを[Surface]コンポーネントに読み込み、ボックス高さおよび個数・間隔の変更可能な配列を作成。

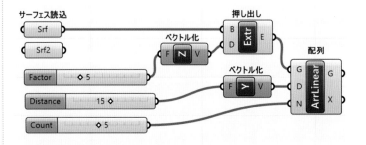

サーフェスまでRhinoで作成し、それを読み込んでGH上で押し出し＋配列した例。

・配列の個数、間隔だけでなく、ボックスの高さのシミュレートが可能。
・ボックスの幅・奥行のパラメトリックな変更などはGH上ではできない。
・Surface自体を置き換えることは可能。

▲図3-1-23

1-3 Rhinoのカーブを使った直方体の配列

Rhinoで作成したカーブを[Curve]コンポーネントに読み込みGHでサーフェス作成・押し出し配列し、ボックス高さおよび個数・間隔の変更可能な配列を作成。

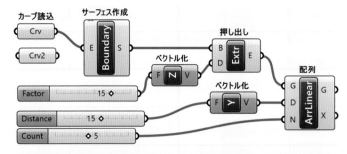

カーブまでRhinoで作成し、それを読み込んでGH上でサーフェスを張り、押し出し＋配列した例。

・ボックスの高さを変更してシミュレートが可能。
・ボックスの幅・奥行などのパラメトリックな変更はGH上ではできない。
・Curve自体を置き換えることは可能。

▲図3-1-24

1-4 Rhinoの点を使った直方体の配列

Rhinoで作成した点を[Curve]コンポーネントに読み込み、GHでサーフェス作成・押し出し配列し、ボックス高さ・幅・奥行および個数・間隔の変更可能な配列を作成。

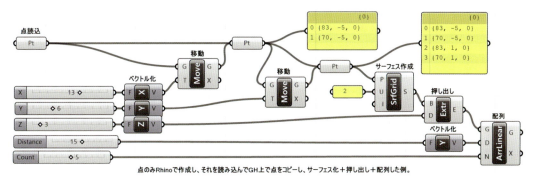

▲図3-1-25

GHによる色々な基本オブジェクトの作成（1-5～1-9）。

1-5 GHによる直方体の作成

[Surface>Primitive>Box 2Pt]コンポーネントによる直方体の作成。

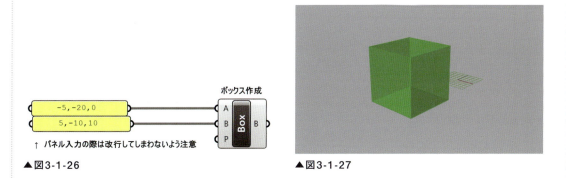

▲図3-1-26　　　　　　　　　　　▲図3-1-27

1-6 GHによる球の作成

[Surface>Primitive>Sphere]コンポーネントによる球の作成。

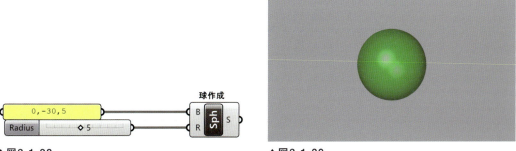

▲図3-1-28　　　　　　　　　　　▲図3-1-29

1-7 GHによる長方形の作成

[Curve>Primitive>Rectangle]コンポーネントによる長方形の作成。

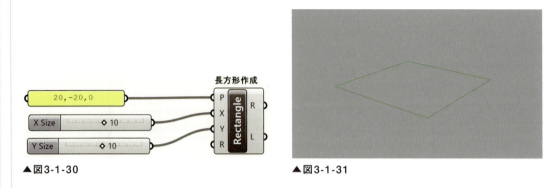

▲図3-1-30　　　　　　　　　　　▲図3-1-31

1-8 GHによる円の作成

[Curve>Primitive>Circle]コンポーネントによる円の作成。

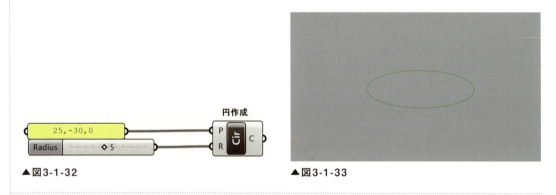

▲図3-1-32　　　　　　　　　　　▲図3-1-33

1-9 GHによる点の作成

[Vector>Point>Construct Point]コンポーネントによる点の作成。

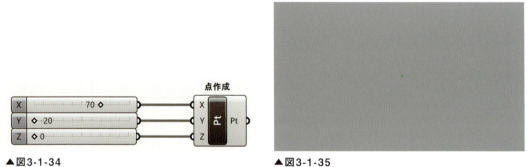

▲図3-1-34　　　　　　　　　　　▲図3-1-35

▶2 読み込み・作成したオブジェクトをGHで加工する

●使用するファイル >>> GHファイル:3-1-2_Sample2.gh

2-1 ツイスト変形

[Transform>Morph>Twist]コンポーネントによる角錐の変形。

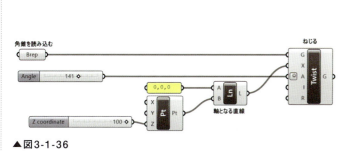

▲図3-1-36

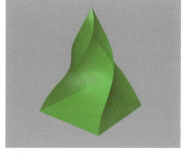

▲図3-1-37

2-2 回転・ミラー

[Surface>Freeform>Revolution]コンポーネントによる曲線の回転と、[Transform>Euclidean>Mirror]コンポーネントによるミラーの作成。

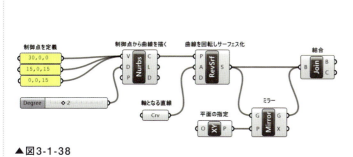

▲図3-1-38

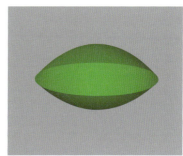

▲図3-1-39

2-3 多角柱・スケール変更

[Curve>Primitive>Polygon]コンポーネントによる多角形から多角柱を作成、[Transform>Affine>Scale]コンポーネントによるスケール変更。

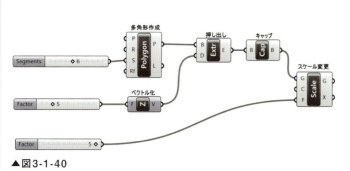

▲図3-1-40

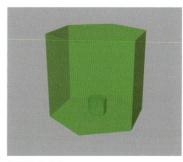

▲図3-1-41

2-4 円柱・環状配列

[Surface>Primitive>Cylinder]コンポーネントによる円柱の作成、[Transform>Array>Polar Array]コンポーネントによる環状配列。

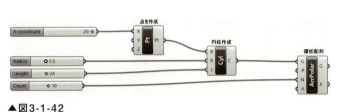
▲図3-1-42

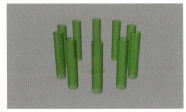
▲図3-1-43

2-5 オフセット・ロフト

[Curve>Util>Offset Curve]コンポーネントによるオフセット矩形の作成、[Surface>Freeform>Loft]コンポーネントによるロフトサーフェス作成および[Surface>Util>Cap Holes]コンポーネントによるキャップ。

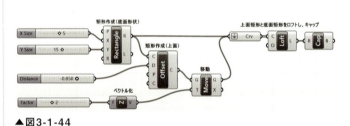
▲図3-1-44

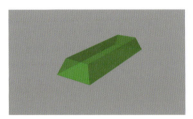
▲図3-1-45

2-6 グリッド

[Vector>Grid>Hexagonal]コンポーネントによる六角グリッド作成、[Surface>Freeform> Boundary Surfaces]コンポーネントによるサーフェス作成、押し出し。

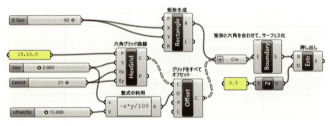
▲図3-1-46

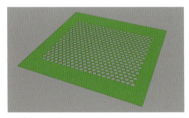
▲図3-1-47

▶3 演算やグラフを活用してデザインする

●使用するファイル >>> GHファイル:3-1-2_Sample3.gh

3-1 演算

[Maths]タブ内コンポーネントの使用例。

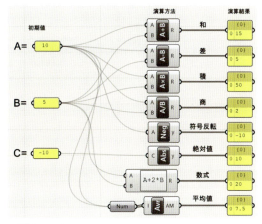

▲図3-1-48

3-2 大小・同値判定

[Maths>Operators>Larger Than]、[Maths>Operators>Equality]、[Maths>Operators>Smaller Than]の使用例、結果がTrue/Falseで出力される。

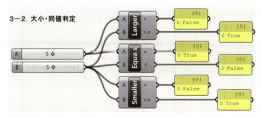

▲図3-1-49

3-3 関数の利用

[Maths>Trig>Sine]、[Maths>Trig>Cosine]コンポーネントの使用例。

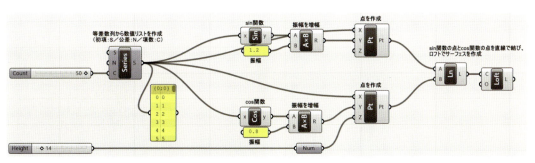

▲図3-1-50

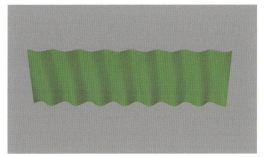

▲図3-1-51

3-4 グラフの利用

[Params>Input>Graph Mapper]コンポーネントの使用例。

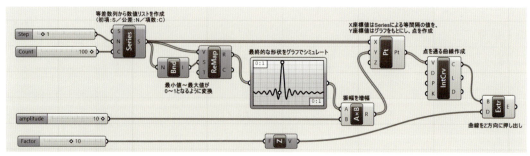
▲図3-1-52

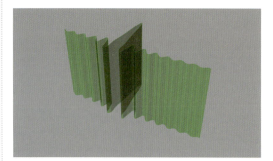
▲図3-1-53

▶4　乱数・判定・フィルタなど特殊な機能

●使用するファイル ≫≫　GHファイル:3-1-2_Sample4.gh

4-1 ランダムなデータ出力（2D）

[Vector>Grid>Populate 2D]コンポーネントによる2D平面におけるランダムな点作成、[Sets>Sequence>Random]コンポーネントによるランダム値の作成。

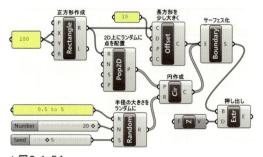
▲図3-1-54

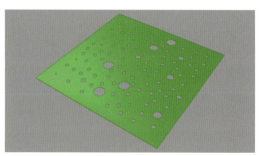
▲図3-1-55

4-2 ランダムなデータ出力(3D)

[Vector>Grid>Populate 3D]コンポーネントによる3D空間におけるランダムな点作成、[Random]コンポーネントによるランダム値の作成。

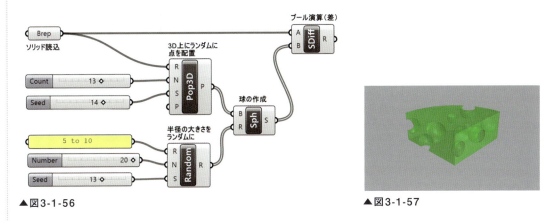

▲図3-1-56　　　　　　　　　　　　　　　　▲図3-1-57

4-3 内外判定

[Curve>Analysis>Point In Curve]コンポーネントによる点の曲線に対する内外判定。

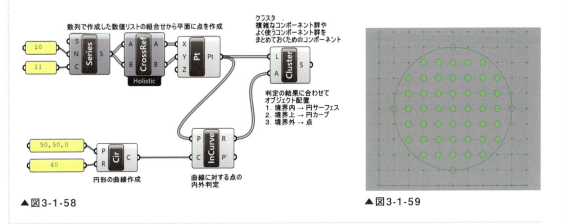

▲図3-1-58　　　　　　　　　　　　　　　　▲図3-1-59

4-4 内外判定

[Surface>Analysis>Point In Breps]コンポーネントによる点のBrepに対する内外判定。

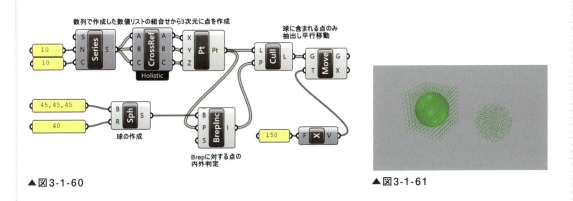

▲図3-1-60　　　　　　　　　　　　　　　　▲図3-1-61

4-5 フィルタを活用したデザイン比較

[Sets>Tree>Stream Filter]コンポーネントを使った複数カーブのシミュレーション。

寸法や形状を変えて複数のモデルの外観を比較検討したい場合、
Rhinoだけでモデリングすると予めモデルを複数用意して見比べる必要があるが、
GHを活用すれば、スライダーを動かして数値を変更したり、
主要パーツを置き換えて形状の検討ができ、
より直感的な複数デザインの比較が可能となる。

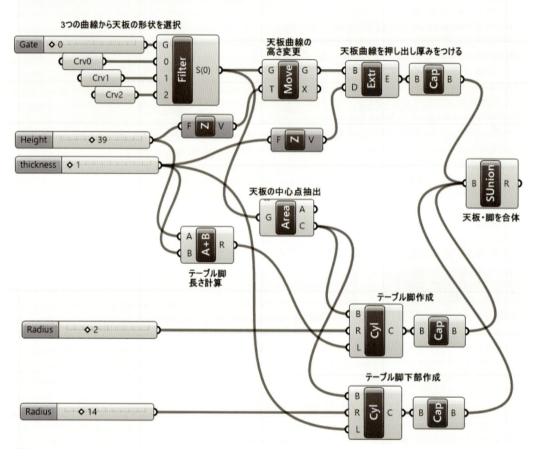

▲図3-1-62

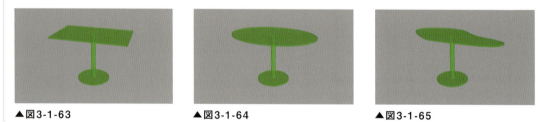

▲図3-1-63　　　　　　　▲図3-1-64　　　　　　　▲図3-1-65

3-1-3
演習3：パラメータ（t・UV）とReparameterizeについて

この演習では曲線やサーフェスの座標や範囲などを取り出す方法を学ぶ。

●使用するファイル>>> Rhinoモデル：3-1-3_t_UV_Parameter.3dm
GHファイル：3-1-3_t_UV_Parameter.gh

▶1 ファイルを開く

3-1-3_t_UV_Parameter.3dmを開く。GHを起動し、File>Open Documentから 3-1-3_t_UV_Parameter.gh を開く。
[Curve]コンポーネントには既に右クリックから"Set Multiple Curves"でRhinoで作成された曲線3本を読み込んでいる。

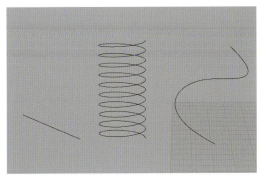
▲図3-1-66

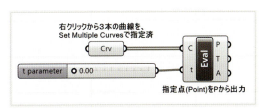
▲図3-1-67

[Evaluate Curve]コンポーネントは、入力した曲線上の指定した点の座標や曲線の接線を取り出すことができるコンポーネントである。点の位置は、tで表わされる3次元曲線の始点から終点の間の任意の箇所を表すパラメータ（以下t値）で指定する。

▶2 t値の確認

スライダーを0から1に変更してみる。t値が0の場合はどの曲線も始点が抽出できるが、1の場合は曲線により点が作成される箇所が異なるのが分かる。また曲線内の割合も一定でない。

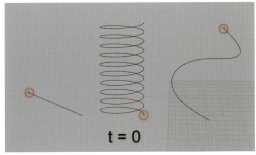
▲図3-1-68

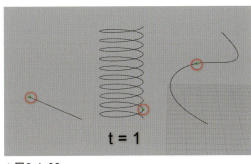
▲図3-1-69

059

▶3　パラメータの正規化

［Curve］コンポーネントの上で右クリックし、"Reparameterize"（正規化）を実行する。

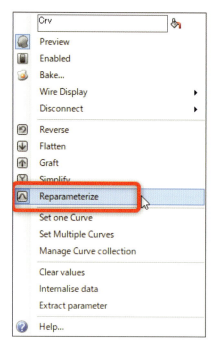
▲図3-1-71

右クリックから3本の曲線を、
Set Multiple Curvesで指定済

▲図3-1-70

"Reparameterize"した後、t値のスライダーの値を変更してみる。0が始点なのは変わらないが、0.5だとほぼ中点が、1だと終点が指定できるのが分かる（0.5は長さの中点ではないので注意）。

以上のことから、"Reparameterize"することで曲線の始点から終点を0から1に見立てて指定できることが分かる。

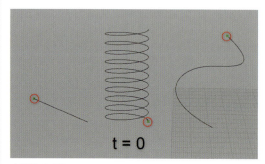
▲図3-1-72

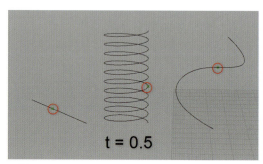
▲図3-1-73

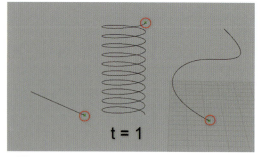
▲図3-1-74

次にサーフェスでの例も確認してみる。
サーフェスでも曲線と同様に右クリックから"Reparameterize"を設定することができる。

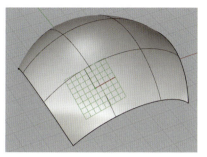
▲図3-1-75

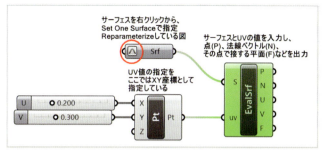
▲図3-1-76

使用している[Evaluate Surface]コンポーネントは、サーフェスの指定した値(UV)の座標や接する平面、法線ベクトルなどを取り出すことができるコンポーネントである。

> ○ 注意
> GHでの平面グリッドの表示サイズが小さい場合は、Displayメニュー>Preview Plane Sizeから変更することが可能だ。大きさは数値で指定する(この例では10に設定)。

またUVとは、曲線で言うt値のようにサーフェス上での位置を表すパラメータである。"Reparameterize"することで、UとVがそれぞれ0から1の範囲に正規化され、碁盤の目のように交差する箇所の点を指定することができる(例では、Uが0.2、Vが0.3の位置を指定)。サーフェス上の赤色の線がU方向の向きを、緑色の線がV方向の向きを表している。

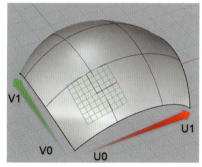
▲図3-1-77

> ○ HINT
> 曲線やサーフェスのUVの向きなどは、Rhinoでは[Dir]コマンドで変更・確認可能である。白い矢印は、曲線の向きやサーフェスの裏表を表している。

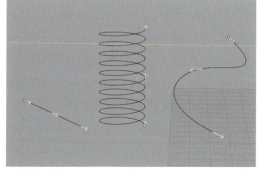
▲図3-1-78

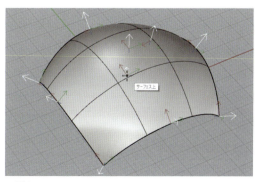
▲図3-1-79

3-1-4
演習4：簡単な3次元形状作成とマッピング

この演習ではRhinoで作成したプロファイルカーブを読み込み、[Revolution]コンポーネントで回転体のボトルを作成する。[Surface Morph]コンポーネントで外側の面に沿ってテキスト形状をマッピングする。次に応用として、スライダーを使い、位置（Z軸上）と半径がパラメトリックに変更可能な3つの円を3次元空間に作成し、[Loft]コンポーネントを使用してフラワーベース状の形状を作成する。[Offset]コンポーネントで厚みを持つ形状を作成し、表面に[Sporph]や[Surface Morph]コンポーネントでテキストをマッピングし、凹凸のエンボス形状に仕上げる。

●使用するファイル>>> 　Rhinoモデル:3-1-4_Flowerbase.3dm
　　　　　　　　　　　　GHファイル:3-1-4_Flowerbase.gh

▶1　Rhinoの自由曲線を使って回転体を作成

1-1　断面カーブの指定

3-1-4_Flowerbase.3dmを開く。CurveレイヤをONにして、他のレイヤをOFFにする。GHを起動し、キャンバスに[Curve>Primitive>Curve]コンポーネントを配置し、右クリックで"Set one Curve"を選択、Rhinoビューポート上で回転体の断面となるカーブをクリックし指定する。

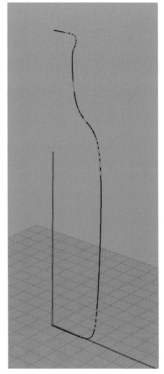

▲図3-1-80

1-2　回転サーフェスの作成

[Surface>Freeform>Revolution]コンポーネントを配置し、"P入力"に[Curve]コンポーネントを接続する。"A入力"（回転軸）には、[Curve>Primitive>Line]コンポーネントを接続する。[Panel]コンポーネントを2つ配置し各々に「0,0,0」と「0,0,50」と座標値を入力し、[Line]コンポーネントの"A入力"、

"B入力"にそれぞれ接続すると回転体が作成される。Rhino上で断面カーブの制御点を編集することで、回転体の形状を変更することができる。最後に[Revolution]コンポーネントから[Params>Geometry>Surface]コンポーネントに接続し、出力オブジェクトがサーフェスであることを分かりやすくしておくと良い。

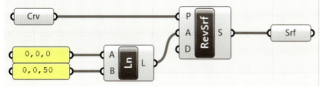

▲図3-1-81　　　　　　　　　　　　　▲図3-1-82

▶2 [Surface Morph]コンポーネントを使ってテキストをマッピング

[Surface Morph]コンポーネントは、オブジェクトとオブジェクト変形の参照となるボックス(Reference)、サーフェスとUVWの範囲を指定して、サーフェス上にオブジェクトを変形させるコンポーネントである。UVWの範囲は、0.0 to 1.0 のように最小値と最大値を、"to"で繋ぐ形で指定する。

2-1 Rhinoのテキストオブジェクト読み込み

Rhinoのレイヤパネルで Bottle_SrfMorph レイヤを ON にする。GHで[Params>Geometry>Brep]コンポーネントを配置し、Bottle_SrfMorphレイヤに入っている「Morph」というテキストソリッドを読み込んでおく。次に[Transform>Morph>Surface Morph]コンポーネントを配置する。[Surface Morph]コンポーネントの"G入力"(ジオメトリ)に先ほどの[Brep]コンポーネントを接続する。

> **注意**
> テキストソリッドを指定する際、"Set one Brep"だと1つしか読み込めないため、"Set Multiple Breps"を使用すること。

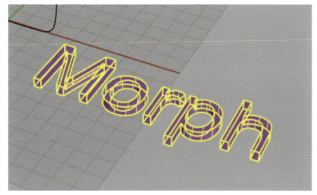

▲図3-1-83　　　　　　　　　　　　　▲図3-1-84

2-2 ［Bounding Box］コンポーネントと［Domain］コンポーネントの設定

［Surface Morph］コンポーネントの"R入力"には"Reference"="参照となるBox"を入力する必要があるため、［Surface>Primitive>Bounding Box］コンポーネントを配置する。［Bounding Box］コンポーネントの"C入力"にも［Brep］コンポーネントを接続するが、その際Brep（テキストソリッド）が複数オブジェクトのため、［Bounding Box］コンポーネントの上で右クリックし"Union Box"にチェックを入れておく。

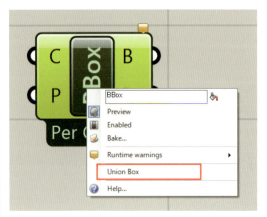

▲図3-1-85

［Bounding Box］コンポーネントの"B出力"を［Surface Morph］コンポーネントの"R入力"に接続、"S入力"（サーフェス）に作成した回転サーフェスを接続する。［Surface Morph］コンポーネントの"U/V/W入力"にはそれぞれ0.0～1.0の範囲指定のドメインを入力する必要があるため、［Maths>Domain>Construct Domain］コンポーネントを3つ配置し各々の"A/B入力"に［Number Slider］コンポーネントを0.00～1.00の範囲設定にして接続する。Aはスタート、Bは終了の値になる。ドメイン指定をしたので"S"に入力した［Surface］コンポーネントの上で右クリックし"Reparameterize"に設定する。下図のようにテキストがマッピングされるので、［Number Slider］コンポーネントのスライダーでUV方向の位置やW方向の厚みを調整する。

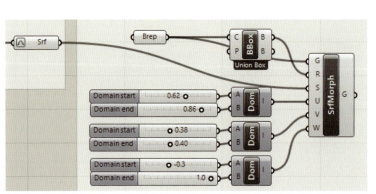

▲図3-1-86

▲図3-1-87

出力されたマッピングテキストを元のサーフェスと合体させるため、[Intersect>Shape>Solid Union]コンポーネントを配置し、[Surface]コンポーネントと[Surface Morph]コンポーネントの両方の出力を"B入力"に接続する。

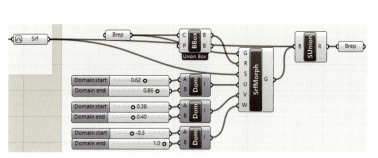

▲図3-1-88

▲図3-1-89

▶3　応用編：厚みを持つ形状にエンボステキストをマッピング

3-1　厚みを持った本体形状の作成

まずフラワーベースの本体を作成する。3つのパラメトリックなサイズと高さを持つ円を作成し、[Loft]コンポーネントで3つの円を通るサーフェスを作成する。3つの円を入力する順番を決めるため、[Merge]コンポーネントに接続したあとに[Loft]コンポーネントに接続している。[Merge]コンポーネントの入力端子はズームすると表示される"＋"アイコンから増やすことが可能だ。

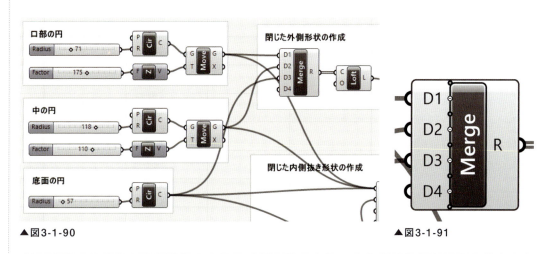

▲図3-1-90　　　　　　　　　　　　　　　　　　　　▲図3-1-91

> **○ HINT**
> [Merge]コンポーネントを使うことで、入力情報の階層が同じものをまとめることができる。

［Loft］コンポーネントにより作成されたサーフェスを［Cap］コンポーネントに繋ぎ、閉じた外側形状を作成しておく。次に内側をくり抜くための内側形状を作成する。3つの円を［Offset］コンポーネントで-5.0小さいサイズにオフセットする。外側形状と同様に［Merge］コンポーネント、［Loft］コンポーネントを使って内側形状のサーフェスを作成、［Cap］コンポーネントでソリッドにする。続いて底面部の厚みを作成する。まず底面の円を使用して［Surface＞Freeform＞Boundary Surfaces］コンポーネントで底面サーフェスとなる平面サーフェスを作成する。内側形状のオフセット厚みを［Maths＞Operators＞Absolute］コンポーネントを使ってマイナスの値を絶対値に変換し、底面サーフェスを［Unit Z］コンポーネントと［Extrude］コンポーネントでZ方向に押し出し、底面部の厚みを作成する。［Intersect＞Shape＞Solid Difference］コンポーネントで先ほどの内側形状から底面部を取り除き、内側の抜き形状を作成する。外側形状から内側形状をくり抜き、厚みを持ったフラワーベースの形状が完成する。

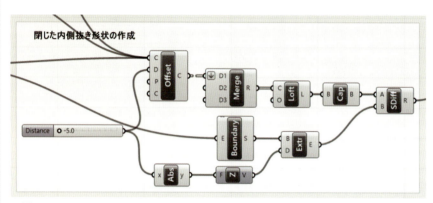

▲図3-1-92

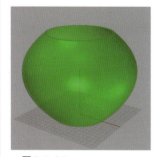

▲図3-1-93

3-2 ［Sporph］コンポーネントを使ってテキストマッピング

［Sporph］コンポーネントはサーフェスのUV値を指定して、オブジェクトをサーフェスに張り付ける形で変形させるコンポーネントである。Rhinoの［Base_Sporph］レイヤをONにして、「Sporph」テキストオブジェクトを［Brep］コンポーネントに、参照となる矩形のベースサーフェスを［Surface］コンポーネントにそれぞれ読み込む。［Transform＞Morph＞Sporph］コンポーネントを配置し、［Brep］を"G端子"に、［Srf］を"S0端子"に入力する。"P0端子"のUVパラメータには［Panel］コンポーネントを使って「0,0,0」を入力しておく。"P1端子"には、［Construct Point］コンポーネントを使用し、XとYの入力端子にそれぞれ［Boolean Toggle］コンポーネントを入力しておく。

> **○ HINT**
>
> ここではUV値を指定するときに、［Construct Point］コンポーネントを使い、点座標のXY座標で指定している。またGHでは数字として扱う場合、Falseは0に、Trueは1として扱う。これによりTrue・Falseの値を切り替えることで、張り付ける先のUVの値を変更可能になる。

"R端子"に-1で作成した[Brep]コンポーネントを入力すると、テキストオブジェクトがフラワーベースの表面にモーフされる。[Intersect＞Shape＞Solid Union]コンポーネントでフラワーベース本体と合体させる。

> **注意**
> [Sporph]コンポーネントで作成したデータは張り付ける向きは変更できるがサイズ調整ができない。位置や厚みをより詳細に修正したい場合は、下記の[Surface Morph]コンポーネントを使用すること。

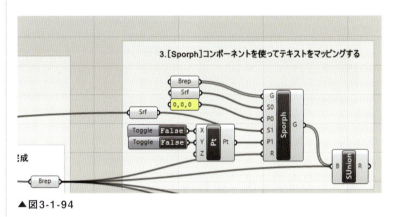
▲図3-1-94

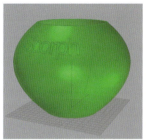
▲図3-1-95

3-3 [Surface Morph]コンポーネントを使ったテキストマッピング

[Base_SrfMorph]レイヤをONにして、「Morph」テキストオブジェクトを[Brep]コンポーネントに読み込んでおく。[Transform＞Morph＞Surface Morph]コンポーネントを配置する。[Construct Domain]コンポーネントに[Number Slider]コンポーネントを入力し、[Surface Morph]コンポーネントの"U/V/W端子"に入力する。"W端子"に入力するドメインはテキストの厚みとなるので、今回凸凹両方のエンボスを作成するため、本体に少し交差する位置になるようにマイナスの数値をスタートにしておく。

"S端子"には、フラワーベース本体の外側のサーフェス、"G端子"には「Morph」テキストオブジェクトを定義した[Brep]コンポーネント、"R端子"には「Morph」テキストオブジェクトを入力した[Bounding Box]コンポーネントをそれぞれ入力する。これで幅・高さ・厚みの調整可能なテキストがマッピングされた。

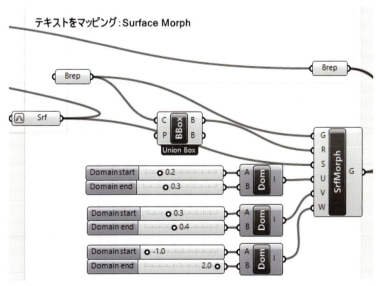
▲図3-1-96

3-4 ブール演算による凸凹形状のエンボス作成

最後にフラワーベース本体の[Brep]コンポーネントと[Surface Morph]コンポーネントを、[Solid Union]、[Solid Difference]コンポーネントに繋ぐ。それぞれテキストが凸形状、凹形状のエンボスとなる。

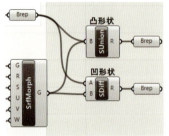
▲図3-1-97

▲図3-1-98

▲図3-1-99

3-1-5
データ構造の基本 - Graft, Flatten, Simplify

GHでは、入力アイテムの順番(Index)や階層(Branch)によってデータを管理している。アイテムや階層はPanelコンポーネントを繋ぐことで確認できる。階層とは箱のように中にデータを格納し、|0;0;0|という形式で表現される。またアイテムの順番を表すインデックスは、階層ごとに0番から始まりアイテムの数だけ昇順で増えていく。任意に階層の構成を修正することで、意図したアルゴリズムを作成することが可能となる。詳細は第4章で紹介するが、ここでは最低限知っておきたいデータ構造の基本、Graft、Flatten、Simplifyの3種類について記述する。

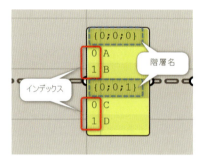
▲図3-1-100

▶1 Graft, Flatten, Simplifyの設定方法

この3種類は[Sets>Tree]からコンポーネントとしても使用可能だが、使用頻度が高いため、コンポーネントの端子の上で右クリックして、オプションとして設定できるようになっている。

▲図3-1-101

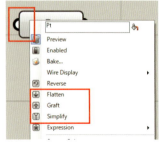
▲図3-1-102

下図は、入力端子にGraft,Flatten,Simplifyをそれぞれオプションとして適用した図である。適用されると端子の上に各アイコンが表示される。

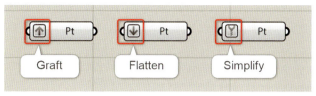

▲図3-1-103

▶2 Graftの働きについて

Graftはアイテムの階層に更にそのアイテムごとの階層を作成し、データを格納するという働きをする。例では、{0}という階層に4つのアイテムが存在しているが、Graftによってそれぞれ{0;0},{0;1},{0;2},{0;3}という階層に枝分かれしている。{0}の中に{0}という階層がある状態が{0;0}という表記になる。

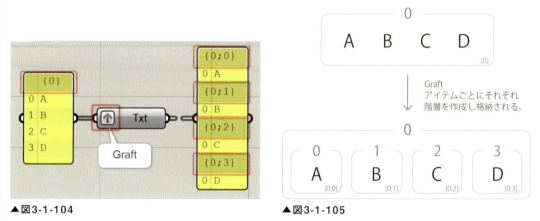

▲図3-1-104　　　　　▲図3-1-105

元々複数の階層を持っているデータでも、Graftは同様の働きをする。例では{0;0}にA、Bが、{0;1}にC、Dがあるが、Graftすることで{0;0}の1つ下の階層の{0;0;0}にAが、{0;0;1}にBが格納される。C、Dも同様に{0;1}の1つ下の階層{0;1;0}にCが、{0;1;1}にDが格納される。

▲図3-1-106

▶3 Flattenの働きについて

Flattenはデータの階層によらず、全ての枝分かれした階層をなくして{0}の中に入れる。枝分かれした階層を全て"Flat"にするという意味になる。

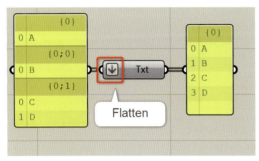

▲図3-1-107

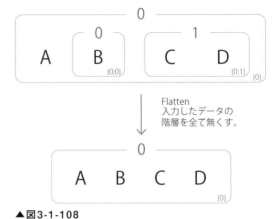

▲図3-1-108

▶4 Simplifyの働きについて

Simplifyはデータ管理上削除しても問題ない階層を、データリストの中から取り除き階層を単純化する。

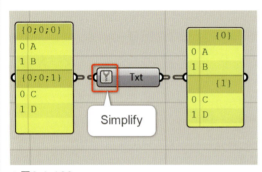

▲図3-1-109

例では、{0;0;0}と{0;0;1}にデータがあるが、上図の外側の2つの階層はデータ管理上なくてもそれぞれの階層同士の相対的な関係性は変わらないため、これを取り除き{0}と{1}というシンプルな階層構成にしている。

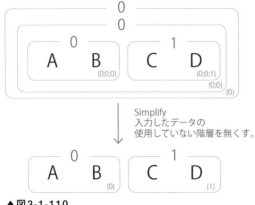

▲図3-1-110

Computational Modeling

3-2
Grasshopperコンポーネント

本節では、GHの各コンポーネントの概要について説明する。GHには既に非常に多くのコンポーネントが用意されているが、類似したものも多く、また逐次マイナーアップデートで追加される。本節で解説するGH定義ファイルは全て下記URLからダウンロードできる。

　https://www.applicraft.com/cpmodeling_data/

下記の10種類のGH定義ファイルがダウンロードできる。それぞれのファイルはGH上部のタブの内容別に分類して作成されている。

- GHParamsV6.gh
- GHMathV6.gh
- GHSetslV6.gh
- GHVectorV6.gh
- GHCurvesV6.gh
- GHSurfaceV6.gh
- GHMeshV6.gh
- GHTransformV6.gh
- GHIntersectV6.gh
- GHDisplayV6.gh

これらのファイルは、各タブの中の主要なコンポーネントを配置して作成されているが、GHのアルゴリズムは、1つのタブのコンポーネントのみで成立することは少ないので他のタブのコンポーネントと併せて説明している。また、他のタブのコンポーネントは緑色で、該当タブのコンポーネントは、初期値のRGB（170、135、255）でグループ化している。

なお、本節で解説するのは、その中の使用頻度の高い、ごく一部のコンポーネントに関するものである。

コンポーネントに関しては［Panel］コンポーネントで主要な機能や、ヒントになる説明がされているので、それを参照して理解を進めてほしい。

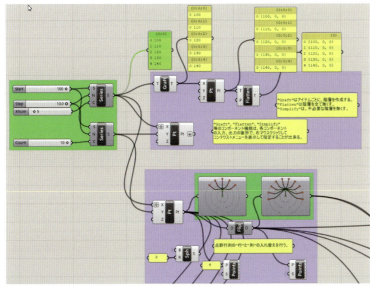

▲図3-2-1

また、個々のコンポーネントについては、https://www.applicraft.com/ghcp_index/を参照していただきたい。こちらのURLでは、コンポーネントの一覧と優先付けがされており、優先度の高いコンポーネントから逐次アップデートしている。

3-2-1
[Params]タブ

▲図3-2-2

Rhinoのオブジェクト・数値・テキスト・色・パラメータ値・時間データなどを格納・設定するコンポーネントが属する。

[Params>Geometry]タブ

Rhinoで使用するオブジェクトは、点、曲線、サーフェス、ポリサーフェス、ソリッドそしてメッシュである。
GHでは、[Point(略Pt)]、[Curve(略Crv)]、[Surface(略Srf)]、[Brep]、[Mesh]コンポーネントに相当する。
[Brep]コンポーネントはRhinoでいうところの、"ソリッド"、"ポリサーフェス"に対応する。
[Geometry(略Geo)]コンポーネントは、メッシュを含むすべての図形オブジェクトを包括する。

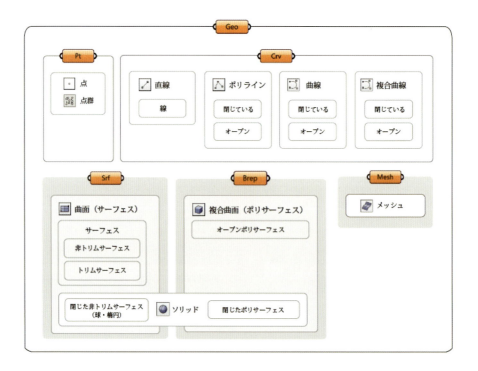
▲図3-2-3

○ 注意

Brepは、"Boundary Representation（境界値表現）"の意味で、"幾何要素"と"位相要素"から構成される。例えば、ソリッドである直方体を円筒でくり抜いた形状は、"幾何要素"である4つの長方形（非トリムサーフェス）と、3つのトリムサーフェスで構成される。7つのサーフェス（FACE）が、"EDGEという"位相要素"で縫い合わされて、はじめて体積を持つ"ソリッド"となる。

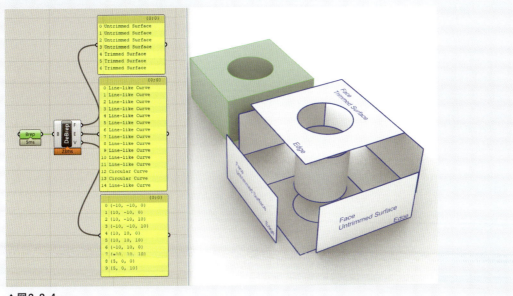

▲図3-2-4

[Point]、[Curve]、[Surface]、[Brep]コンポーネント等では、Rhinoのデータを読み込んで使用する。読み込んだ後に、コンポーネント上で右クリックし、"Internalize"を指定すると、読み込んだRhinoオブジェクトがコンポーネント内に格納される。

○ 注意

"Internalize"することで、ジオメトリデータがGH定義ファイル内に保存されるため、3dmデータ内にジオメトリを持たなくとも、GHファイル単独でファイルの管理が可能となる。逆に"Internalize"されていない場合は、元の3dmデータが開かれていないとジオメトリが読み込まれないため、3dmデータとGH定義ファイルをセットで管理する必要がある。

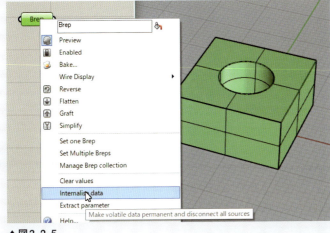

▲図3-2-5

［Params＞Primitive］タブ

主に、数値や論理値、空間の領域範囲等、数値で定義されるコンポーネントが属する。
アルゴリズム中では、多くの数値データや、整数、論理値を扱うので、それらを用途に応じて整理、変換することが重要だ。
［Number］コンポーネントは浮動小数点数を、［Integer］コンポーネントは整数を格納する。あるいは、他の型の数値をそれぞれそれらの型に変換する。
［Boolean］コンポーネントは論理値を表し、"True"、"False"の2値だけを持つ。
数値を論理値に変換すると、"0"は"False"に、それ以外は全て"True"に変換される。

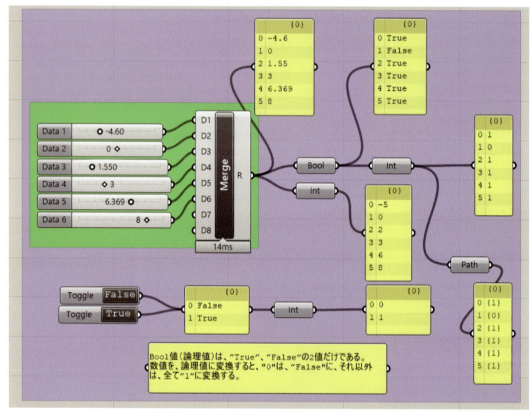

▲図3-2-6

［Params＞Input］タブ

入力パラメータに関するものが配置されている。
GHアルゴリズムでは、数値データをパラメータとして制御する。
XYZの座標データは、テキスト情報として"|10.000, 12.500, 10.000|"のように、|で囲まれた3つの浮動小数点数で表現される。
色情報は、"255,127,127"のように、|なしの整数で表現される。

パラメータとしての数値は、［Number Slider］コンポーネントで、定数として使用する場合は［Panel］コンポーネントで指定するのが一般的だ。
また、［Graph Mapper］コンポーネントでは、値を入力し、グラフ形状を直接操作することで出力値を調整することができる。
次図のアルゴリズムは、"0"～"10"の数値を、［Bounds］コンポーネントで、入力のDomain（領域）を取得

している。[Remap]コンポーネントに、"数値"と取得したDomainと、ターゲットのDomainを"0"〜"1"に指定して[Graph Mapper]コンポーネントのグラフタイプを、"累乗（Power）"を選択した例である。

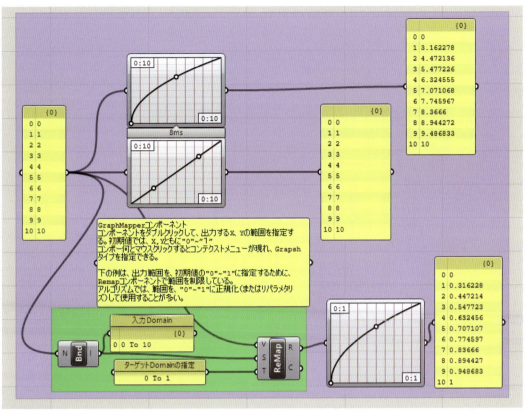

▲図3-2-7

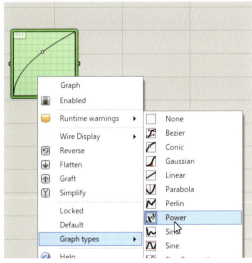

▲図3-2-8

[Params>Util]タブ

入力情報全般に関係するコンポーネントが属する。
特に使用頻度の高いものは、データの構造を視覚的に表示する[Param Viewer]コンポーネントである。
[Param Viewer]コンポーネントについては、第4章で詳細を説明する。
[Galapagos]コンポーネントは、遺伝的アルゴリズムを可能にするコンポーネントで、第5章で解説する。

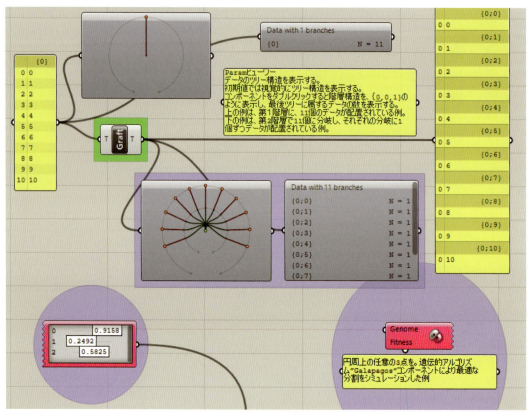

▲図3-2-9

3-2-2 [Maths]タブ

▲図3-2-10

[Maths>Domain]タブ

GHでは、カーブやサーフェス等のオブジェクトを、Domain(領域)という概念で操作する。Domainには、1次元と2次元のDomainが存在する。
1次元のDomainは、1つのパラメータに関して"-10.00 To 10.00"のように表現される。
2次元Domainは、2つのパラメータに関して領域指定を行い、例えばサーフェスのUVパラメータを指定して、"u:|0.25 To 0.74| v:|0.40 To 0.80|"のように表現される。

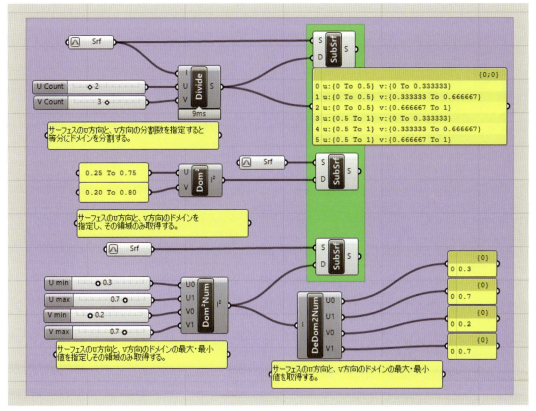

▲図3-2-11

Domainの概念は、シミュレーションするパラメータの範囲指定や指定範囲内で乱数を生成する等、様々な使い方がある。
このアルゴリズムでは、[Surface]コンポーネントに"Reparameterize"を行って、サーフェスのUVのDomainを、"0"～"1"の範囲に限定している（Reparameterizeについては3-1-3を参照）。

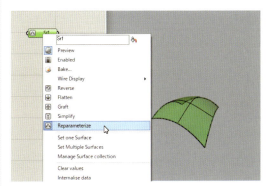

▲図3-2-12

[Maths>Matrix]タブ

行列の生成や、行列の入れ替え、反転等を行うコンポーネントが属する。
3次元オブジェクトの移動、回転、拡大・縮小等は3次元アフィン変換で行い、アフィン変換は4行4列の行列を使用して行う。
RhinoやGHで行う基本の変形コマンドも同様である。
[Move]、[Scale]、[Rotate]コンポーネント等の各種変形コマンドの"X"出力には、アフィン変換を行った変換行列が格納されている。

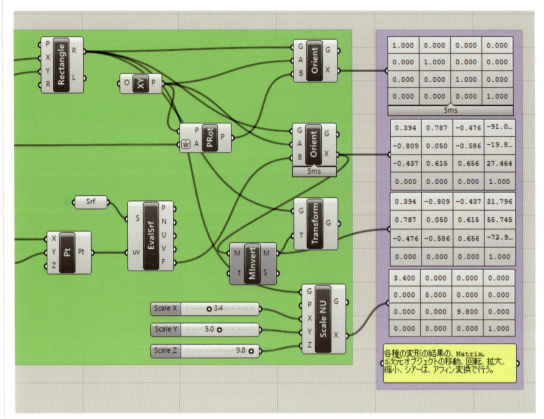

▲図3-2-13

[Maths>Operators]タブ

基本的な四則演算、積算計算、論理計算等を行うコンポーネントが属する。

[Maths>Polynominal]タブ

一般的に使用される多項式のコンポーネントが属する。

▲図3-2-14　　　　　　▲図3-2-15

[Maths>Scrip]タブ

[Expression]、[Evaluate]コンポーネントは、プログラミング言語で一般的に使用されている関数を使用して計算を行うことができる([Expression]コンポーネントについては3-3-4を参照)。
[C#]、[Python]、[VB]コンポーネントは、インタープリター型のプログラミングコンポーネントである。詳細は第6章以降で解説する。

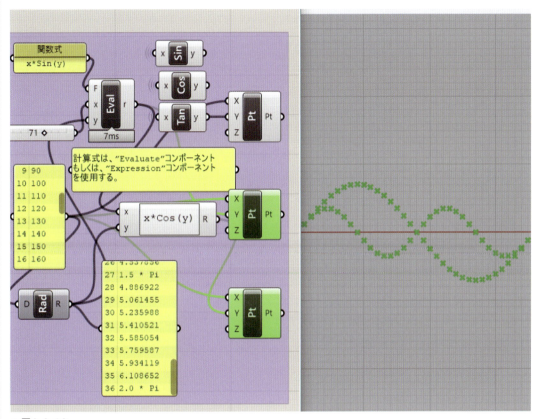

▲図3-2-16

[Maths>Time]タブ

システム時間を取得するコンポーネントや、その情報を編集するコンポーネントが属する。

[Maths>Trig]タブ

三角関数に関連したコンポーネントが属する。

3-2-3 [Sets]タブ

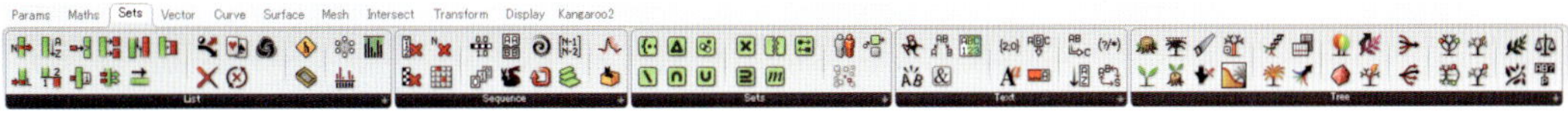

▲図3-2-17

データを制御するためのコンポーネントが属する。
データの取り扱いの詳細は第4章で行う。

[Sets>List]タブ

データのリストをコントロールするコンポーネントが属する。
Rhinoの図形オブジェクトや数値のデータはリストとして表示される。

データは、"インデックス"で管理される。
インデックスは"0"から始まる整数で、データを取得、編集する場合はインデックスを使用する。
リストのインデックスを編集するときの基本となる操作には、"シフト"、"リバース"、"分割"などがある。

図3-2-18の上半分は、"0"から"90"までの等差数列のリストをそれぞれの操作で編集した例である。最初に与えた等差数列のリストは、全部で10のデータからなり、それぞれのデータに対して、"0"から"9"までのインデックスが割り当てられている。
コンポーネントの例はそれぞれ上から順に、以下のような内容である。

1)[List Item]コンポーネントで、そのデータのインデックスの中の3番目のインデックスを指定して、データを取得したもの
2)[Reverse List]コンポーネントで、リストを反転して整列させたもの
3)[Cull Pattern]コンポーネントで、リストを"True"、"False"の論理値を使用して、"1つおきに"データを削除したもの
4)[Split List]コンポーネントで、リストを5番目のインデックスで分割したもの
5)[Shift List]コンポーネントで、分割したデータのインデックスを2ずらしした(シフトした)もの

> **注意**
> [Shift List]のデフォルトの設定では、シフト後に元のインデックスの範囲に収まらなかったアイテムはリストの最初あるいは最後に回される。

図3-2-18の下部は、Rhinoからオブジェクトを複数読み込み、[Split List]コンポーネントを用いて、5番目のインデックスで分割したものである。

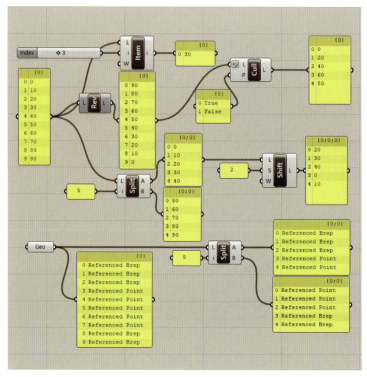

▲図3-2-18

[Sets>Sequence]タブ

主に数列をコントロールするコンポーネントが属する。よく用いられるものとして、等差数列を生成する[Series]コンポーネント、インデックスの指定を繰り返しパターン等で選択する[Cull Pattern]、[Cull Index]コンポーネント、"乱数"で値を生成する[Random]コンポーネント等がある。

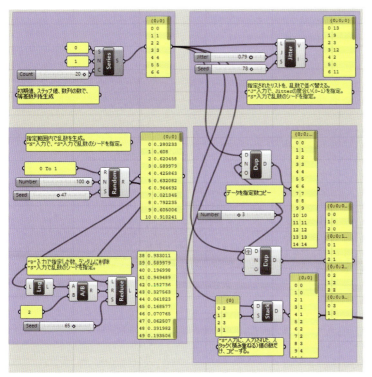

▲図3-2-19

[Sets>Text]タブ

主に、テキストデータを編集するコンポーネントが属する。
テキストデータを分割したり連結したりすることができるため、オブジェクトの体積計算した結果に単位を付けて表示するなど、意図した形式でテキストやデータを表示したい場合などに利用できる。

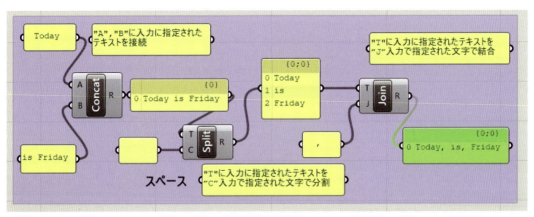

▲図3-2-20

[Sets>Tree]タブ

データのツリー構造を制御するコンポーネントが属する。
ツリー構造の取り扱いは、複雑なデータや大量にデータを処理するときに必要となるGHを扱う上で非常に重要となる概念だ。
GHでは、ツリー構造のデータ階層の内、最下層に格納されたデータの固まりごとに処理していく。
ツリー構造の分岐の追加、ツリー構造をなくす、不要な分岐を削除する、データの階層を合わせる等の操作が可能である。詳細は第4章で解説する。

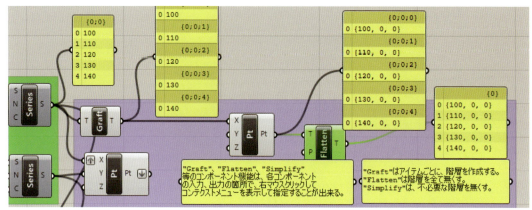
▲図3-2-21

3-2-4 [Vector]タブ

▲図3-2-22

[Vector>Field]タブ

磁場（Magnetic Field）を視覚化するコンポーネントが属する。

[Vector>Grid]タブ

格子となるXY方向の間隔や繰り返し数を指定して各種の多角形グリッドを生成するコンポーネントや、2次元矩形、3次元Boxなどのオブジェクトに対して、数、乱数のシードを指定して、空間内に点群を生成するコンポーネントが属する。

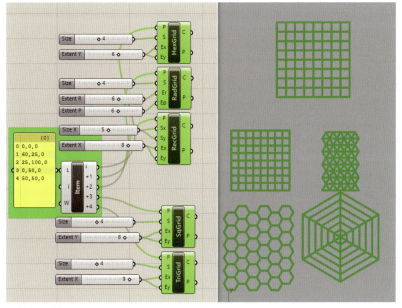

▲図3-2-23

[Vector>Plane]タブ

モデリング時の作業平面(Plane)を定義するコンポーネントやそれらに関連するコンポーネントが属する。Planeを定義するコンポーネントは、XY方向を作業平面に設定する[XY Plane]コンポーネントを始め、[XZ Plane]、[YZ Plane]の3種類を基本とする。GHコンポーネントの多くは、初期値でXY平面を基準としている。

Planeの内部データは、Planeの中心座標とベクトルで設定される。

Planeコンポーネントは、[Transform>Euclidian>Orient]コンポーネントと組み合わせて、参照Planeからターゲットは Planeに変形配置するときに良く使用される。

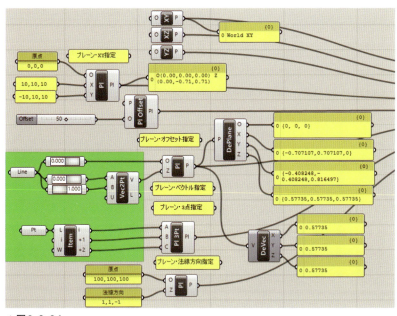

▲図3-2-24

[Vector>Point]タブ

点データは、Rhinoのデータを参照したり、数値のリストから点を生成したりするが、単なる点オブジェクトのコントロールではなく、NURBSにおけるUV空間を指定したりすることにも使用される。

例えば正規化されたサーフェスは、内部UVパラメータ空間としてそれぞれ、Uは"0~1"、Vは"0~1"として定義される。サーフェスを分析する[Surface>Analysis>Evaluate Surface]コンポーネントに、[Construct Point]コンポーネントを接続し、X,Y入力に"0~1"のパラメータを入力して、分析対象のサーフェスの特定値を指定することができる。|0, 0, 0|は、サーフェスの始点であり、|1, 1, 0|は終点である。|0.5, 0.5, 0|は、中心点となる。サーフェスは厚みを持たないので、Z座標は無視される。正規化については、3-1-3でも詳しく解説している。

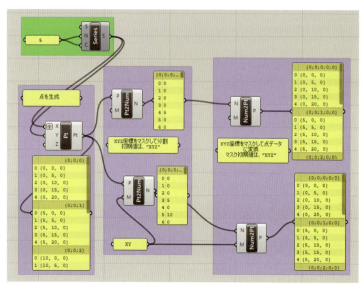

▲図3-2-25

[Cull Duplicates]コンポーネントも、アルゴリズムの中で良く使用される。

例えば、先の[Hexagonal（略HexGrid）]コンポーネントで作成された六角形の頂点を抽出すると、隣り合う六角形の頂点は重複する。

このようなときに、[Cull Duplicates]コンポーネントで、重複する点のデータを削除することができる。

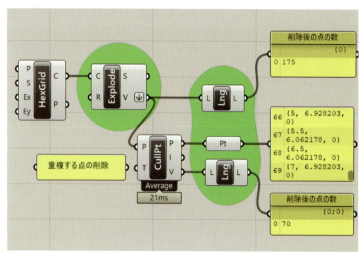

▲図3-2-26

[**Vector>Vector**]タブ

[Vector]コンポーネントは、オブジェクトの移動や回転のときに方向を指定するために使用する。[Plane]コンポーネントから、そのベクトル方向も取得することができる。サーフェスを分析する[Surface>Analysis>Evaluate Surface]コンポーネントの、"F出力"からサーフェスの法線ベクトルを取得して、[Amplitude(略Amp)]コンポーネントでベクトル長を指定して、移動するとき等に使用する。

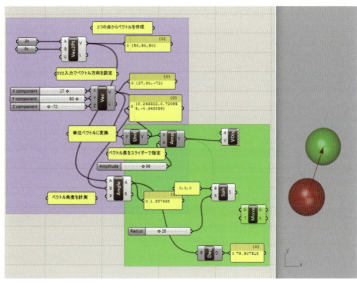

▲図3-2-27

3-2-5
[Curve]タブ

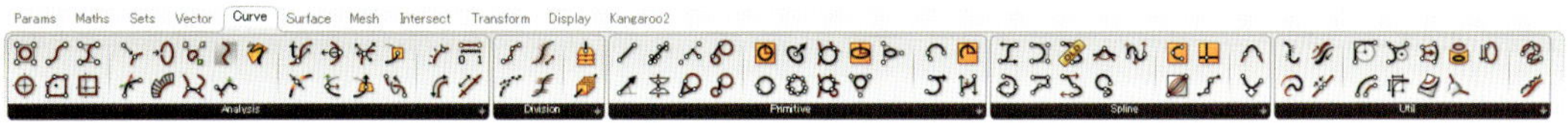

▲図3-2-28

[**Curve>Analysis**]タブ

カーブオブジェクトを分析するコンポーネントが属する。
分析とは、カーブが持っている属性(制御点、次数、ノットベクトル、ウエイト、長さ)、カーブが平面上にあるかの判定、カーブの曲率表示、曲率の取得、カーブと点の内外判定等である。

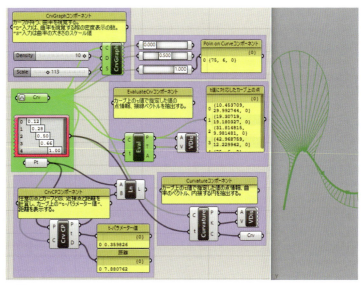

▲図3-2-29

[Curve>Division]タブ

カーブの分割に関連するコンポーネントが属する。
カーブは均等距離に等分割したり、指定距離で分割したりするだけではなく、そのカーブ上の分割点におけるカーブのtパラメータを取得したり、逆にtパラメータを使用して分割点を求めたりすることができる。カーブ上の分割点上では、XY平面上に作業平面を生成したり、カーブの接線方向を軸として作業平面を生成したりすることができる。

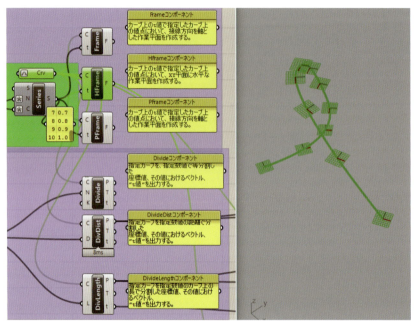

▲図3-2-30

[Curve>Primitive]タブ

直線、円、円弧、楕円、多角形等、基本的なカーブオブジェクトを定義するコンポーネントが属する。Rhinoのコマンドを理解していれば、すぐに使用できるはずだ。

▲図3-2-31

[Curve>Spline] タブ

3次以上の次数を持ついわゆる自由曲線に関するコンポーネントが属する。
代表的なコンポーネントは、指定した点を通る自由曲線を作成する[Interpolate（略IntCrv）]コンポーネントと、指定した点を制御点とする[Nurbs Curve（略Nurbs）]コンポーネントである。自由曲線の取り扱いについては、第4章で解説する。

▲図3-2-32

[Curve>Util] タブ

Rhinoでも用意されている、カーブの分割、結合、延長、オフセット、フィレット作成、カーブの方向反転等、様々なユーティリティーのコンポーネントが属する。

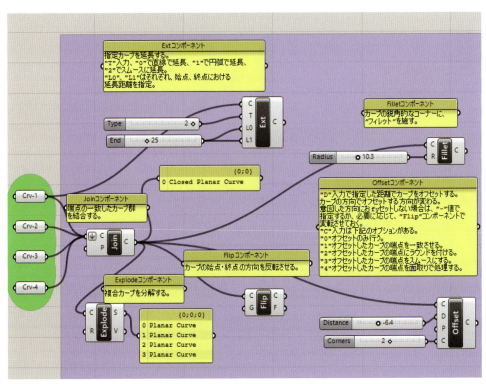

▲図3-2-33

3-2-6 [Surface]タブ

▲図3-2-34

[Surface>Analysis] タブ

Brep（サーフェスを含む）を分析するコンポーネントが属する。
ここでの分析とは、オブジェクトの空間に占める3次元的な範囲や、オブジェクトからサーフェス、サーフェスのエッジ、エッジの頂点を抽出したり、ワイヤフレームの抽出の他、制御点の抽出、UV値によるサーフェスの位置情報、面積、体積、慣性モーメントの計算、平面サーフェスかの判定、点オブジェクトとBrepの近接点の計算等、多岐に渡る。

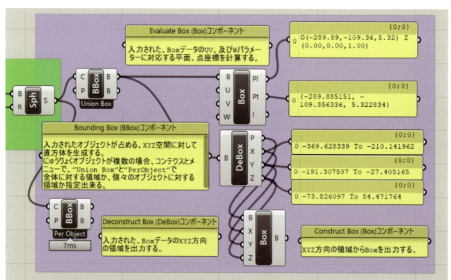

◀図3-2-35

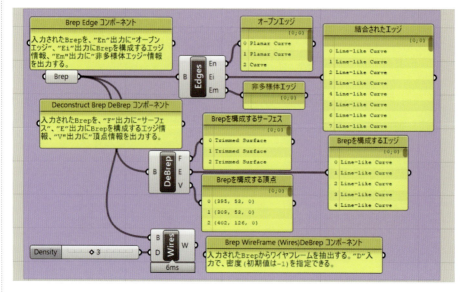

◀図3-2-36

[Surface>Freeform]タブ

自由曲面を作成するコンポーネントが属する。
最も一般的なサーフェスの作成方法は、必要なカーブを各種サーフェスコンポーネントに割り当てる方法である。Rhinoのサーフェス生成コマンドを理解していれば、使用方法は容易に理解できるだろう。

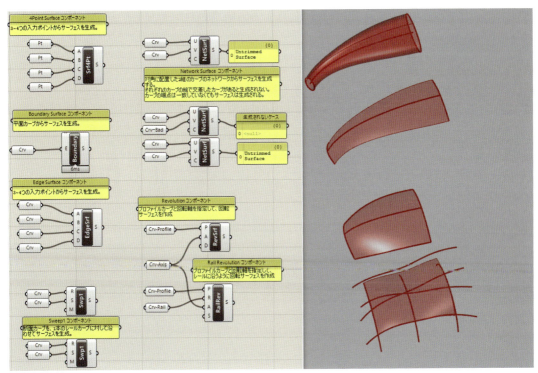

▲図3-2-37

[Surface>Primitive]タブ

単純なソリッド(Primitive)を作成するコンポーネントが属する。
中心座標と高さや幅などの数値パラメータを指定することによって、簡単にソリッドが作成できる。

[Surface>Util]タブ

サーフェスの基本情報は、"制御点の位置"、"次数"、"UV空間" "面の方向"である。
このタブに属するコンポーネントでは、UVパラメータにより、面の領域を指定・分割、面の方向を反転・オフセット等が可能である。また複数のサーフェスやBrepを結合するコンポーネントや、Brepに対してフィレットを施すコンポーネントもRhino6から追加された。

3-2-7 [Mesh]タブ

▲図3-2-38

[Mesh>Analysis]タブ

メッシュの分析に関するコンポーネントが属する。右の例は、[Mesh ConvertQuads]コンポーネントを使用することで、平面形状ではないQuadメッシュを、Triangleメッシュに変更している。
さらにそのメッシュを個々のメッシュに分解し、再構成した後、メッシュの境界線を抽出している。

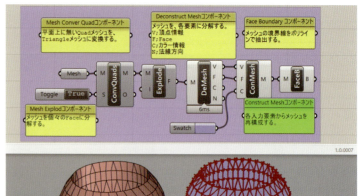
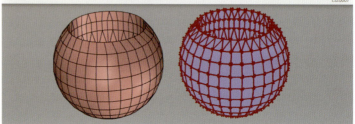
▲図3-2-39

[Mesh>Primitive]タブ

基本的なメッシュ形状を作成するコンポーネントが属する。
[Mesh Sphere]コンポーネントは、UV方向に指定した数でメッシュ分割を行い、球をメッシュで近似表現する。この際、球の特異点となる部分のメッシュはTriangleメッシュになる。

一方、[Mesh Sphere Ex]コンポーネントは、球を6つの四辺エッジからなるパッチで構成し、分割するメッシュは全てQuadメッシュで構成される。図の例では、[Mesh Sphere]後に、[Face Normals]コンポーネントでメッシュの法線ベクトルを取得し、視覚化している。

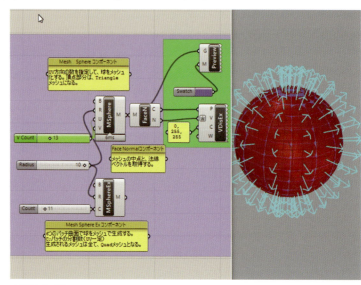
▲図3-2-40

[Mesh>Triangulation]タブ

ここで最も使用されるのは[Voronoi]コンポーネントである。2DのVoronoiパターンを点群から作成するパターンは、非常にポピュラーである。本コンポーネントは、第4章でデータ構造と合わせて解説している。次の例は[Voronoi3D]コンポーネントを使用して、3DのBox中に5つの点群を乱数で生成し、その点から立体的なボロノイ形状を生成している。

生成される形状は、いわゆるピン角の立体であるので、[Convex Edges]コンポーネントで全てのエッジ情報を取得し、[Fillet Edge]コンポーネントで取得したエッジに対してフィレットを施している。5つのBrepには、乱数で色指定も行っている。

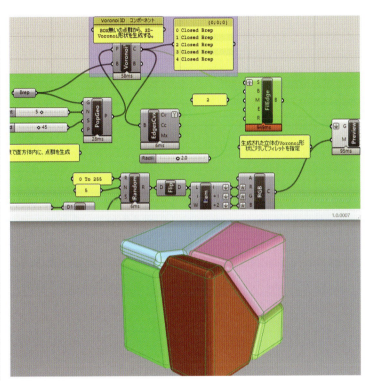
▲図3-2-41

3-2-8
[Intersect]タブ

▲図3-2-42

[Intersect>Mathematical]タブ、[Intersect>Physical]タブ

オブジェクト同士の交差情報を得るコンポーネントが属する。PlaneやContour（等高線）のような実体として存在しないものを使用した交差に関するコンポーネントは"Mathematical"タブ内に、カーブやサーフェス、Brep等、物理的に存在するオブジェクト同士の交差に関するコンポーネントは"Physical"タブ内に、カテゴリー分けされている。

これらのコンポーネントは、計算結果として、点やカーブ等を出力するが、オブジェクト同士を実際に分割するためには、①交差を出力し、②交差オブジェクトを使用して分割する必要がある。

［Surface Split］コンポーネントは、サーフェスをカーブで分割するが、その前段階として交差するカーブを計算する必要がある。

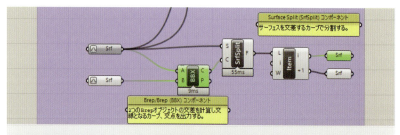
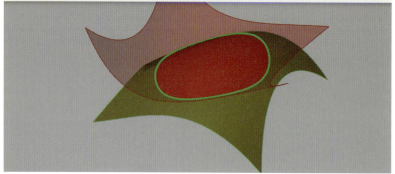

▲図3-2-43

［Intersect>Region］タブ

カーブや、カーブ群を指定した領域（Region）で分割、もしくはトリムするコンポーネントが属する。

［Intersect>Shape］タブ

Brep同士のブール演算（和、差、積）等、オブジェクト同士の集合演算に関するコンポーネントが属する。

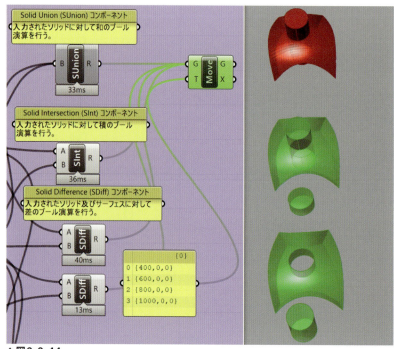

▲図3-2-44

3-2-9
[Transform]タブ

▲図3-2-45

[Transform>Affine]タブ

オブジェクトの3次元的な変形は、アフィン変換と呼ばれ、3次元の場合は、4行・4列の変換行列を介して変形配置される。

例えば、[Orient Direction（略Orient）]コンポーネントは、参照点と参照点におけるベクトル、ターゲットとなる点とその点におけるベクトルを指定して変換配置するが、その変換は、4行・4列の変換行列で指定される。これらのコンポーネントの"X出力"に、[Display Matrix]コンポーネントを接続するとその変換行列が確認できる。

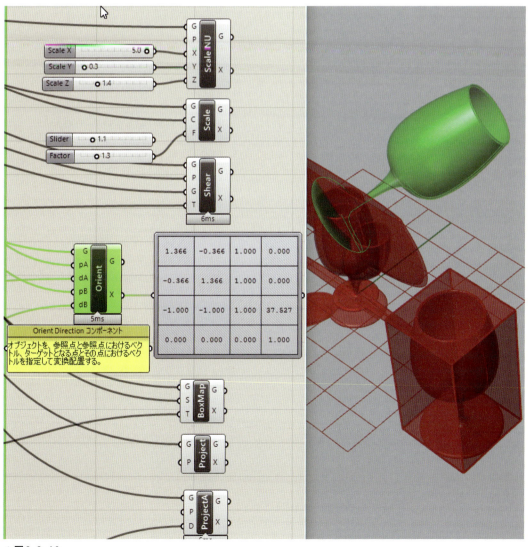

▲図3-2-46

[Transform>Array]タブ

このタブ内に属するコンポーネントもアフィン変換によって計算されるが、特にカーブに沿ってオブジェクトを配置したり、環状やXYZ方向にオブジェクトを配置するものが属する。
例えば、[Polar Array]コンポーネントは、オブジェクトを指定した平面に円周上に回転配置するものである。ちなみにこれは、[Rotate Axis]コンポーネントに、0度から360度の間で等分の角度を指定した場合と同じ結果となる。

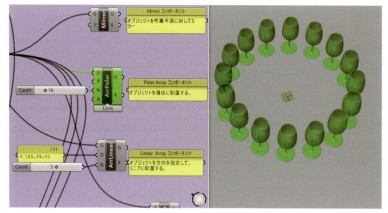

▲図3-2-47

[Transform>Euclidean]タブ

このタブに属するコンポーネントもアフィン変換によって計算されるが、特に単純な移動、ミラー、回転等に関するコンポーネントが属する。
[Orient]コンポーネントは、参照オブジェクトとその作業平面に対して、指定した作業平面に対して配置するコンポーネントである。
下の例は、XY平面の原点のオブジェクトを参照し、サーフェス上の点の法線方向の作業平面に対して配置している例である。

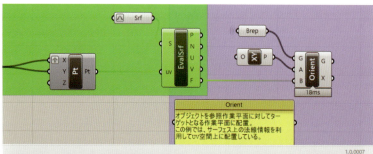

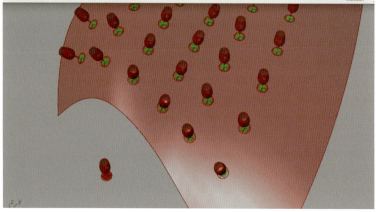

▲図3-2-48

[**Transform>Morph**]タブ

オブジェクトを有機的な形状に変形するコンポーネントが属する。Rhinoのコマンドでは"Flow変形（サーフェスに沿って）"等の変形ツールに相当するコンポーネントである。
サーフェスのUV空間を理解していると様々な変形が可能になる。
[Surface Morph]コンポーネントは、指定したオブジェクトを、サーフェスの曲面に沿わせて変形する。この例では、変形配置する前に、ターゲットのサーフェスを、UV方向に6分割してからそれぞれのサーフェスに対してモーフィング配置している。

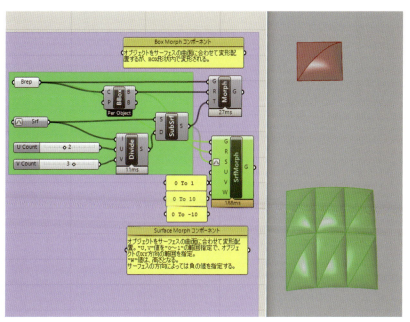
▲図3-2-49

[Map to Surface]コンポーネントは、ベースサーフェス上に指定したカーブオブジェクトを、ターゲットサーフェスの曲面に沿わせて変形する。ベースサーフェスとターゲットサーフェスのUV方向によっては、意図した方向にマッピングされない場合がある。

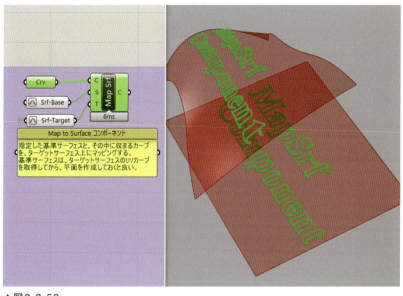
▲図3-2-50

[**Transform>Util**] タブ

変換マトリックスを編集するコンポーネントが属する。

[Compound]コンポーネントは、変換行列を合成する。[Inverse Transform]コンポーネントは、逆行列に変換する。[Transform]コンポーネントは、変換行列を読み込んでアフィン変換を行う。変換行列は[Maths>Matrix>Construct Matrix]コンポーネントに、パラメータ入力を行うことによって作成される。任意の変換行列のデータが既にある場合は、それを使用して変形することもできる。

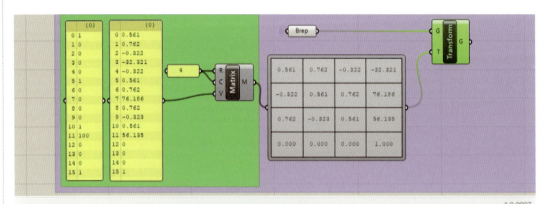

▲図3-2-51

3-2-10
[Display] タブ

▲図3-2-52

［Display＞Colour］タブ

GHは色情報として、RGB、CMYK、HSV、HSL等を取り扱うことができる。このタブ内には、色情報を作成したり、それぞれの形式に変換するコンポーネントが属する。

以下の例はそれらのコンポーネントを使用して、GH上で、［Custom Preview］コンポーネントに色情報を与えたものである。

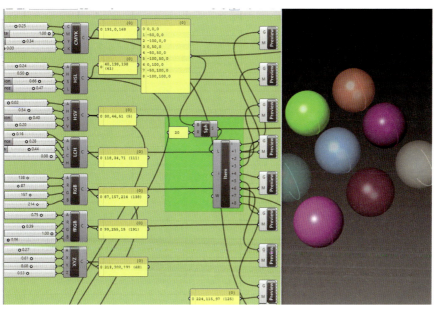

▲図3-2-53

［Display＞Dimensions］タブ

オブジェクトに文字情報をタグ付けしたり、各種寸法を作成するコンポーネントが属する。2点間の距離を計測し、長さ寸法を出力したり、3点から角度寸法を作成するコンポーネント等がある。また、作成した寸法を2D図のような形で出力するコンポーネントも含まれる。

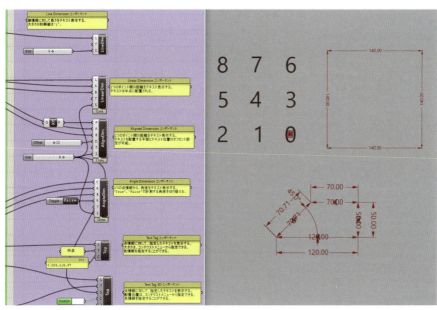

▲図3-2-54

[Display>Graphs]タブ

データを、棒グラフや円グラフ、折れ線グラフなどの各種グラフを用いて可視化するコンポーネントが属する。

[Display>Preview]タブ

GH上で、オブジェクトに付与できる色情報は、拡散色、ハイライト色、発行色である。それに加えて、[Custom Preview]コンポーネントの"M入力"に、[Create Material]コンポーネントを接続することで、それらの透明度や光沢等も指定することができる。

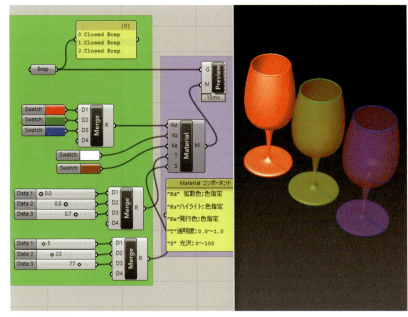

▲図3-2-55

[Display>Vector]タブ

図形を処理するにあたり、データの順番、ベクトル情報は重要なファクターである。
このタブ内には、データのインデックスやベクトルをビュー上で可視化するコンポーネントが属する。

図3-2-56の例はサーフェス上の点に対して、[Point List]、[Vector Display Ex]を用いて、各データのインデックス番号とベクトルをビューポート上で可視化したものである。番号のサイズ、ベクトルの色、線幅等の指定もできる。

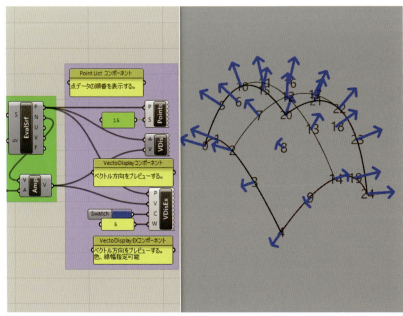

▲図3-2-56

Computational Modeling

3-3 便利な機能

3-3-1 Lock Solver機能とマルチスレッド － 作業を効率化する

アルゴリズムが増え計算処理が複雑になっていくと、スライダーの値を変更する度に全ての計算をし直すため、作業効率が落ちるときがある。そんなときは、一時的に計算を止める"Lock Solver"機能を使うと良い。使用方法はキャンバスの上で右クリックし、"Lock Solver"を実行する（上部メニューのSolution＞Disable Solverでも可）。画面左に南京錠が現れ、解除するまでGHの計算を止めることができる。解除するには同様の手順で再度"Lock Solver"を実行する。

▲図3-3-1

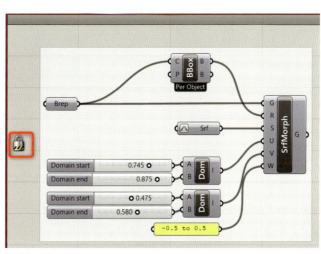
▲図3-3-2

またRhino6から特定のコンポーネント（30種類ほど）は、"マルチスレッド"（並列計算）を使用して、従来のコンポーネントより高速に計算できるようになった。
マルチスレッドに対応したコンポーネントは、左上にドットの数が表示される。また設定はコンポーネントの上で右クリックし、"Parallel computing"から切り替えることができる。

▲図3-3-3：マルチスレッド

▲図3-3-4：シングルスレッド

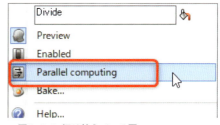
▲図3-3-5：切り替えている図

下図は、マルチスレッドとシングルスレッドの処理速度の比較例である。Rhinoのモデルを読み込み、スラブの元となる断面を作成後、押し出してスラブを作成している。マルチスレッドでは126ms、シングルスレッドでは499msとなり、この例ではマルチスレッドの方がシングルスレッドの4倍ほど計算が速い。

▲図3-3-6

▲図3-3-7

▲図3-3-8

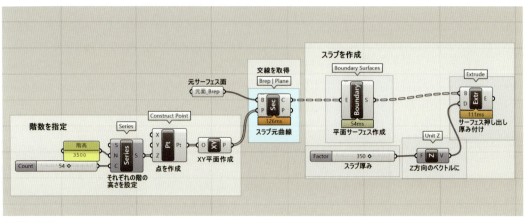
▲図3-3-9

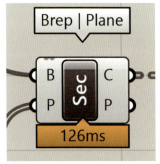
▲図3-3-10

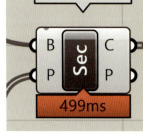
▲図3-3-11

3-3-2
Cluster機能とUser Object
－ 複数のコンポーネントをまとめる

GHでアルゴリズムが複雑になってしまったときには、"Cluster"（クラスター）という機能で収納箱のように複数のコンポーネントをまとめて管理することができる。また入力・出力部分だけを表示させて操作できるため、GHの操作方法を知らないユーザーがファイルを使用する際にも、あらかじめCluster化しておくことで容易に操作することができる。

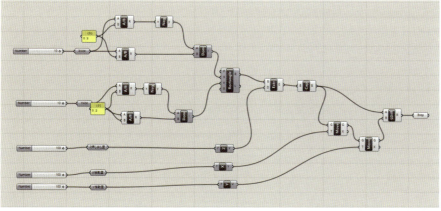

▲図3-3-12:Clusterでまとめる前

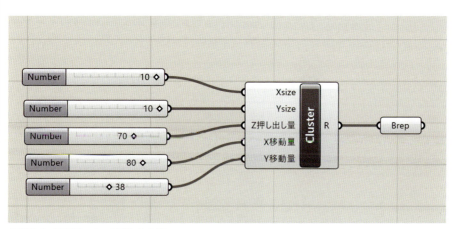

▲図3-3-13:Clusterでまとめた後

▶1 Clusterの設定方法

コンポーネントをCluster化する

Cluster化したいコンポーネントを複数選択して、キャンバス上で右クリック>Clusterを実行する。

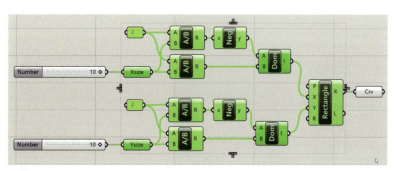

▲図3-3-14

▲図3-3-15

その際1つの端子を複数の入力に繋いだ状態でCluster化すると、不必要に端子が増えることがあるため、下記画像のように接続を1つにまとめてからClusterにすると良い（Params>GeometryのCurve、Surface、BrepなどやParams>PrimitiveのIntegerやNumberなど）。

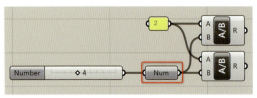
▲図3-3-16：端子をまとめた例

▲図3-3-17：整理せずにClusterした図

既に設定したClusterに端子を追加する

Clusterをダブルクリックし、Clusterの中を開く。入力端子を追加する場合は、[Params>Cluster Input]を、出力端子の場合は[Params>Cluster Output]を繋ぎ、左上に表示される段ボール型のアイコンをクリックし、"Save&Close"で変更内容を保存してClusterを閉じる。またクリックした際に出る"Discard & Close"は、保存しないでClusterを閉じる。"Return To Parent"は、Clusterの編集はそのままにして、元の画面に戻る。

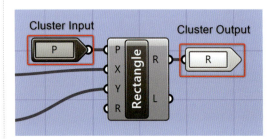
▲図3-3-18　　　　　　　　　　▲図3-3-19　　　　　　　　　　▲図3-3-20

Clusterを解除する

Clusterの上で右クリックし、"Explode Cluster"を選択する（注：Rhino5ではUndo以外ではClusterを戻すことができない）。

Clusterにロックを掛ける

Clusterの上で右クリックし、"Assign Password"を選択する。Clusterにパスワードを追加しロックを掛けることができる。

▲図3-3-21

Clusterのコピーと同期の解除

Clusterはインスタンスの様な形でコピーされ、コピーする前のClusterと中身が同期される。そのため、Clusterの内部を一か所修正すると、コピーした全てのClusterの中身を一括して修正することができる。

同期を切りたい場合はClusterの上で右クリックし、"Disentangle"を選択する（Disentangle後の括弧内の数字は、同一GHファイル内にコピーされている数を表している）。

▲図3-3-22

▶2　User Objectへの登録方法

作成したClusterは"Create User Object"機能を使うことで、画面上部のコンポーネントパネルに登録ができ、後から読み込んで使うことができる。

▲図3-3-23：User Objectを登録した例

登録するには任意のClusterを選択し、上部メニューFile>Create User Object を実行する。Name（検索時の名称）やNickname（Clusterの帯の表示名）、Description（カーソル選択時の表示）、登録したいCategory（登録パネル）とSub-Category（パネル内のサブカテゴリ）を決めて"OK"ボタンを押す。

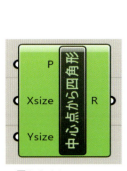 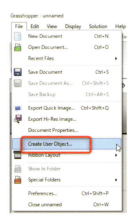

▲図3-3-24　　▲図3-3-25

▲図3-3-26:検索名Name

▲図3-3-27:表示名Nickname

▲図3-3-28:登録場所Category

登録されたUser Objectは上部メニューFile>Special Folders>User Object Folderのフォルダに、ghuser形式で保存される。実際の保存先は以下となる。

C:\Users\ユーザー名\AppData\Roaming\Grasshopper\UserObjects

PC等の環境を移設したいときや、複数のPCを同じ環境で使いたい場合は、上記フォルダのghuserデータをコピーする。

▲図3-3-29

3-3-3
Degrees機能によるラジアンから度への変換

GHコンポーネントでデフォルトの入力値として定義されている角度は、度(degree)ではなく、弧度法のラジアン(radian:1ラジアン=180°÷π=約57.29°)である。度で定義した入力値を用いるためには、これをラジアンに変換する必要がある。以前のGHでは、[Expression]コンポーネント等を用いて変換式を自ら定義する必要があったが、最新のGHでは、右クリックメニューのDegrees機能をONにすることで度の入力値をそのまま用いることが可能になった。

以下の2つの画像は、円を原点を中心に角度を指定して回転させるコンポーネント組み合わせ例とそのプレビュー画像である。角度を、[Number Slider]コンポーネントで「180度」と指定している。

●使用するファイル>>>　　GHファイル:GH3-3-3.gh

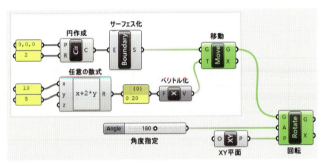

▲図3-3-30

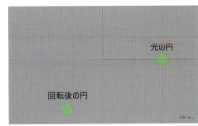

▲図3-3-31

DegreesをONにしない場合、上の画像のように想定通りの位置に回転されないが、[Rotate]コンポーネントのA入力に対し、右クリックメニューのDegreesをONにすることで下の画像のように正しく180度回転した位置に表示されるようになる。DegreesがONの場合は、A入力の横に「O」アイコンが表示される。

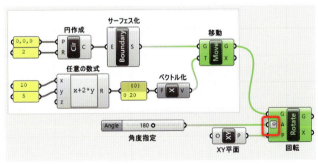

▲図3-3-32

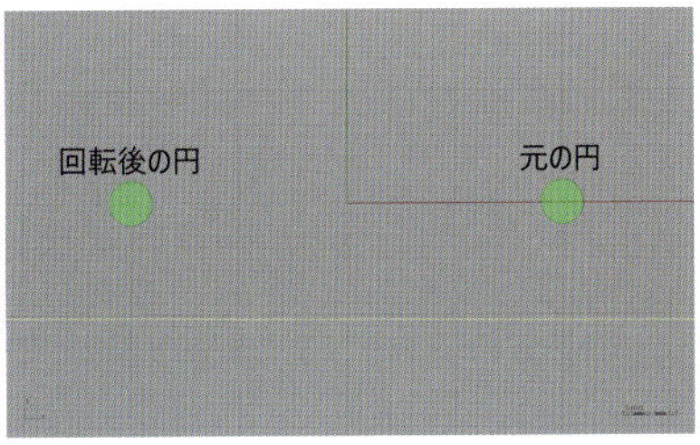

▲図3-3-33

また、[Radians]コンポーネントを用いると別途コンポーネントを用いて、度をラジアンに変換した結果を得ることができる。逆に、[Degrees]コンポーネントを用いるとラジアンを度に変換することができる。

▲図3-3-34

3-3-4
[Expression]コンポーネントによる数式の定義

GHには、四則演算など比較的単純な計算を行うためのコンポーネントがあらかじめ用意されているが、任意の数式を定義することも可能である。

以下の2つの画像は、ベルヌーイの対数螺旋状に板を並べ、Sine関数に合わせて波打たせたコンポーネント例とそのプレビュー画像である。赤枠で囲まれたコンポーネントが、[Expression]コンポーネントである。

●使用するファイル>>>　GHファイル:GH3-3-4.gh

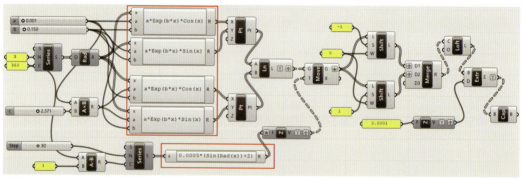

▲図3-3-35

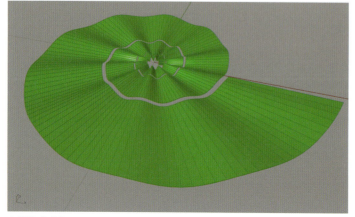

▲図3-3-36

ここでは、変数x、a、bの入力値に対して「a×ebx×cos(x)」などの数式を定義している。数式を編集する場合はコンポーネント上でダブルクリックする。編集時は、"Expression Designer"というダイアログが表示される。入力値の数は、コンポーネントを拡大表示した際に現れる、"＋"や"－"ボタンをクリックすることで増やしたり減らしたりすることができる。

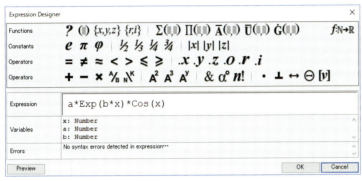
▲図3-3-37

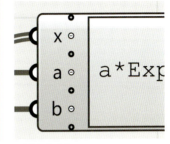
▲図3-3-38

よく使われる関数表現や記号は、"Expression Designer"の上部のツールバーから選べる。その他の関数表現については、右上ボタンのリストから確認する。例えば、リストの中にある"Round(x[,d])"という表現を用いると、小数点の桁数を指定することができる。

また、コンポーネントによっては入力端子の右クリックメニューで"Expression"と表示されるものがある。

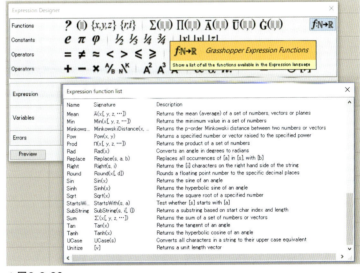
▲図3-3-39

このようなコンポーネントの場合は、コンポーネント内で数式を定義し、入力値を数式に合わせて変換することが可能である。ただし、この場合は[Expression]コンポーネントを別途配置する場合とは異なり、定義する数式における変数の数は入力値として与えられる1つ（xで表現）しか用いることはできない。コンポーネントの入力端子で数式を定義している場合は、入力端子横に■アイコンが表示される。

▲図3-3-40

▲図3-3-41

3-3-5
Number SliderのAnimate機能による連続自動キャプチャー

［Number Slider］コンポーネントのAnimate機能を用いると、［Number Slider］の値をスライドさせた場合の複数のプレビュー結果を自動でキャプチャーして保存してくれる。これにより、アニメーションの作成が容易となる。プレビューをキャプチャーしたいコンポーネントをプレビュー選択した後に、［Number Slider］コンポーネントの右クリックメニューから"Animate…"を実行する。Animation controlsというダイアログが表示されるので、以下を設定する。

- キャプチャー画像の保存先
- ファイル名のテンプレート
- キャプチャーするビューポートと解像度と枚数（＝Number Sliderの分割数）
- キャプチャー画像中のタグの有無

●使用するファイル>>> GHファイル:GH3-3-5.gh

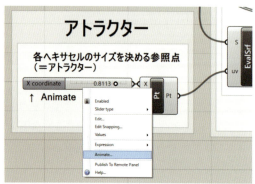

▲図3-3-42　　　　　　　　▲図3-3-43

設定後にOKをクリックすると自動で連続キャプチャー画像が作成され、"Animation controls"ダイアログで設定した保存先に画像が保存される。次の画像は、曲面上のヘキサパンチング形状のサイズを［Number Slider］の値に応じて、最小値から最大値までスライドさせて変化させた場合のAnimate後のフォルダ内の例である。

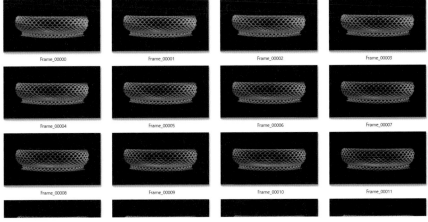

▲図3-3-44

これらを動画編集ソフトなどで連続再生することで簡単にパラメータを変化させたときのプレビューの変化をアニメーション化することができる。上で挙げた例のGH定義ファイルの概要や動画のダウンロード先は7章で紹介している。

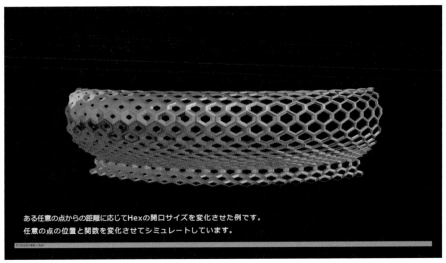

▲図3-3-45

3-3-6 プラグインを追加する

GHはプラグインを追加することで様々な拡張機能を使用することができる。McNeel社（開発元）によるプラグインコミュニティウェブサイト「Food4Rhino」では無償のGHプラグインが公開されており、会員登録をすれば誰でもダウンロードが可能である。

「Food4Rhino」　https://www.food4rhino.com/

> **注意**
> GHプラグインは現時点（2019年5月）ではMac版GHではほとんどが非対応となっている。非対応のプラグインを追加した場合、GHが起動できなくなる場合があるので確認の上追加のこと。

▶1 プラグインの追加方法

プラグインをダウンロードするためFood4Rhinoのサイトにアクセスし"Register"から会員登録を行う。会員登録済であれば"Log in"からログインを行う。

▲図3-3-46

ログインしたら「Grasshopper APPS」の右にある"+view all"をクリック、一覧から必要なプラグインページを探し該当ページを開く。

プラグイン名が分かっている場合は上部の検索エリアから入力して調べる。

▲図3-3-47：+view allから探す

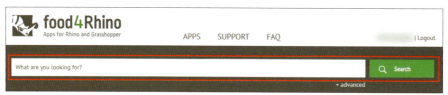

▲図3-3-48：検索エリアから入力

プラグインページ上で必要なバージョンの"Download"をクリックし、ダウンロードを実行する。

▲図3-3-49

ダウンロードが完了したらGHを起動し、上部メニューFile>Special Folder>Components Folderを選択すると、C:\Users\ユーザー名\AppData\Roaming\Grasshopper\Librariesのエクスプローラが開く。この中に、ダウンロードしたプラグインフォルダの中にある.gha（プラグインによっては.dllも）形式ファイルを格納することで、プラグインの追加が完了する。

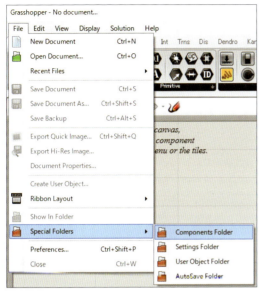

▲図3-3-50

○ 注 意

.gha形式や.dll形式によっては、ネットからダウンロード時にセキュリティによりブロックされていて使用できないことがある。その場合はファイルを右クリック>プロパティの"全般"タブの中のセキュリティ「許可する」にチェックを入れ、OKを押すことで使用可能になる。

▶ 2　プラグイン重複によるエラー

プラグインファイルが何らかの理由により重複してしまった場合、GH起動時に以下の画像のようなエラーメッセージ"Component ID conflict"が表示され、起動エラーになる。

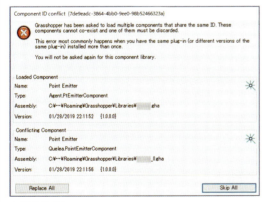

▲図3-3-51

この場合は、

　C:\Users\ユーザー名\AppData\Roaming\Grasshopper\Libraries

を開き、中にある重複プラグインのいずれかを削除する。

コ ラ ム 1
データを繋いだときの働き方について（基礎）

ここではコンポーネントにデータを繋いだときの働き方について確認してみる。このコラムでは基本的な働き方について説明するので、以後のコラムも併せて参照されたい。

●使用するファイル >>> 　GHファイル：コラム1_働き方_基礎.gh

始点Aと終点Bを繋ぐ[Line]コンポーネントを例に見てみる。入力したアイテムの数が同数の場合は、インデックスの上から順番にペアとして組み合わされ、コンポーネントで決められた動作を行う。本コラムではこれを"仕事をする"と表現する。インデックスとは[Panel]コンポーネントに繋いだ際に左側に出るアイテムの管理番号のようなものである。

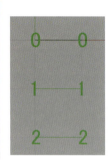 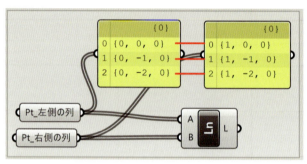

▲図コラム1-1　　▲図コラム1-2

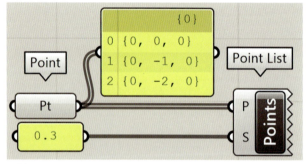

▲図コラム1-3

> **HINT**
> ここではわかりやすいように、入力した点のインデックスを数字で画面上に表示する[Point List]コンポーネントを使用している。Pには点、Sには表示する大きさを入力する。

次に入力するアイテムの数が異なる場合を確認してみる。右側の列に点を2つ追加している。この場合、それぞれ左側と右側の0と0、1と1、2と2はアイテムの数が同数のときと同様にペアとなり仕事をする。左側の列に3に対応するアイテムがない場合は、最後のアイテム（この場合は右側の2）が代わりに仕事をすることになり、左側の2と右側の3が仕事をする。また同様の仕組みで左側の2と右側の4が仕事をする。

 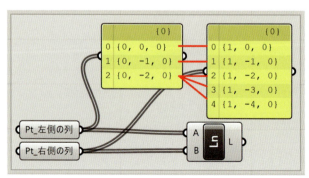

▲図コラム1-4　　▲図コラム1-5

● HINT

この働き方は、非常に多くのGHのコンポーネントの端子に見られる働き方となる。アイテムの数が足りない場合は、最後のアイテムが代わりに仕事をする。

次に足し算でのアイテム入力例を見てみる。インデックスの上から仕事をして行き、まず0+2、5+4が行われる。以後、アイテムの数が異なるので、Bに入力された最後のアイテム4が足りないアイテムの代わりをする。これにより、10+0、15+0ではなく、10+4、15+4が実行されることになる。これがGHのコンポーネントの働き方の大きな特徴だ。

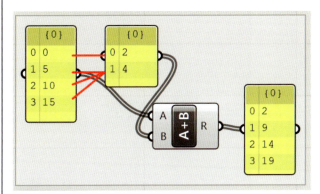

▲図コラム1-6

文字列を結合する[Concatenate]コンポーネントで、入力端子が増えた場合の例も見てみる。入力端子が3つになっても同様にデータが足りない場合、最後のアイテムが代わりに仕事をする。A,B,Cの入力に対するインデックスの組み合わせとしては、0-0-0、1-1-1、1-2-2、1-3-2となる。

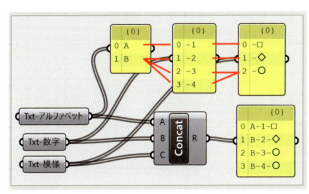

▲図コラム1-7

より実践に近いアルゴリズムで確認してみる。以下は、[Circle]コンポーネントで円を作成後、[Extrude]コンポーネントでZ方向に押し出した例である。

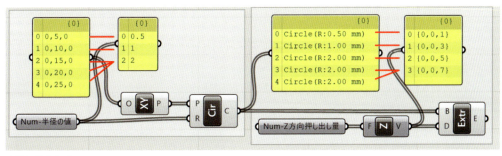

▲図コラム1-8

Circleの平面（Plane）の入力数が5個、半径（Radius）の入力数が3個。そのため、余った平面には、最後の半径値2で円が作成される。

次に作成された円5個を[Extrude]コンポーネントで押し出している。Z方向のベクトルは4つなので、アイテムが足りない最後の円は最後のベクトル（Z方向に7押し出し）が、仕事をしている。

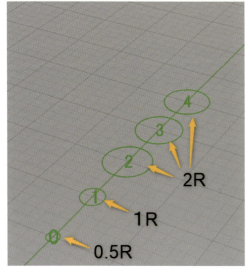

▲図コラム1-9

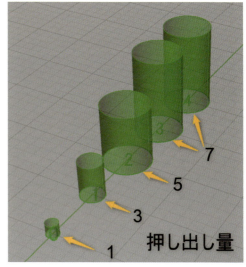

▲図コラム1-10

🔵 HINT

もしアイテムの数は異なるが、最後のアイテムに複数回仕事をさせたくないという場合は、あらかじめ[Shortest List]コンポーネント等を使い、アイテムの数を合わせる必要がある。

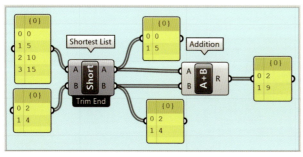

▲図コラム1-11

Computational Modeling

第4章

データ構造とNURBS

アルゴリズムを構築するうえでハードルとなるものが、
Grasshopperで取り扱う図形や数値オブジェクトのデータ構造と、
ジオメトリーの形状を定義付けている、
"NURBS"という数学表現である。

4-1
データ構造

データ構造に関して、基本的な項目に関しては第3章3-1-5で解説してあるが、この章では実際にデータ構造にアクセスし、それを編集することで理解を深めたい。

4-1-1
データ構造の基本コンポーネント

● 使用するファイル >>> GHファイル:GH4-1-1.gh

GHは視覚的にアルゴリズムを確認できるが、コンピューショナルデザインの基本は数値データを取り扱うことであり、その背景でどのように数値データが作用しているかを理解することが必要である。

[Series]コンポーネントは、等差数列を開始値（S入力、初期値は"0"）、ステップ値（N入力、初期値は"1"）、数列の数（C入力、初期値は"10"）に数値を指定して等差数列を生成するコンポーネントである。図の例では、"0"から"40"まで、間隔"10"の等差数列が生成されている。
この値を、[Construct Point(Pt)]コンポーネントの"X入力"、"Y入力"に接続すると、5つの点がRhino上に表示される。
視覚的に確認するために、"Pt出力"を[Sphere]コンポーネントの"B入力"に接続し、半径"1"の球を表示しておく。
さらに、[Params>Util>Param Viewer]コンポーネントに接続すると、5つ生成された点群のデータ構造が表示される。[Param Viewer]コンポーネントは、データの構造をダイアグラムかテキストイメージで表示する。
これは[Param Viewer]コンポーネントをダブルクリックすることによって切り替えることができる。
[Point List]コンポーネントは、"P入力"に接続された[Construct Point(Pt)]コンポーネントで生成された点データに対して、順番にインデックスを付与し、"S入力"で指定されるテキストデータの大きさで、Rhinoのビューポート上に表示する。

[Point Order]コンポーネントは、インデックス順にデータの方向を矢印で表示する。
GHの各コンポーネントは、入力されたデータを順番に処理していく。
図では[Series]コンポーネントで生成された数値データは、"0"、"10"、"20"、"30"、"40"というデータが、それぞれ"X入力"、"Y入力"に入力され、順番に処理した結果、(0,0,0)、(10,10,0)、(20,20,0)、(30,30,0)、(40,40,0)というXYZ座標に点を生成している。

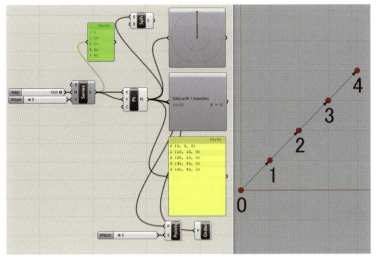

▲図4-1-1

この例では、"X入力"と"Y入力"に同じ数の数値が与えられているが、異なる等差数列を与えるため、"Y入力"に7つの数値を与えてみる。

この場合は、[Construct Point]コンポーネントで生成される点データに与えられるX座標は5つなので、6番目以降に入力されるY座標に対しては、5番目のX座標(40)が与えられる。

その結果、6番目は(40,50,0)、7番目は(40,60,0)となる。

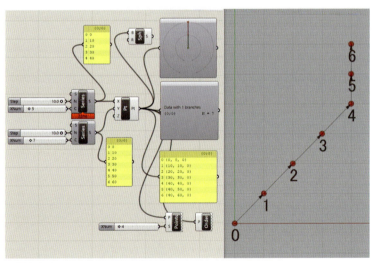

▲図4-1-2

ここでの点データは[Panel]コンポーネントで確認すると、一番上の階層{0}の下にさらに1つの階層{0;0}が設けられ、その中に7つのデータがフラットに格納されている。

コンピュータで扱うデータはツリー構造を持つことが多い。

先の[Series]コンポーネントが出力した5つの数値も、同一の階層にフラットに存在しているデータである。

ツリー構造はグラフ理論の木の構造をしたデータ構造をさし、樹形図とも言われる。
ツリー構造は、1つの親を"幹(Trunk)"とし、1つ、もしくは複数の"枝(Branch)"に分岐する。これら"幹(Trunk)"や"枝(Branch)"を階層と呼ぶ。最後に分岐した"枝(階層)"に数値データもしくは、図形オブジェクトのデータが格納される。

[Series]コンポーネントで生成されたデータは2番目の階層にフラットに数値が配置されているが、このデータを[Graft]コンポーネントに接続すると、それぞれの数値に対して1つの枝（Branch）を接ぎ木（Graft）して、新たな階層にデータを格納する。

この例では、[Graft]コンポーネントで新たな階層を定義したデータを、[Construct Point]コンポーネントの"X入力"に接続している。

GHのコンポーネントは、入力されたデータの区切り毎に処理していく。

この処理は、まず"X入力"に与えられた|0;0;0|の階層に1つだけ存在する"0"というデータの入力に対して、"Y入力"に与えられた|0;0|の階層にフラットに存在する"0,10,20,30,40"の値を処理していく。

次に"X入力"の|0;0;1|、|0;0;2|…のデータに対して"Y入力"を順に処理し、結果として25個の点群を生成する。

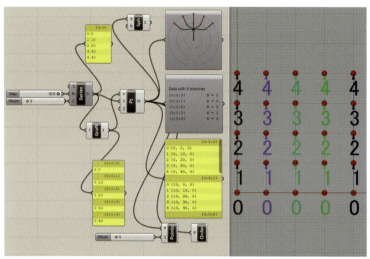

▲図4-1-3

ツリー構造を扱う上で、最も基本的な操作は、以下の通りだ。

- Flatten……… 全てのデータの分岐を削除し、階層構造をフラットにする。
- Graft………… 個々のデータ・アイテムに対して、新たなツリー構造を作成する。
- Simplify…… 不要なツリー構造を削除する。

これらの階層を扱うコンポーネントは[Set>Tree]タグ内に存在するが、頻繁に使うために、多くのコンポーネントの入力及び出力にこの機能が設けられている。

指定したいコンポーネントの入力、もしくは出力の端子においてマウスを置き、右クリックしてコンテクストメニューを表示し、選択して指定する。

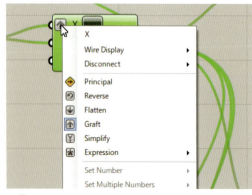

▲図4-1-4

▲図4-1-5

［Construct Point］コンポーネントの出力に、"Flatten"を指定した結果、データの階層はなくなり、点データのインデックスは、"0"～"24"に変わる。

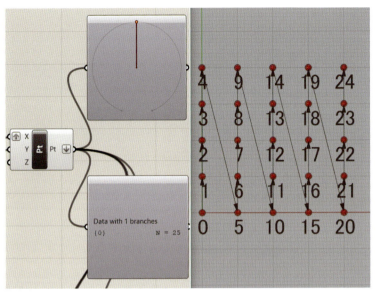
▲図4-1-6

また、データのリストを反転する、"Reverse"という機能も付いているので、データのインデックスを反転させることも可能だ。
この例では、データのインデックスが期待したように反転していない。
理由として考えられるのは、"Reverse"が、"Flatten"に先行して実行されたためである。

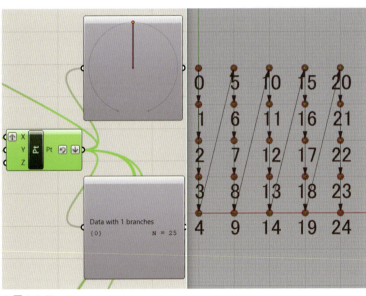
▲図4-1-7

回避策としては"Flatten"を実行後、一度[Point]コンポーネントに接続してから"Reverse"を実行すると良い。

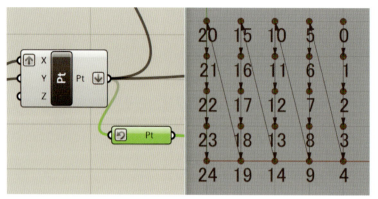

▲図4-1-8

"Simplify"は、無駄な階層を削除する。

"Simplify"実行前は階層が3つめの分岐に格納されていたが、1～2番目の分岐は不要である。小さいアルゴリズムでは問題にならないケースが多いが、コンポーネントの接続を繰り返すと不要な階層が増え、処理する他のデータとの階層が合わずにエラーを起こす場合があるので、階層が意味なく増えているような場合は、"Simplify"を設定しておくと良い。

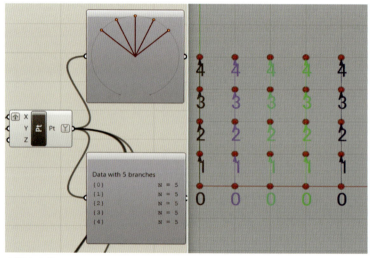

▲図4-1-9

コラム 2
データを繋いだときの働き方について（応用）

ここではコンポーネントにデータを繋いだときの働き方のもう少し複雑な例（データ構造上、枝分かれを持ったもの）について確認してみる。本コラムはコラム1の応用になるため、事前にコラム1を読んでおくことをすすめる。

●使用するファイル>>>　GHファイル：コラム2_働き方_応用.gh

まずGHでのデータ構造について、再度確認してみる。階層は箱のように中にデータを格納し、{0;0;0}の様な形で指定される。またアイテムの順番を表すインデックスは、階層ごとに0番から始まりアイテムの数だけ昇順で増えていく（階層名は学校で言う1年1組の様なもので、インデックスは出席番号に当たるものと考えると良い）。

またどのような形で枝分かれしているかは、[Panel]や[Param Viewer]コンポーネントで確認できる。

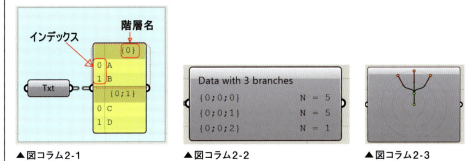

▲図コラム2-1　　　▲図コラム2-2　　　▲図コラム2-3

データ構造に枝分かれがある場合は、下記のような仕組みで働く。

○データ内に階層がある場合、階層同士を上から順にペアとする。階層がペアとなった後の個別のアイテムの働き方は、(コラム1)で説明した仕組みで働く(0-0、1-1のようにインデックス順に仕事をし、アイテムが足りなくなった場合は、最後のアイテムが代わりに仕事をする)。
○階層が足りなくなった場合、代わりに最後の階層がペアとなる。

以下、[Addition]コンポーネント（足し算）で実際の例を見てみる。
階層ごとにペアとして組み合わせられるので、左側と右側の階層のアイテムが仕事をして15が出力される。同様にその次の階層同士がペアとして働く。個別のアイテムの働き方は(コラム1)と同じ仕組みで働くため、インデックスで0-0、1-0が組み合わせられ、27と37が出力される。

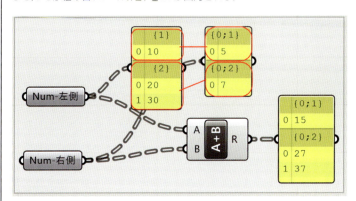

▲図コラム2-4

文字列を結合する[Concatenate]での例を見てみる。アルファベットの{0}と数字の{0;0}の階層が、ペアとなる。組み合わせた後の働きは、(コラム1)を参照すること（出力結果は、それぞれA-1、A-2、A-3となる）。
次にアルファベットの{1}の階層と数字の階層が組み合わせられるが、数字にはもう階層がないため、最後の階層{0;0}がペアとなる。組み合わせた後の働き方は(コラム1)と同じである（出力結果は、それぞれB-1、C-2、C-3となる）。

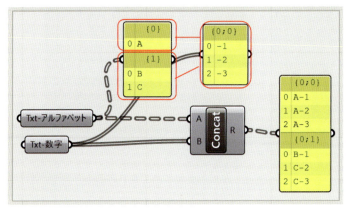

▲図コラム2-5

[Line]コンポーネントを使用した例も見ておこう。働き方は、前記と同様である。

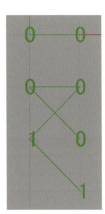 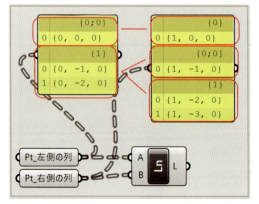

▲図コラム2-6　　▲図コラム2-7

最後にアルゴリズムを組む際、間違えやすい例を見てみる。例では、Brep-5stonesにSet Multiple Brepsで宝石と宝石の周りに配置した石留4個の計5つのポリサーフェスを読み込んでいる。それらを一緒にして[Rotate]コンポーネントで原点を中心に、それぞれ0度、30度、60度、90度の位置にコピーしてみる（Angleを角度で指定するため、Degreeオプション使用している）。

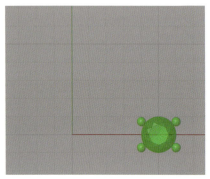

▲図コラム2-8

上の画像は、Rhinoで作成したデータを読み込んだところである。
まず失敗例を見てみる。上記の考え方で、アルゴリズム作成しているが、回転した結果を見てみると望んでいたものと異なり、石がまとまっておらず、それぞれ単体で回転している。[Panel]を繋いでみると5つのポリサーフェスが、それぞれ別のClosed Brepとして読み込まれている。データの組み合わせとして0-0、1-1、2-2、3-3、3-4と働いていることが分かる（0番のBrepを0度、1番のBrepを30度…と回転しているということ）。

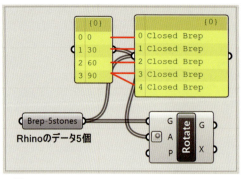 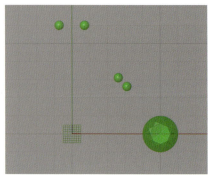

▲図コラム2-9　　　　　　　　　　　　▲図コラム2-10

対応策として、回転する値もしくはBrepをGraftで階層を分ける方法がある。Graftは階層の中に更にアイテムごとの階層を作成し、その中にデータを格納するという働きをする。Graftの詳細に関しては、3-1-5を参照。

下記はGraftしたデータを繋いで[Rotate]コンポーネントで回転した例である。Graftによって意図通りに全てのBrepが0,30,60,90度で回転している。

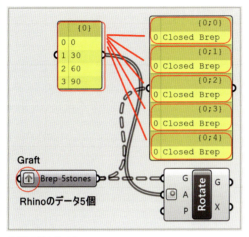
▲図コラム2-11

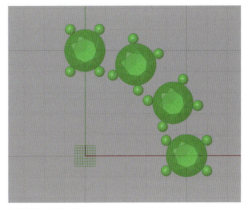
▲図コラム2-12

● HINT

GHでアルゴリズムを組む際、一番間違えやすい箇所は上記のように複数のアイテム同士が働くときの階層構造の作り方である。自分が望んでいるアルゴリズムを組む上で、どのようなデータ構造にする必要があるかは、コラム1、2の内容を踏まえて事前によく確認しておこう。

下記は入力の2つにGraftを設定した例である。不必要にGraftを設定したことにより、作成されるジオメトリーは、Graftを付ける前と同じになる。Graftを設定すれば良いのではなく、正しいデータ階層にすることが必要である。

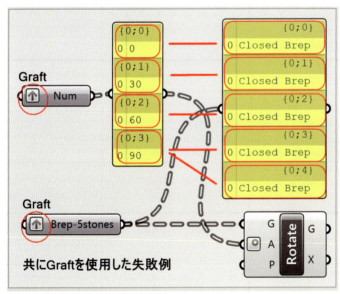
▲図コラム2-13

4-1-2
データの選択とマトリックス変換

●使用するファイル>>> GHファイル:GH4-1-2.gh

作成されたデータは、そのインデックスを指定して様々なアルゴリズムが指定できる。
次の例は、フラットなデータ構造を点データに対して[Cull Pattern]コンポーネントを使用して交互に立方体と球を配置するものだ。
[Cull Pattern]コンポーネントは、P入力に入力された論理値"True"を選別し"False"を削除する。

この例では、"True"、"False"という論理値を、[Panel]コンポーネントに記述し、"Multiline"オプションを指定している。
"0"番目のインデックスから1つおきに"True"が、"1"番目のインデックスから1つおきに"False"が設定される。
[Cull Pattern]コンポーネントによって振り分けられた"True"の点データに対して半径"2"の球を定義する。
次に"P入力"を、反転(Invert)の設定を行った[Cull Pattern]コンポーネ

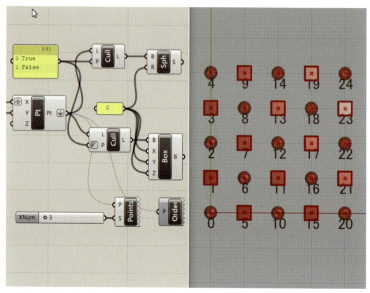

▲図4-1-10

ントに点データを接続し、L出力に対して、一辺が"4"の立方体に接続すると、交互に"球"と"立方体"が生成される。

また、[Construct Point]コンポーネント出力の設定をフラットにしないでおくと、今度は、5つの分岐データ内での"0"、"2"、"4"のインデックスには球が、"1"、"3"のインデックスには立方体が割り当てられるのが分かる。

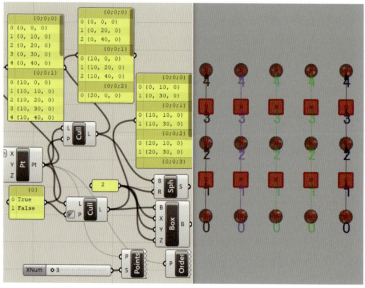

▲図4-1-11

[Flip Matrix]コンポーネントは、行列のようなデータツリー構造を持つデータの"行"と"列"を反転させるコンポーネントである。

右図の例は[Cull Pattern]コンポーネントの前に[Flip Matrix]コンポーネントを入れ、ツリー構造内のデータを入れ替えている。

[Flip Matrix]コンポーネントに接続した結果、|0;0;0|～|0;0;4|に、5つずつ格納された各階層の、0番目のデータが、|0;0;0|に格納され、以降n番目のデータが、|0;0;n|に格納される。

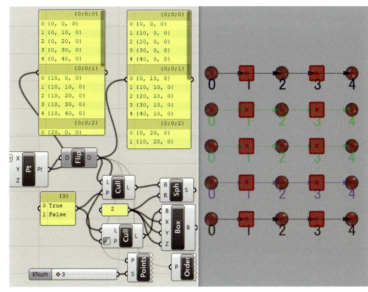
▲図4-1-12

4-1-3
データのリスト

● 使用するファイル >>> GHファイル:GH4-1-3.gh

2つの異なる半径を持つ同心円を、異なる数で分割した点データに対して直線を結ぶ単純なアルゴリズムを考えてみる。この例では、[Circle]コンポーネントの"R入力"に半径を2つ、[Panel]コンポーネントの"Multiline"オプションで接続している。

"C出力"において"Graft"を設定し2つに分岐する。

生成される円を、[Divide]コンポーネントに接続し、2つの円に対して分割数をパラメトリ

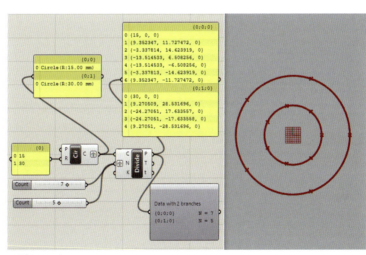
▲図4-1-13

ックに行えるように、2つの異なる値を設定したスライダーコンポーネントを接続し、"N入力"で"Graft"を設定する。

注意

このような簡単なアルゴリズムでは、[Circle]コンポーネントを2つ用意した方が簡単で分かりやすいが、GHがどのようなデータ構造を構築するか理解する意味で、あえて2つの入力値を[Panel]コンポーネントで与えている。また数値指定は、[Slider]コンポーネントで数値を都度変えることができるが、定数として使用する場合は[Panel]コンポーネントを使用することが多い。

点データのインデックスは、円の開始点から反時計周りに振られている。
このデータは、階層{0;0;0}に7つの点データが、階層{0;1;0}に5つの点データが配置されている。
データを分離するために、[Split]コンポーネントで分割する。
"M入力"にパスの[Panel]コンポーネントでマスクを指定する。
[Split]コンポーネントは、マスクに合致した階層のデータは"P出力(Positive)"に、合致しないものは、"N出力(Negative)"に振り分ける。

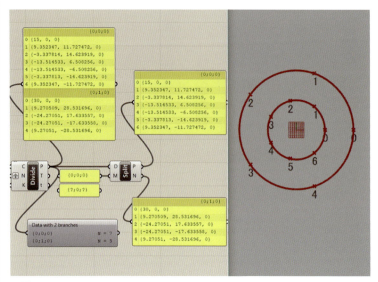

▲図4-1-14

下図は振り分けられた点データを、[Line]コンポーネントに接続した結果である。
※ここでは見やすいように、点データの個数を階層{0;0;0}を11、階層{0;1;0}を9に変更している。

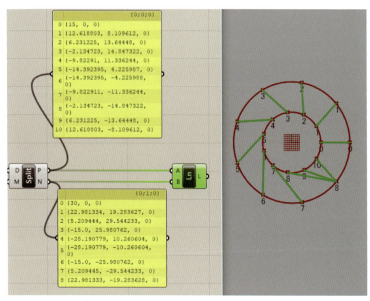

▲図4-1-15

2つのデータのリストを取り扱う場合、以下の3つの組み合わせが考えられる。

1) Shortest List（ショーテストリスト）

[Sets>List>Shortest List]コンポーネントは、1つめの最後のデータまで順番に割り当て、最後のデータ以降は、2つめのデータを無視する。

2) Longest List（ロンゲストリスト）

[Sets>List>Longest List]コンポーネントは、1つめの最後のデータまで順番に割り当て、最後のデータ以降は、残った2つめのデータを最後のデータに割り当てる。
GHのコンポーネントは初期状態で、2つのデータリストはLongest Listとして処理する。
このコンポーネントを介さずに、[Line]コンポーネントに接続すると同じ結果になる。

3) Cross Reference（クロスリファレンス）

[Sets>List>Cross Reference]コンポーネントは全てのデータ同士を割り当てる。

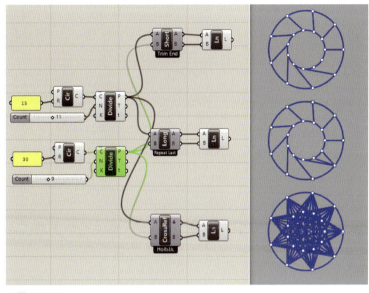

▲図4-1-16

[Circle]コンポーネントと[Divide Curve]コンポーネントに複数の数値パラメータを接続して、一度に複数の異なる半径を持つ円を生成することができる。

その場合生成されるデータが2つのデータツリー構造を持つため、データの制御が必要になる。[Flip Matrix]コンポーネントを使用して構造を変換すると、円上の分割データを2つのセットにした、11個のツリー構造を持つデータに変換される。この例では2つめの円の分割数は9個なので、最後の2つのツリーのデータは"Null（データが存在しない）"状態になる、そこで[Clean Tree]コンポーネントを介して"Null"データを削除することによって、"Longest List"タイプのラインを描くことができる。

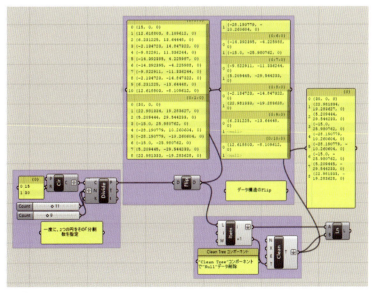

▲図4-1-17

もう1つの方法は、[Split Tree]コンポーネントを使用して、データツリーのマスク情報を指定することによる方法だ。

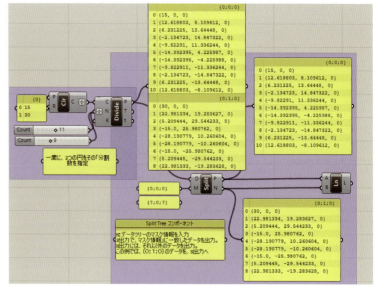

▲図4-1-18

4-1-4
Voronoiパターンとデータツリーの操作

●使用するファイル>>>　GHファイル:GH4-1-4.gh

Voronoiのパターンを利用してデータの処理を考えてみる。
指定した矩形範囲に、[Pop2D]コンポーネントで7つの点群を乱数によって任意の位置に生成する。
[Voronoi]コンポーネントは、指定した点群に対してVoronoi図を生成する。
Voronoi図は、ある距離空間上の任意の位置に配置された複数個(母点)に対して、同一距離空間上の他の点がどの母点に近いかによって領域された図である。2次元ユークリッド平面の場合、領域の境界線は、各々の母点の二等分線の一部になる。

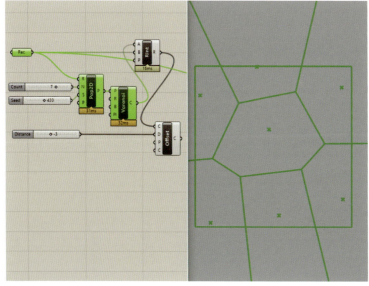

▲図4-1-19

生成したVoronoiパターンを、[Regional Intersection]コンポーネントの"A入力"に接続し、Voronoiパターンの境界値として、[Rectangle]コンポーネントで指定した矩形を"B入力"に接続する。R出力を[Offset Curve]コンポーネントの"D入力"に接続し、内側にオフセットする。

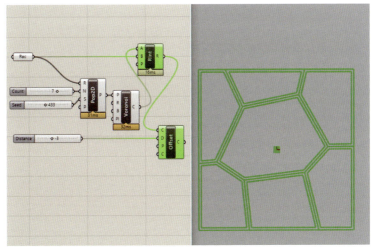

▲図4-1-20

オフセットされた多角形はポリラインである。
[Explode]コンポーネントに接続すると、"S出力"に分割されたラインデータが出力されるので、[Divide Curve]コンポーネントの"C入力"に接続する。
"N入力"で分割数を指定する。ここでは5分割で指定しているので、それぞれの多角形の1辺に対して6つの点を出力する。

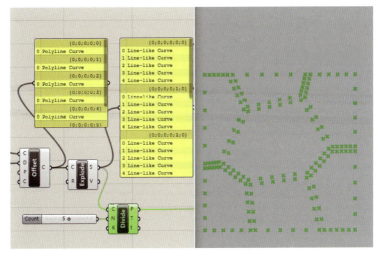

▲図4-1-21

出力された点データのリストから、[Sets>Sequence>Cull Index]コンポーネントで、始点・終点にあたるデータの最初（インデックス"0"）と最後（インデックス"5"）を取り除く。
最後のデータリストは"i入力"に、"-1"と指定することで、データの長さに関わらず最後のデータインデックスを指定したことになる。

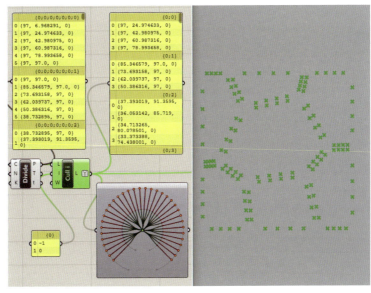

▲図4-1-22

これらの点を[Curve>Spline>Nurbs Curve]コンポーネントに接続する。
"D入力"には次数"3"を指定しているので、各階層に配置された4つの点から3次の曲線が生成される。"L出力"は、余計な階層を省くために"Simplify"を行っている。

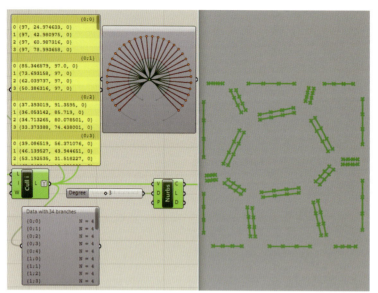

▲図4-1-23

[Cull Index]コンポーネントの出力を"Flatten"に指定すると全ての階層がなくなる。
[Nurbs Curve]コンポーネントは、全ての点を入力されたインデックス順に制御点として読み込む。一筆書きでそれぞれの点を制御点とするカーブを出力するのが分かる。

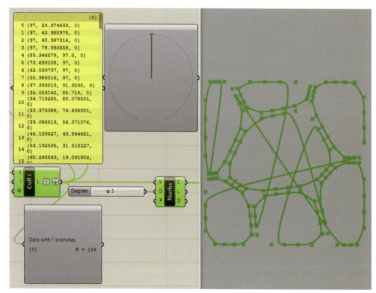

▲図4-1-24

もう一度"Flatten"を解除し、そのデータ構造を[Param Viewer]コンポーネントで確認すると、7つの分岐からさらに多角形の辺の数に応じた階層に枝分かれし、最下層に4つの点データが配置されているのが確認できる。
[Cull Index]コンポーネントに、[Set>Tree>Shift Paths]コンポーネントを接続し、"O(Offset)入力"に、"-1"と入力すると、1つ上の階層内のデータを平坦化(Flatten)し、7つの分岐下に配置しているのが分かる。

これで、オフセットした個々のVoronoi図毎に、処理に必要な点データが配置された。

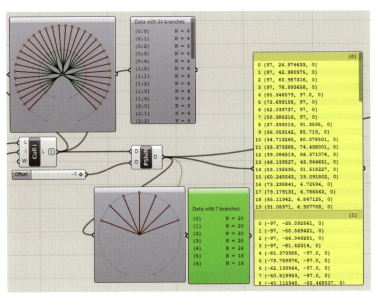
▲図4-1-25

[Nurbs Curve]コンポーネントの"V入力"に[Shift Paths]コンポーネントの"D出力"を接続すると、元の多角形に内接するカーブが生成されるのが分かる。
ここで、周期曲線を作成するために、"P入力"に[Boolean Toggle]コンポーネントで"True"を設定している。

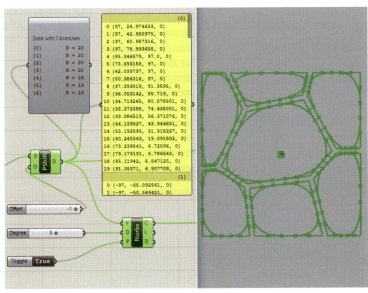
▲図4-1-26

> ○ 注 意
> 直線的に配置した制御点に接する自由曲線は、3次の場合、最低3つが同一直線上に配置されている必要がある。このカーブを5次で描いた場合は、元のVoronoiの直線形状から離れてしまう。

[Shift Paths]コンポーネントと同様の操作は、[Params>Util>Path Mapper]コンポーネントで行うこともできる。

［Path Mapper］コンポーネントは、テキスト（lexical）表現で、論理的なデータのマッピングを定義しデータのツリー構造を再構成するもので、この操作を"lexical operation"と呼ぶ。
コンポーネントをダブルクリックすると"Lexer Combo Editor"が表示され、左側にソースとなるデータ構造を、右側にターゲットとなるデータ構造の記述を指定する。
この記述をマスクと呼ぶ。マスクの記述に関しては下記のような構文規則がある。

1. マスクは1つ（だけ）のデータ構造のパスを持つ。
2. パスは1つ以上の要素から構成される。
3. マスクは複数指定はできない。
4. アイテムとなるセグメントは1つの要素から構成される。
5. パスはセミコロンによって分割する。
6. パスは||内に記述する。
7. アイテム（データ）は()によって記述される。
8. マスクの記述に使用する変数は、一度だけ定義することができる。

先の［Shift Path］コンポーネントと同じツリー構造にするには、下記のような記述となる。
ここで|A;B|は、ソースとなるツリー構造が2つの階層であることを示す。
ターゲットマスクの|A|は、最初のツリーに下のツリーのデータを格納するという指示になる。
一般的にマスクで使用する変数はA,B等が一般使用されるが、テキスト表現であればソースマスクに|Rhino;Grasshopper|、ターゲットマスクに|Rhino|と記述しても同じ結果が得られる。

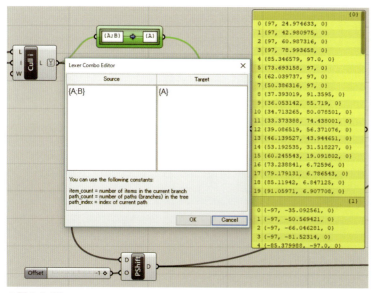

▲図4-1-27

［Path Mapper］コンポーネントは、ツリー構造が持つ下記の情報を取得し、マスクの記述において定数として参照することが可能である。

- item_count……… 現在の分岐の中にあるデータの数
- path_count……… ツリー構造内のパス（分岐）の数
- path_index……… 現在の分岐の中にあるインデックス

［Path Mapper］コンポーネントで、ターゲットマスクを編集する際の最も簡単な方法は、まずソースマスクだけ記述しておき、コンポーネント上で右クリックしてコンテキストメニューを立ち上げ、その中でマッピングの形式を選択する方法だ。
"Mapping Editor"の項に、6通りのマッピングが表示され選択することができる。

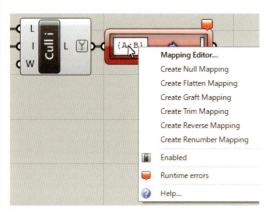

▲図4-1-28

詳細は、GH定義ファイルで確認してほしい。

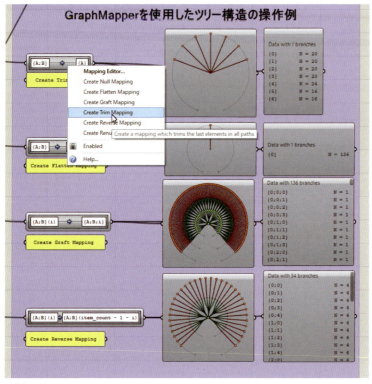

▲図4-1-29

階層の操作によって意図した2次元パターン形状が作成できたので、このパターンを3次元曲面にマッピングしてモデリングしてみる。
ボロノイ図から取得した周期曲線を利用して、サーフェスにマッピングしてみる。

［Map to Surface］コンポーネントの、"C入力"に周期曲線、"S入力"に境界となる矩形、"T入力"にサーフェスを入力すると、周期曲線がサーフェス上にマッピングされる。

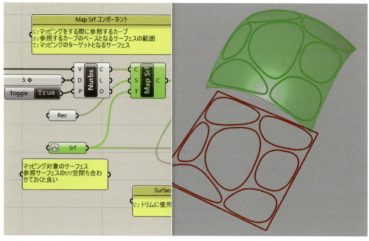
▲図4-1-30

［Surface Split］コンポーネントで、マッピングされたカーブでサーフェスを分割する。サーフェスは複数のトリムサーフェスに分割されるので、［List Item］コンポーネントを使用して"0"番目のサーフェスを選択する。
［List Item］コンポーネントの"i入力"の初期値は、"0"である。分割されたサーフェスのインデックスの順番は、この例では"0"であると考えられるが、もしも意図したトリムサーフェスが表示されない場合は、"i入力"にインデックスを指定する。

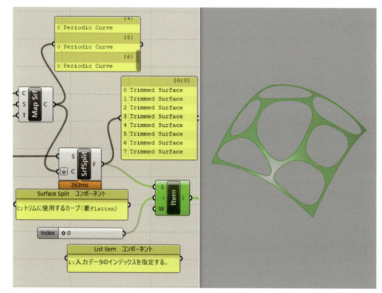
▲図4-1-31

［Brep Edges］コンポーネントで、トリムしたサーフェスの境界線を抽出する。
厚みを付けるため、抽出した境界線を［Move］コンポーネントでZ方向に移動しておく。

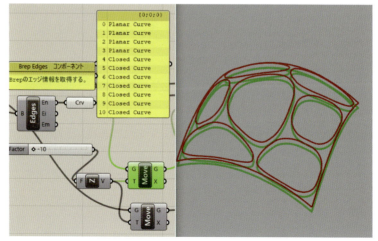
▲図4-1-32

抽出した境界線と移動した境界線を、[Merge]コンポーネントに接続する。このとき[Merge]コンポーネントの入力は、"Graft"を設定する。この結果、2本の境界線がセットになった階層が作成されるので、[Loft]コンポーネントに接続すると直線的な押出面が作成される。

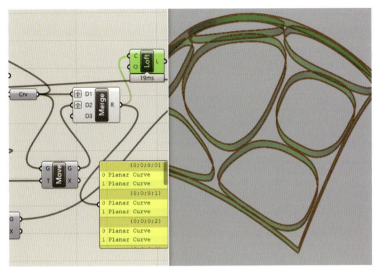
▲図4-1-33

最後に、最初のトリム面、移動後のトリム面、全てのロフト面を[Brep Join]コンポーネントの"B入力"に"Flatten"を設定して接続して、結合する(階層が異なるオブジェクトは結合されない)。

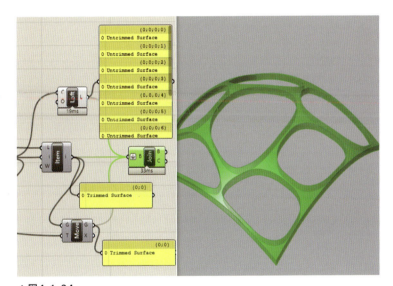
▲図4-1-34

アルゴリズムは以上であるが、最初に設定したVoronoiパターン生成のための、点群の数、点群の乱数のパラメータ、オフセット距離、厚み付けの移動距離を変更することによって無限にパターンのシミュレーションが可能だ。

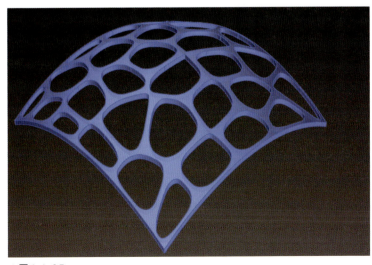
▲図4-1-35

4-1 データ構造

ここで解説してあるコンポーネントは、第3章-2の、"GHSetsV6.gh"で確認できる。
ここで登場していない[Entwine]コンポーネント、[Tree Statistics]コンポーネント等も説明があるので、参考にしてほしい。

Computational Modeling

4-2
NURBS表現の基礎知識

3次元デジタルデータは、ポリゴンモデルと数学表現によるジオメトリーモデルに大別される。ポリゴン表現による3次元デジタルデータも重要な役割を果たすが、この節では、数学表現による3次元曲面が内包するパラメトリック空間と、非トリム曲面とトリム曲面の違いの理解を通じて、意匠的な曲面造形における応用を考察してみたい。

4-2-1
UV空間、非トリムサーフェス、トリムサーフェス

現在、3次元デジタルモデリングツールで最も使用されている数学的形状表現は、NURBS（Non Uniform Rational B-Spline／ノンユニフォーム・レイショナル・B スプライン）である。数学的形状表現の主なものに下記があるが、NURBSはその全てを包含する表現である。

- Spline、■ Bezier、■ B-Spline、■ 有理 B-Spline、
- NURBS　Non Uniform Rational B-Spline（非均一有理B-Spline）

これらの数学表現の関係図は、図4-2-1のように位置づけられる。

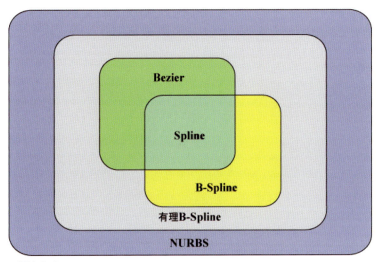

▲図4-2-1

個別の数学表現の特徴については多くの文献があるのでそちらを参考にされたいが、これらの曲面表現に全て共通するものは、パラメータ空間という概念である。

パラメータ空間の概念を持つ数学的表現による3次元曲線、曲面を、それぞれパラメトリック曲線、パラメトリック曲面と呼ぶ。

図4-2-2は、2次元ユークリッド空間上の2つの変数"x"、"y"を、1つの変数"tパラメータ"に置き換えて表現した一例である。このとき、"tパラメータ"を-1から1への単純な増加関数と考えると、この2次元曲線は"t"の値の解の軌跡となる。

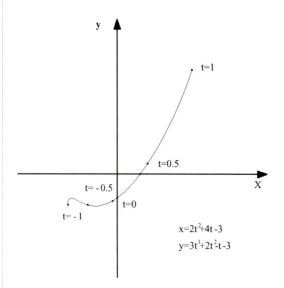

▲図4-2-2

3次元パラメトリック曲線は、同様に"x"、"y"、"z"の3つの変数を"tパラメータ"に置き換えて、3次元ユークリッド空間上に表現したものである。
3次元のパラメトリック曲線は、それを構成する制御点の位置と、1つの変数"tパラメータ"の多項式で表現される。

次数が大きくなるにつれて、パラメトリック曲線の表現力があがり、3次を越えるものを自由曲線と呼ぶ。
次数についての上限は特にないが、一般的なCADやCGでは最大7次から11次位の次数までサポートしている。
次数と制御点の関係は、N次のパラメトリック曲線であれば、最低N+1個の制御点を必要とする。
例えば3次の曲線を生成しようとした場合、どの数学表現であれ、4つの制御点を必要とする。

同様に3次元のパラメトリック曲面は、2つの変数を必要とする。
3次元パラメトリック曲面は、2つの3次元パラメトリック曲線が、直交する方向にスイープされた軌跡と考えると概念を捉えやすい（図4-2-3、図4-2-4参照）。

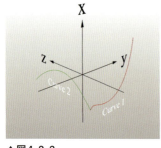 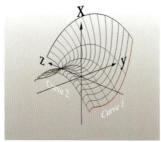

▲図4-2-3　　▲図4-2-4

3次元パラメトリック曲面は、パラメトリック空間において直交する2つのパラメトリック曲線の軌跡と考えられる。

3次元パラメトリック曲面における2つの変数を、"uパラメータ"、"vパラメータ"と呼ぶ。

つまり、3次のパラメトリック曲線は、1つの変数"t"による1変数多項式で表現されるが、3次元パラメトリック曲面は、"u"、"v"の2変数多項式で表現される。

全てのパラメトリック曲面は、内部的に2次元の矩形のパラメトリック空間を持ち、この空間を"UV空間"と呼ぶ。パラメトリック曲面を定義する2つのカーブの方向を、"U方向"、"V方向"と呼ぶ(注:これ以降、本節で"曲線"は"パラメトリック曲線"を、"曲面"は"パラメトリック曲面"を意味するものとする)。

実際の曲面は、多項式と制御点のマトリックスで表現される。

図4-2-5の2つの曲面は、曲面の構成要素としての制御点の数は"U方向"、"V方向"、ともに同じ数であり、定義上はいずれも同じ構造を持つ3次のB-Spline曲面(自由曲面)だが、制御点の座標値の位置によって、物理的に左側は自由曲面、右側は平面となる。

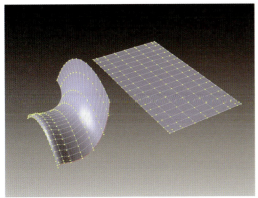

▲図4-2-5

曲面が内部的に持つ"UV空間"を抽出してユークリッド空間上に展開すると、曲面の大きさによって領域は異なるが、曲面を構成するエッジの数に限らず、どれも矩形形状となる。

図4-2-6は、円弧を回転して生成された曲面(2辺のエッジを持つ)と、円弧を360度回転して生成された球体(2辺のエッジが始点・終点で一致している)の制御点を表示し、そのUV空間を生成したものである。

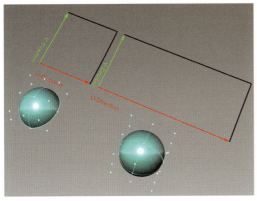

▲図4-2-6

図4-2-7は、左側から、3辺、4辺のエッジから構成される曲面である。一番右側の曲面は、見かけは7辺のエッジから構成される曲面であるが、実際には4辺エッジ曲面を定義し、それを曲面上に載るトリム曲線でパラメトリック空間内の領域を制限したものである。

それぞれの"UV空間"を抽出すると、その曲面の領域に対応する2次元空間とトリム曲線が生成される。曲面は、内部にトリム曲線を持たないものを非トリム曲面、トリム曲線を持つものをトリム曲面と分類される。

トリム曲面は、非トリム曲面と曲面上に載った曲線（面上線）によって構成され、面上線の外側（または内側）を非表示にすることによって成立するので、NURBSのような、"u、vパラメータ"で表現される曲面は、4辺のエッジを越えた場合は非トリム曲面で定義することはできない。物理的に、5辺以上のエッジから構成される曲面は、トリム曲面として表現するか、複数の非トリム曲面で構成して形状を定義する必要がある。

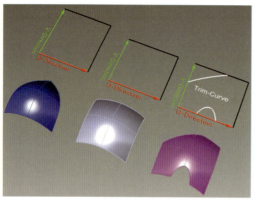

> **注意**
> これらの図では便宜上、"u、vパラメータ"の方向をXY方向に対応させているが、パラメータの方向はパラメトリック空間内で直交していれば良いので、その要件を満たせばどの方向、位置関係にあっても良い。

▲図4-2-7

次にパラメータの取り得る領域であるが、"t"、"u"、"v"の範囲は、曲線・曲面の大きさによって領域が異なる。しかしながら、パラメータが取りうる領域を0〜1に限定することにより、全ての曲線・曲面の範囲を、同じ数値領域内で定義することができる。

このようなパラメータ領域を、0〜1に限定する操作を正規化という。
Rhino及びGHでは、"Reparameterize"（リパラメタライズ:再パラメータ化）と表現している。
正規化された曲線の形状は、変数"t"の、0〜1の変化に対する軌跡として表現される。
同様に正規化された曲面の形状は、2つの変数"u"、"v"の0〜1の変化に対する軌跡として表現される。
言い換えれば、正規化された曲線は0〜1に変化する1次元のパラメータ空間を持ち、正規化された曲面は0〜1に変化する2次元のパラメータ空間を持つということである。パラメータ空間の座標を指定することによって、曲線や曲面における任意の点を抽出することができる。例えば、正規化された曲面に対して(u,v)＝(0.5,0.5)と指定した場合、その曲面の中心の位置を示す。しかし、これはあくまでパラメータ空間内での中心であり、物理的な空間の中心を示すわけではない。

図4-2-8の3つの平面は、全て次数は5次、U方向、V方向に対してそれぞれ6つの制御点で定義された曲面である。それぞれの曲面の制御点のZ座標は全て同じ値を持つために、形状的な認識では平面になるが、全て5次のパラメトリック曲面である。

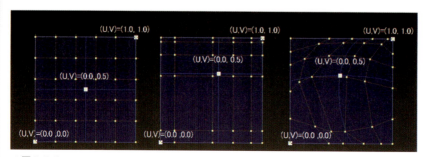

▲図4-2-8

曲面は、UVの値で分割することができる。任意のUVの値で分割した曲面は、非トリムサーフェスとして再定義される。この概念を、GHを使用して検証してみよう。

●使用するファイル >>>　GHファイル:GH4-2-1.gh

[Divide Domain2]コンポーネントにUVの分割数を指定することで、UV方向に均等な分割パラメータを生成する。その出力を[Isotrim(SubSrf)]コンポーネントの"D入力"に接続することで、曲面を分割する。このとき、分割されたサーフェスは非トリムサーフェスである。

Rhino側でこの操作を行う場合は、次のような手順になる。

1) 非トリムサーフェス上にアイソカーブを、[ExtractIsocurve]コマンドで均等に生成する。
2) アイソカーブでサーフェスを分割する。
　このとき、分割によって作成されたサーフェスはトリムサーフェスとなる。
3) [Shrink]コマンドによって、作成されたトリムサーフェスの不要部分を削除する。
　不要部分を削除した結果、サーフェスは非トリムサーフェスになる。
　これは、分割に使用したカーブがアイソカーブだからである。

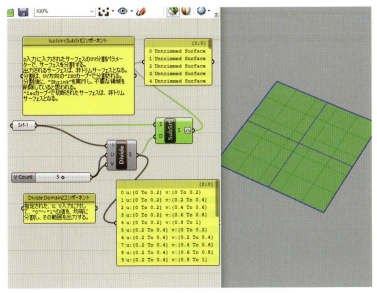

▲図4-2-9

分割されたサーフェスが非トリムサーフェスの場合、様々な操作が可能になる。分割されたそれぞれのサーフェスに、[Surface Morph]コンポーネントにより、参照オブジェクトを変形配置してみる。
指定方法は以下の通りである。

1) "G入力"に参照とする"Brep"を接続する。
2) "R入力"に参照とする"Brep"のBoxを[Bounding Box]コンポーネントによって取得して接続する。
3) "S入力"に参照とする"Brep"を変形配置するためのターゲットとなるサーフェスを接続する。
　ターゲットサーフェスは、"Reparameterize"を実行しておく(この例では、[Isotrim(SubSrf)]コンポーネントの"S出力"で指定しても良い)。
4) "U入力"、"V入力"に領域指定
　サーフェスは、"Reparameterize"されているので、"0 to 1"は、全領域を意味する。

5) "W入力"に変形配置する高さの指定

　サーフェスは、UV以外の変数は持たないが、サーフェスの法線方向への高さを指定する場合、Wというパラメータが用いられる。ここで指定した"0 to 2"は、W方向にRhinoで指定した単位の"2"の高さ（厚み）を与えるという意味である。

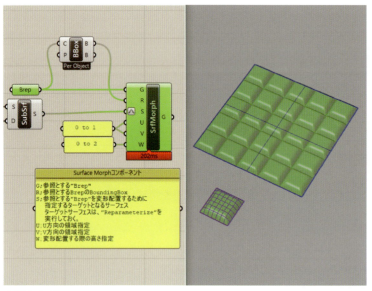

▲図4-2-10

ここで、このアルゴリズムをクラスター化してみる。

青い部分がクラスター化する部分であるが、クラスター化された後に、入出力を分かりやすくするため（特に入力）、"Brep-Ref"、"Srf-Base"等、コンポーネントに名前を付けてある。

サーフェスの分割パラメータは、[Integer]コンポーネント、U、V等のDomainに関しては、[Domain]コンポーネントを介している。

なお、この例では、Domain指定を動的に行うために、[Panel]コンポーネントで指定するのではなく、[Construct Domain]コンポーネントを使用して、Domainの値を変更できるようにしている。

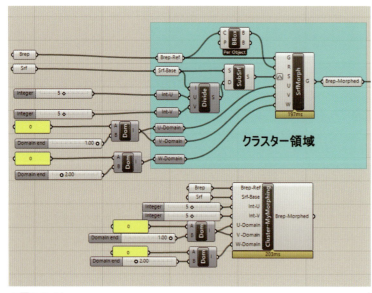

▲図4-2-11

パラメータ空間の異なる曲面のUVの値に対して等分に分割し、後に別のオブジェクトをモーフィングして配置した例であるが、物理的に異なった比率で分割される様子が分かる。

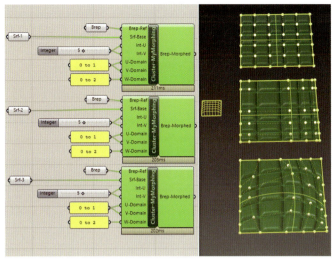

▲図4-2-12

ここで、ベースサーフェスをトリムサーフェスに変えてみよう。

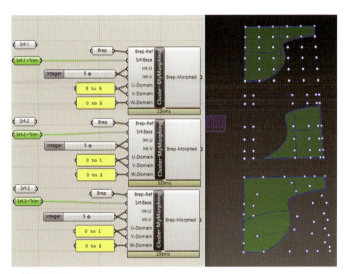

▲図4-2-13

トリムサーフェスも内部的には、トリムされる前の"母面"の情報を持っているので、非トリムサーフェスと同様の結果になることが分かる。

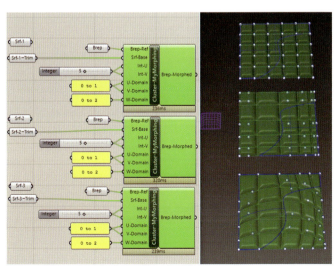

▲図4-2-14

4-2-2
NURBSの要素：ノット、ウエイト

●使用するファイル >>> GHファイル：GH4-2-2.gh

曲線を定義する主な要素は以下となる。

1) 曲線を構成する制御点の位置
　始点、終点が一致する場合、周期カーブかどうかも必要な要素となる。
2) 次数
3) ノットベクトル
4) 制御点における"ウエイト"

図4-2-15は、空間上に作成されるNURBS曲線である。
ここでは、ASCIIデータで定義された8つの制御点となるXYZ座標を、3つ用意された[Nurbs Curve]コンポーネントの"V入力"に接続し、異なる3つの次数として"2"、"3"、"5"を"D入力"に接続している。"P入力"には、周期カーブにするため、論理値"True"を与えている。これにより、空間上に次数の異なる3つのNURBSの周期曲線が表示されている。生成された3つのカーブは、重ならないように、[Move]コンポーネントでZ方向にベクトルを指定して移動している。

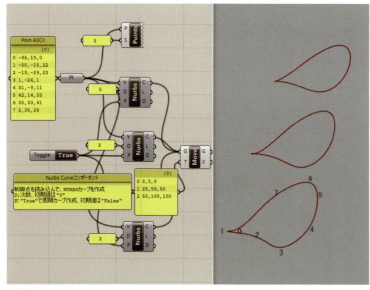

▲図4-2-15

移動したそれぞれのカーブに対して、[Curvature Graph]コンポーネントで、その曲率を表示してみる。曲率とは、任意の曲線上の点における内接円の半径の逆数であり、本コンポーネントはその大きさを視覚化したものである。例えば半径50の円が内接する点における曲率は、1/50＝0.02である。直線は、無限の半径を持つものと考えれば曲率"0"である。

カーブを滑らかさという観点からみると、曲率の変化が連続的であることと言える。例えば、円は一定の曲率を持ち、楕円は滑らかな曲率変化を持つ。

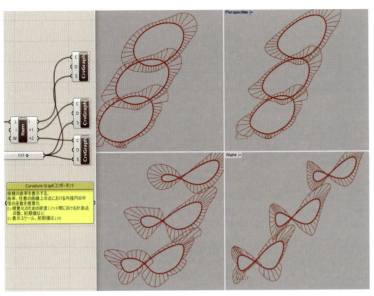

▲図4-2-16

図4-2-17は、平面に描いた2次のカーブの曲率を表示し、曲線上の任意の点に内接する円を作成した状態である。内接円の半径の逆数が、曲線上の内接点における曲率となる。

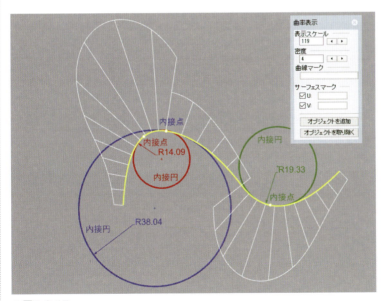

▲図4-2-17

次数の異なるカーブの違いであるが、2次の次数のカーブは、ある点で曲率が急激に変化しているのが分かる。次数3のカーブではあまり目立たないが、次数5のカーブに比べると変化の度合いは大きい。2次のカーブにおいて、曲率が急激に変化している個所がノット（節）と呼ばれるものである。2次の曲線は、ノットにおける連続性は、特殊な場合を除き接線連続のみ保証される。

3次の曲線は、接線連続に加え、ノットにおける曲率の大きさも保証される。

さらに次数を上げたNURBS曲線は、ノットにおける曲率の変化率も保証される（次数が上がればノットの位置における微分可能な回数が増える）。

次数を上げたNURBS曲線でモデリングすれば、数学的に滑らかなカーブを構築できるので、自動車のエクステリアや、高い曲面品質を持つプロダクトモデルには、5次以上の次数でのモデリングが行われることが多い。高次の曲面造形のデメリットとしては、次数を上げると制御点も増え、造形が難しくなる、データが重くなることが挙げられる。

> **HINT**
>
> ノットについてはここでは詳しく述べないが、NURBSの場合、例えば、3次の閉じたカーブは始点と終点にノットを持ち、制御点の数が4個を超えると中間点にノットを持つ。以降、制御点が1つ増えるたびにノットも1つずつ増加する。ノットを始点、終点以外にもたないNURBSカーブを"シングルスパンカーブ"と呼ぶこともあるが、これはノットを持つことのできないBezierカーブである。自動車のエクステリアは、高次のBezier曲面で造形されることが多い。

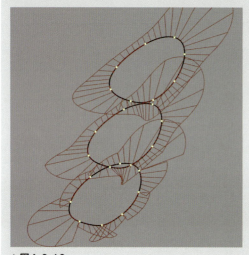

▲図4-2-18

次に作成されたカーブを分析するために、[Control Points]コンポーネントでカーブの構成要素を取得してみよう。"C入力"にカーブを接続しているが、ここでは "Reparameterize"を行っている。

"P出力"は制御点、"W出力"はウエイト情報、"K出力"はノットベクトルを表す。このコンポーネントの出力を、そのまま[Nurbs Curve PWK]コンポーネントに接続すれば同じカーブが再生される。

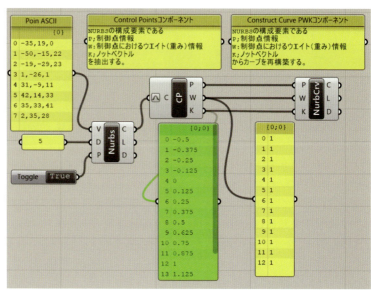

▲図4-2-19

ウエイト情報を一部編集できるように、[List Item]コンポーネントで取り出し、[Merge]コンポーネントに一部の値をスライダーで定義できるようにして、[Nurbs Curve PWK]コンポーネントに接続すると、"ウエイト"の値を変更してカーブの形状を編集することが可能だ。

ウエイトの値は制御点の影響力を表し、小さいと制御点から離れ、大きいと制御点に近づく。

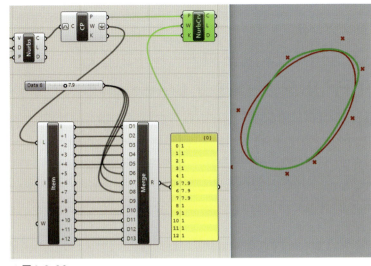

▲図4-2-20

次に、開いたカーブについてノットベクトルの編集を考察する。

7つの制御点を持つ5次のカーブは、内部に12個の"数値の組"を持つ。この"数値の組"を"ノットベクトル"と呼ぶ。

まず、始点の箇所に"0"のノット値が5つ続いているが、この数は次数と一致する(1次ならば1つ、2次であれば2つ)。その後、中間に1/3と2/3の値のノット値があり、最後に"1"で終了している。このノット値が重なっている個所を多重ノットと呼び、開いたカーブは次数分だけの多重ノットを持つ(周期カーブは多重ノットを持たない)。

また中間のノットの値は等間隔であることが分かる。

ここで5、6番目のノットの値を変えて[Nurbs Curve PWK]コンポーネントに接続すると、"ノットベクトル"の編集によるカーブの形状変形が可能だ。

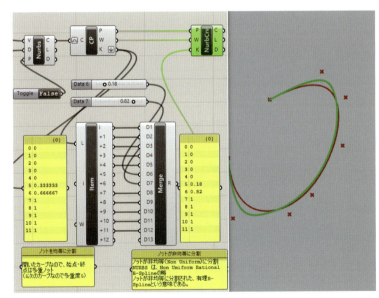

▲図4-2-21

> **注意**
>
> ノットベクトルを制御して、形状を変えるということはめったにないと考えて良い。Rhinoのコマンドで作成したカーブノットベクトルは、通常間隔は一定で、Rhino上でノットの削除や追加をしたときに間隔が変わる。このノットの間隔が不均等になったときに、初めてNURBSの(Non-Uniform)の意味がある。

4-2-3
ウエイトコントロールによる
モデリングシミュレーション

●使用するファイル>>>　GHファイル:GH4-2-3.gh

図4-2-22は、楕円のウエイトとノットベクトルを取得したものである。
[Ellipse]コンポーネントの"E出力"を[Control Points]コンポーネントに接続すると、カーブの持つ制御点(P出力)、ウエイト(W出力)、ノットベクトル(K出力)を抽出する。

ウエイトの値であるが、1と"0.707107"のものがあることが分かるが、後者は2の二乗根の半分の値である。楕円は、2次のカーブで始点・終点の重なりを含む9つの制御点を持つ周期カーブであるが、ウエイトの値を制御しないと、楕円形状を表現することができない。
これは円も同様で、NURBSで表現する場合はウエイトの値で形状を近似する。

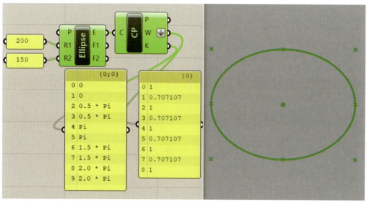

▲図4-2-22

"C入力"を"Reparameterize"すると、ノットの値が"0"～"1"に正規化された。

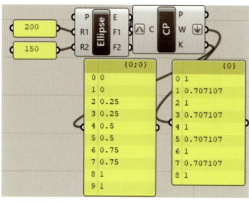

▲図4-2-23

Rhinoのコマンドで作成されるカーブは、前章の関係図でいうところの有理B-Splineで、真の意味のNURBSモデリングを行っている例は、非常にまれである。

ここでは、ウエイトを制御して形状シミュレーションする例を見てみよう。
ウエイトの概念は、有理B-Splineに含まれる。

図4-2-24は、楕円をウエイトの値を変えて形状を変形する例であるが、この手法によって作成される形状は、いわゆるスーパー楕円となる（正確には、限りなくスーパー楕円に近似した形状である）。
ここでは、[Control Points]コンポーネントの"P出力"と"K出力"のみ[Nurbs Curve PWK]コンポーネントに接続し、ウエイトの値をユーザーが定義できるようにしている。
ウエイトの値を変えた楕円を作成し、それを断面として定義してモデリングしていくが、この例では10個の断面生成を指定することを考える。
[Series]コンポーネントの初期値を"1"、ステップ値を"0"に指定し、全て"1"の値を持つ数列を作成しておく。
[Range]コンポーネントと[Graph Mapper]コンポーネントで、"0"から"1"の間隔制御可能な数列を作成し、[Expression]コンポーネントを利用して、初期値が"0.707"から、増加する数列を作成しておく。この2つの数列を[Merge]コンポーネントで合成し、[Nurbs Curve PWK]コンポーネントの"W入力"に接続する。

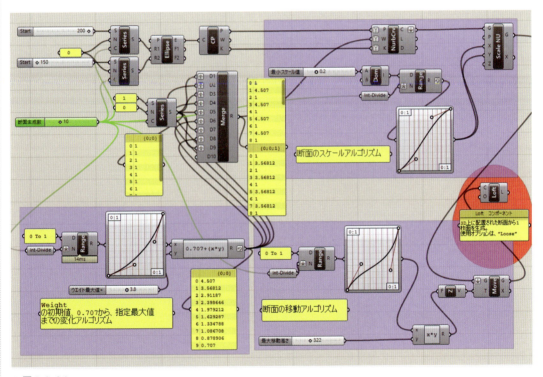

▲図4-2-24

ウエイトを変えた結果、生成されるスーパー楕円。

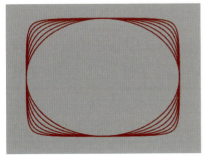

▲図4-2-25

次に、断面を徐々に小さくするために、[Construct Domain]コンポーネントで"0.2"〜"1.0"に変化する数列を生成し、[Graph Mapper]コンポーネントを介した後に、[Scale]コンポーネントに接続する（図4-2-26）。最後に、ウエイトによって作成したスーパー楕円にスケールを加えたものをZ方向に移動し、[Loft]コンポーネントでロフト面を作成している。"Loft"のオプションは"Loose"を使用している（図4-2-27）。

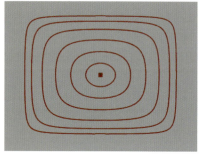
▲図4-2-26

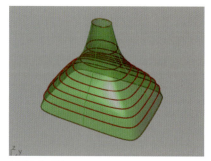
▲図4-2-27

このアルゴリズムで作成したサーフェスは、1枚のサーフェスで定義することができる。

4-2-4 スーパー楕円を利用したシミュレーション

●使用するファイル >>> GHファイル:GH4-2-4.gh

次にスーパー楕円を利用して、スタジアムのルーフ部分のシミュレーションを行ってみよう。

ここでは楕円の制御点から"0"、"4"、"8"番を選択し、Z方向に指定距離を持ち上げている。

楕円は周期曲線のため"0"、"8"番が始点・終点で、"4"番目が中点である。

ウエイトは、"0"、"2"、"4"、"6"、"8"番、つまり四半円点に相当する部分のウエイト値を変えている。

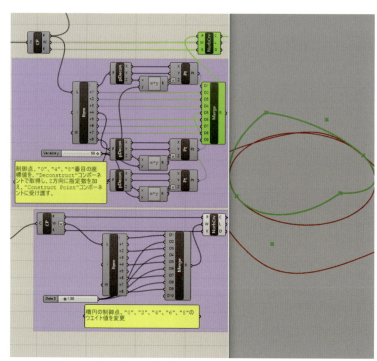
▲図4-2-28

指定の制御点のウエイトを変え移動したカーブは、楕円の四半円点の箇所で折れが認められる。
この後のプロセスで滑らかなカーブに変形するが、その前に[Tween Curve]コンポーネントで、2つのスーパー楕円間の中間カーブを作成している。

[Tween Curve]コンポーネントは、2つの曲線間のパラメータの"F入力"の"Tweenファクター"で指定された値から、カーブを再構築して生成するものである。"Tweenファクター"、"0.0"、"1.0"は入力カーブそのものなので、この例では"0.1"〜"0.9"までのファクターを入力して、9本のカーブを生成している（Adobe Illustratorでいうところの、Blend機能の3次元版と考えると分かりやすい）。

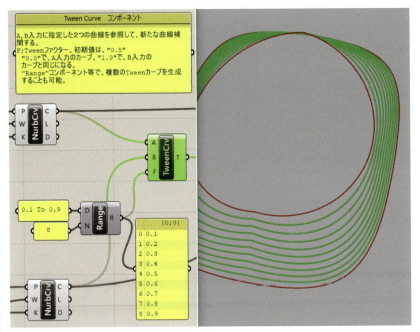
▲図4-2-29

楕円のノットベクトルは、始点から終点の四半円点にあたる場所で、同じノットベクトルが存在する。楕円の次数は、"2次"なので、この点は、多重ノットである。

多重ノットにおいて、楕円の連続性は1次連続しか保証されない。すなわちこの点における接線方向や曲率は保証されないため、制御点を移動した後、位置連続以外は保証されない。

いわば楕円(円)は、2次で3つの制御点から構成されるウエイトコントロールによって定義された4つの2次のNURBSカーブが、特殊な条件下で結合されて表現されていると考えて良い。

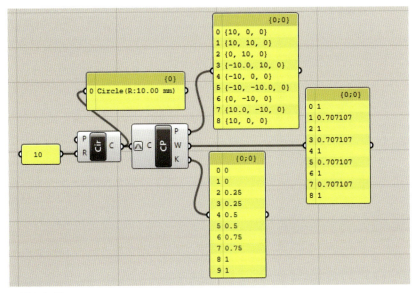
▲図4-2-30

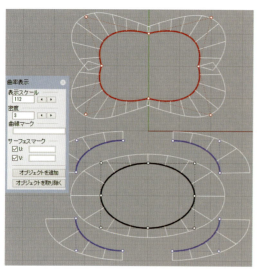

▲図4-2-31

楕円を[Rebuild]コンポーネントを使用して、次数を"2"、制御点の数を"8"で再構築してみよう。

Rhinoでリビルドを行った場合は、ウエイトは全て"1"になり、多重ノットは持たないようにカーブを再構築する(開いたカーブの場合は、始点・終点は次数の数だけ多重ノットを持つ)。

楕円は近似して2次のカーブに変形されるが、多重ノットを持たないので、制御点を移動してもカーブ自体の曲率は滑らかに変化する。

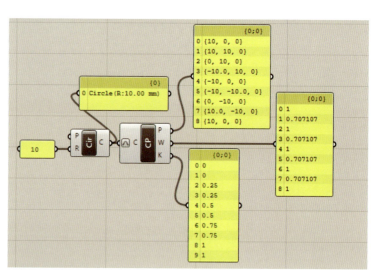

▲図4-2-32

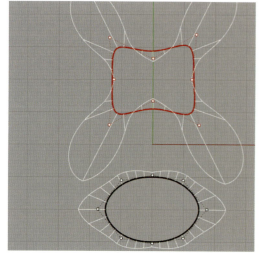

▲図4-2-33

図4-2-34は、最適なTweenカーブを、Tweenファクター及びスケール値を調整して行った状態である。ここでは、Tweenファクター:0.8、スケール:0.97としている。3つのカーブは、[Merge]コンポーネントで順番を指定している。これはこの後のロフトで、面を生成する際の順番を指定するためである。

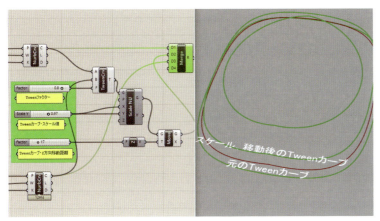

▲図4-2-34

図4-2-35では、マージした3本のカーブを5次、16の制御点でリビルドした後、[Loft]コンポーネントでサーフェスを作成した状態である。5次を選択したのはより滑らかなカーブにするため、制御点を16にしているのは対称性を保つためである。

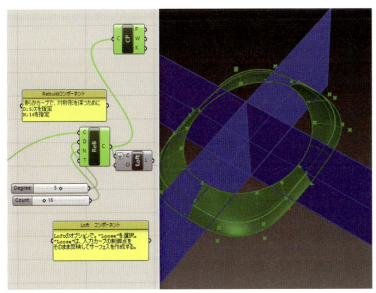

▲図4-2-35

以上で最終形状が作成されたが、本アルゴリズム中で指定しているパラメータを調整すれば、理論的には無限の数の形状シミュレーションが可能だ。

ただし、このアルゴリズムで生成されたデータをそのまま使用するかはまた別問題である。

このアルゴリズムではRhino側で一切モデリングを行わずに形状を決めているが、これはあくまで意匠形状を決める前段階として使用し、再度最適なモデル生成を行うため、Rhinoでカーブの定義から行うことが現実的であろう。

製造要件も考慮しつつ、造形的にも美しく、曲率の変化も合理的なカーブを再定義してから最終形状を決定するのが合理的であると考えられるが、3次元造形のスキルはまた別に求められるものである。

4-2-5
NURBSを理解した上でのアルゴリズム構築の応用（曲面からパネル化）

● 使用するファイル >>> GHファイル：GH4-2-5.gh

図4-2-36は単純に、[Iso Trim]コンポーネントに、[Divide Domain²]コンポーネントで均等に分割したUVのDomain情報を与えたものである。
UVで分割した形状は、実際のモデルではそのまま使用できない場合がある。
この分割パネルを、スタジアムの天井のパネルと考えた場合、少なくともパネルの垂直方向の分割に関しては、Topビューからみて直線的である必要があるが、UV空間での分割はこれに当てはまらない。

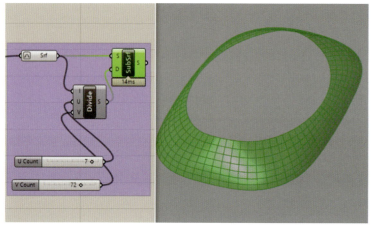

▲図4-2-36

Topビューにてパネルの断面線の曲率を表示してみると、2次のカーブがTopビューから見ても曲率を持っていることが分かる。つまり、直線的に分割されていないということである。
単に意匠的なことを考えた場合はこれでも良いかもしれないが、パネルの下にはそれを支える梁（Beam）があることを考慮すれば、直線的に分割しておきたい。

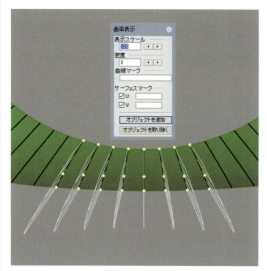

▲図4-2-37

作成したサーフェスのエッジを、[Brep Edges]コンポーネントで抽出しておく。
次にそのカーブの方向を合わせるために、[Flip Curve]コンポーネントの"C入力"と"G入力"に接続する。"C入力"のカーブは"G入力"のカーブの方向を参照し、方向が異なる場合はその方向に反転される。反転されたカーブと参照されたカーブを、[Divide Curve]コンポーネントで分割し、その間に[Line]コンポーネントで直線を生成する。
ここでは、[Divide Curve]コンポーネントの出力のインデックスを、[Point List]コンポーネントで確認表示している。

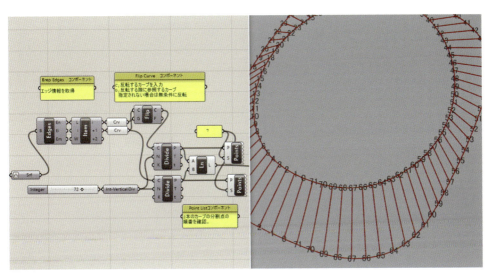

▲図4-2-38

生成した直線を[Extend Curve]コンポーネントに入力し、始点・終点に延長係数を指定する。
ここでは、"5"、延長を指定している。
延長した直線を、[Extrude]コンポーネントで+Z方向に延長して平面サーフェスを生成後、サーフェスと完全に交差するように、[Move]コンポーネントで、−Z方向に移動する。

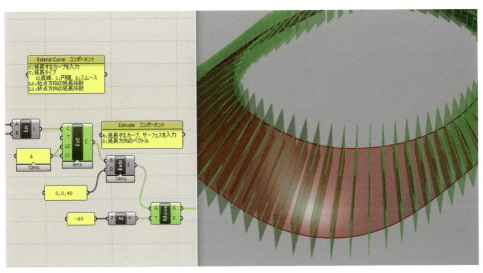

▲図4-2-39

次に、水平方向の分割は水平方向のアイソカーブを抽出して行う。
[Iso Curve]コンポーネントの"UV入力"に、[Construct Point]コンポーネントの"Pt出力"を接続すると、XYZ値がサーフェス上のUVW値として認識され、その点におけるアイソカーブを抽出する。

"U出力"と"V出力"のどちらが水平方向になるかは、サーフェスの作り方によって異なる。
この場合は、"V出力"のアイソカーブが水平方向となっている。
この例では、サーフェスのエッジと重なる部分のアイソカーブも取得しているので、[Cull Index]コンポーネントで"-1"と"0"を指定し、削除している。

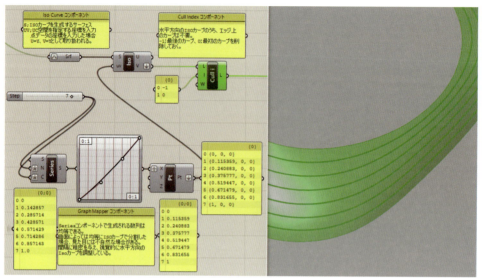

▲図4-2-40

アイソカーブを取得後、先に[Extrude]コンポーネントで作成した平面と、ベースとなるサーフェスを[Brep|Brep]コンポーネントに接続し、サーフェス間の交線を抽出する。
[Cull Index]コンポーネントでは、水平方向のアイソカーブが選択されているので、そのカーブとサーフェス間の交線を[Surface Split]コンポーネントの"C入力"に、ベースとなるサーフェスを"S入力"に接続し、4辺サーフェスに分割する。
分割されたサーフェスは、[Brep Edges]コンポーネントに接続する。
"En出力"にはサーフェスのエッジカーブが出力される。サーフェスのエッジを、[Rebuild Curve]コンポーネントの"C入力"に接続し、"D入力"に次数を"1"、"N入力"に制御点の数"2"を指定すると、直線(1次で2つの制御点から構成されるカーブ)に再構築される。

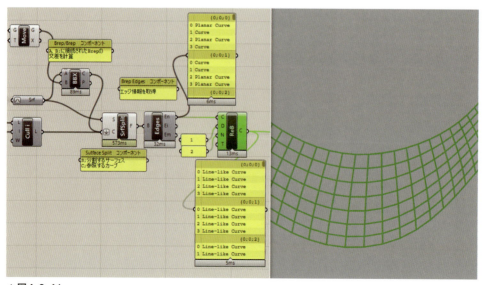

▲図4-2-41

4辺となる直線が取得できたら、[List Item]コンポーネントで、0番目から3番目のインデックスを[Edge Surface]コンポーネントに接続すると、4辺サーフェスが作成される。

サーフェス生成後、全てのサーフェスを[Flip]コンポーネントの"S入力"に接続し、"G入力"には、[List Item]コンポーネントで、"0"番目のサーフェスを取得した後に接続する。

[Flip]コンポーネントは、"G入力"に何も接続しないと単にサーフェスの法線方向を反転する。"G入力"にガイドとなるサーフェスを接続すると、それを参照して法線方向を合わせて反転する。

> **○ 注意**
> GHでは、生成されたサーフェスの法線方向や、分割されたカーブの方向が意図した方向に向かないケースがある。

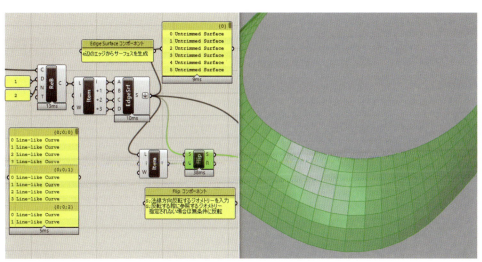

▲図4-2-42

次に生成された4辺サーフェスを、[Offset Surface]コンポーネントの"S入力"に接続し、"D入力"にオフセット距離を指定する。

次にオフセットしたサーフェスを、[Iso Trim(SubSrf)]コンポーネントの"S入力"に接続する。

"D入力"には、[Construct Domain²]コンポーネントでサーフェスのUV領域を指定し接続する。

この例では、U方向、V方向ともに、"0.3"〜"0.7"の範囲を指定しており、その範囲(Domain)に相当する部分のサーフェスが選択されている。

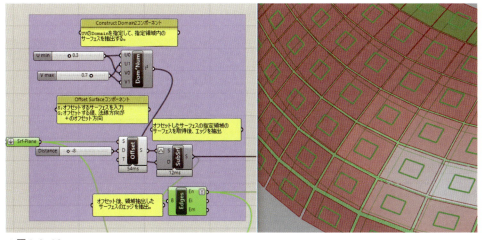

▲図4-2-43

オフセット前のサーフェスのエッジと、オフセットし領域を指定したサーフェスのエッジを[Brep Edges]コンポーネントで取得し、[List Item]で順番を合わせて、[Loft]コンポーネントに接続する。

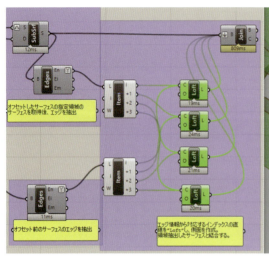

▲図4-2-44

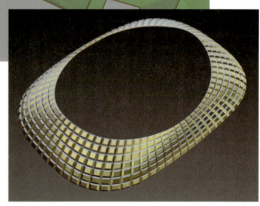

▲図4-2-45

次の例は、オフセットして領域指定したサーフェスのエッジカーブを利用して、モデリングする例である。[Point On Curve]コンポーネントは、カーブ上の点を"(始点)"~"(終点)"で定義する。
この例では、エッジカーブの任意の中間値を指定し、その点を順番に接続して4辺サーフェスを作成している。

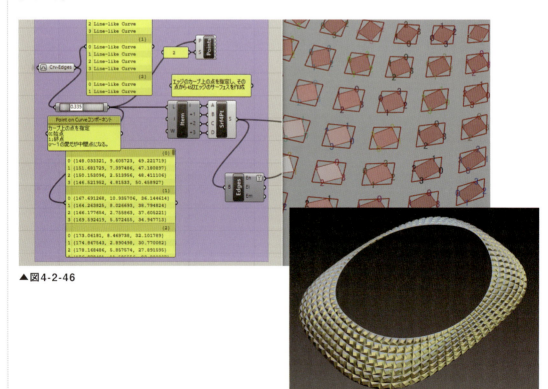

▲図4-2-46

▲図4-2-47

コラム 3
データを繋いだときの働き方について（その他）

コラム1、2ではインデックス（アイテム）単位でデータがどう処理されるかについて解説した。しかし、一部のコンポーネントでは、アイテム単位ではなく他の入力単位でデータを処理するように定義されているものも存在する。ここではそれらについて解説する。本コラムはコラム1、2の続きにあたるため、事前に以前のコラムを読んでおくことをおすすめする。

●使用するファイル>>>　GHファイル：コラム3_働き方_その他.gh

GHでのデータ構造は既に述べたように、階層とインデックスという考え方で管理されている。階層はデータを格納する箱のようなもの、インデックスはアイテムごとにつけられたデータを管理するための番号である。これは単数のアイテムでも、Flattenなどで階層の枝分かれをなくしたデータでも変わることはない。コラム3-2図では、{0}という階層にデータが入っているのが確認できる。

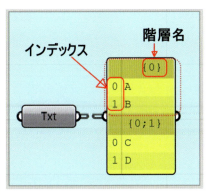

▲図コラム3-1

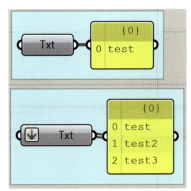

▲図コラム3-2

GHではコンポーネントの端子にデータを入力したときに、階層構造のデータのうちどれだけのデータ単位をコンポーネント内でまとめて処理するのかという定義があらかじめ設定されている。この設定は、コンポーネント毎ではなく入力端子毎に設定されている。コンポーネントが領地だとすると、入力端子はゲート・関所にあたるものになり、領地内に入るには順番を待たなければならないということになる。

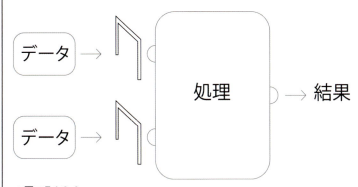

▲図コラム3-3

> **○ HINT**
> GHコンポーネントの内部処理は、1.設定された入力単位でデータを読み込む→2.コンポーネントの中で処理がされる→3.コンポーネントで定義した形式で結果を出力するという流れである。また入力されたすべてのデータを読み終えるまで1~3が繰り返される。

入力端子の処理単位の設定は、下記の3種類となる。

○アイテム入力
インデックス単位で1つずつ処理（コラム1、2で解説したもので、ほとんどの端子はこの設定となっている）。

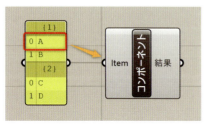

▲図コラム3-4

○リスト入力
階層単位でデータを1つにまとめて処理する。

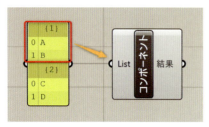

▲図コラム3-5

○ツリー入力
階層構造そのものを処理する（Setsタブなどに属するデータ構造を変更するコンポーネントなどに主に設定されている）。

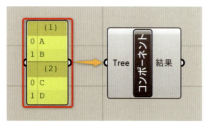

▲図コラム3-6

アイテム入力は、既にコラム1、2で説明済みなので、このコラムではリスト入力とツリー入力について、確認する。

> **HINT**
> 既存コンポーネントの入力端子が、どの処理単位の設定になっているか確認することはできない。自分でスクリプトを組むコンポーネント（[C# script] [VB script] [Gh Python script]）のみ、入力端子の上で右クリックすることで、入力方法やオブジェクトのタイプを設定・確認できる。詳細は6章参照。

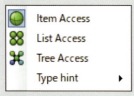

▲図コラム3-7

○リスト入力

リスト入力は、基本的にアイテム入力と同様の働き方をする。ただし階層内の複数のデータを1つのまとまったデータとして扱う点が異なる。以下、実際のコンポーネントを例に説明する。

[Nurbs Curve]コンポーネントで曲線を作図した例を見てみる。"V端子"に複数の点を、"D端子"に次数を入力し曲線を作成している。[Nurbs Curve]コンポーネントの"V端子"はリスト入力の設定となっているため、アイテム入力と違い、入力された6つの点がまとめて処理されており、次数3の曲線が作成されている。

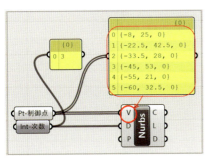
▲図コラム3-8

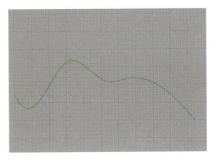
▲図コラム3-9

"D端子"に入力した次数の値を増やした例を見てみる。"D端子"はアイテム入力なので上から順に1つずつ働く。"V端子"はリスト入力なので、まとまったデータとして扱われる。それにより次数1の曲線、次数3の曲線、次数5の曲線と順にコンポーネント内で処理がされる。アイテム入力同士の場合のように、0-0、1-1、2-2‥と順に働くわけではない。

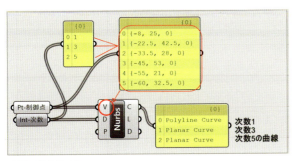
▲図コラム3-10

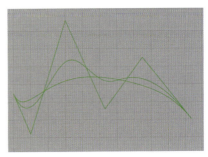
▲図コラム3-11

次に、tパラメータで指定した箇所で曲線を分割する[Shatter]コンポーネントの例に確認してみる。
曲線を等間隔で分割したいので、0.25、0.5、0.75の3つのtパラメータを入力している。[Shatter]コンポーネントの"C端子"はアイテム入力、"t端子"はリスト入力である。それにより、複数の箇所で曲線を分割することができる。

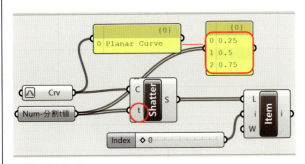
▲図コラム3-12

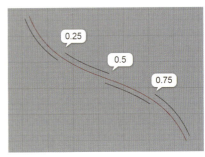
▲図コラム3-13

ここで"t端子"が仮にアイテム入力だとどのような働きになるか、考えてみよう。
曲線（インデックス0）とtパラメータの0.25（インデックス0）が組み合わせとなり、コンポーネント内で処理し、曲線が分割される。次に分割する前の元の曲線（インデックス0）が再度tパラメータの0.5（インデックス1）と組み合わせとなり、曲線が分割される。同様に分割する前の曲線（インデックス0）をtパラメータ0.75（インデックス2）の位置で分割する形になる。

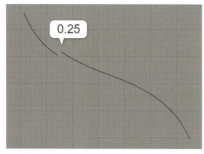

▲図コラム3-14

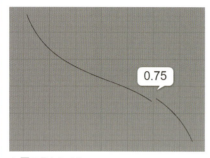

▲図コラム3-15

▲図コラム3-16

アイテム入力同士だと、最初に意図した1本の曲線を複数の箇所で分割するのとは異なった形で、コンポーネントが働いてしまう。そうなることを避けるため、一部のコンポーネントの端子には、アイテム入力ではなく階層内の複数の値をまとめて扱うリスト入力が設定されている。

> **HINT**
>
> 複数の入力データがあることが前提となるコンポーネントでは、データをそのまま扱えるようにリスト入力に設定しているということである。理屈で考えると難しく聞こえるが、ユーザーの使い勝手が悪くなる箇所を、扱いやすいようにリスト入力に設定しているという風に理解すれば、通常のGHでのアルゴリズム作成上、問題はない。

○ツリー入力

ツリー入力は、インデックスや階層そのものを修正するSetsタブ内のコンポーネントの端子に多く設定されている。以下、[Sets>Tree>Merge]コンポーネントを例に説明する。

[Merge]コンポーネントは入力データを、階層名ごとに合成して並べ直すという働きをする。また"D1端子"、"D2端子"、…は全てツリー入力に設定されており、階層構造ごとデータを全てコンポーネント内に入力しまとめて処理している。

下図では、[Merge]の出力端子から{1}にはAとTest1が、{2}にはBが、{3}にはC、D、Test2が、{4}はTest3、Test4が出力されているのが分かる。アイテム・リスト入力のように階層の上から、順番に働くのとは異なる働きをしているのが分かる。

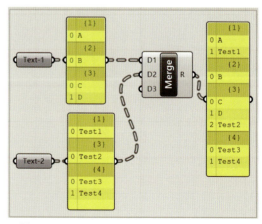

▲図コラム3-17

また[Merge]コンポーネント以外にも、[Graft]や[Flatten]、[Simplify]などもツリー入力設定の端子を持ったコンポーネントになる。これらに関しても、コンポーネントの内の処理は特殊であるが、入力に関してはリスト入力と同様に、ツリー構造が前提となるコンポーネントなので、データが階層ごとそのまま入力できるようになっているという理解で問題ない。

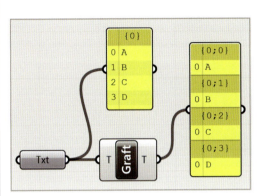

▲図コラム3-18

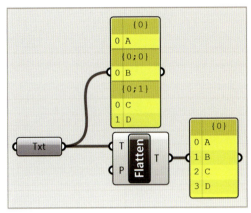

▲図コラム3-19

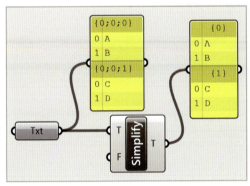

▲図コラム3-20

Setsタブ内の他のコンポーネントについては下記リンクを参照いただきたい。

https://www.applicraft.com/ghcp_sets/

○ HINT

これらの例からもわかるようにツリー入力も通常、GHでアルゴリズムを組む上では、難しい箇所は特にない。アルゴリズムを組む際に頻繁に問題となるのは、コラム1、2で説明したアイテム入力だ。アイテムの個数や順番により結果が異なるため、階層構造を正しく作成する必要がある。GHでアルゴリズムを作成する上での理解を深めるためにも本コラムとコラム1、2を併せて再読されたい。

Computational Modeling

第5章

KangarooとGalapagos

基本的にGrasshopperのコンポーネントの多くはRhinoのコマンドがベースになっているが、
KangarooとGalapagosは異色の機能を持つ。
Kangarooは"物理演算"、
Galapagosは"遺伝的アルゴリズム"によるソルバーである。

5-1
Kangaroo Physics

Kangarooは、物理演算ソルバーを核としたGHのプラグインである。Kangarooは、早くに"Kangaroo Physics"というソルバーからなるGHプラグインが提供されてきた。Rhino6以降では、"Kangaroo2"が標準搭載され、"Kangaroo Physics"はプラグインのまま提供され、ダウンロードして使用することができる。

"Kangaroo Physics"は運動力学を中心にしたコンポーネント群で、"Force Objects"と呼ばれる運動力学に関連するKangarooObjectsを入力し、そのオブジェクトに対して、"Kangaroo Settings"で指定した各種運動力学の要素を定義し、時間軸に沿って演算を行う。

これらの機能は、いずれ"Kangaroo2"に統合される可能性がある。また"KangarooPhysics"自体も長い間、アップデートされていない(2019年5月時点で2014年9月のVer.0.99が最新のリリース)ので基本的な機能のみ解説する。

"Kangaroo Physics"は、Rhino6をインストールしても、そのままGHのメニューには表れないので、別途、ダウンロードしてインストールする必要がある。

　https://www.applicraft.com/qanda/rhinoceros/kangaroo1_install/

5-1-1
簡単な運動シミュレーション

●使用するファイル >>>　GHファイル:GHK-5-1-01.gh

演算に必要な情報は、点、直線等の物理的な位置情報を持つオブジェクトとそれらのオブジェクトに与える力学要素である。ここでは、水平方向に初速度"20m/sec"で投げ出した球体が自由落下する水平投射シミュレーションを行うことを前提とする。

[Particle]コンポーネントは、シミュレーションするオブジェクトの"位置情報"、"質量"、"速度ベクトル"を指定する。2秒後に地面に落下することを前提として、位置情報は高さ"19.6m"とする。これらの値の指定は、ここでは[Panel]コンポーネントを使用して定数として取り扱う。

[UnaryForce]コンポーネントは、荷重を設定するコンポーネントで、ここでは"荷重を与える点の位置"と"重力加速度(初期値は、1G=-0.98m/sec)"を設定する。

[Kangaroo Settings]コンポーネントは、この後に接続するソルバーでの計算のタイミングや、運動力学における係数等の設定を行う。

- Tolerance;……………… 複数点を単一の点とみなす距離の許容値（初期値"0.001"）
- TimeStep;……………… 物理演算の時間間隔（初期値"0.01"）
  値が小さいほど安定性（精度）が向上するが計算時間が長くなる
- SubIterations;……… 繰り返し演算の結果出力間隔（初期値"10"）
  TimeStepで指定した演算をここで指定された回数だけ実行後、計算結果を出力する
  TimeStepが"0.01"の場合は、0.1秒間隔の計算結果が出力される
- Floor;………………… XY作業平面に床（Floor）を定義.床での跳ね返りの計算が可能になる
- Drag;………………… 粘性抵抗（初期値"1"）
- Restitution;………… Coefficient of Restitution、NodeがFloorで跳ねるときの反発係数（0～1）
- StaticFriction;…… 静止摩擦係数
- KineticFriction;… 動摩擦係数
- Settle;……………… 跳ね返りが止まるカットオフ速度（初期値"2"）
- Tumble;……………… 床衝突時の接線速度保持率
- Sound;……………… サウンド効果のON/OFF
- Solver;……………… Solverで使用する積分法の設定

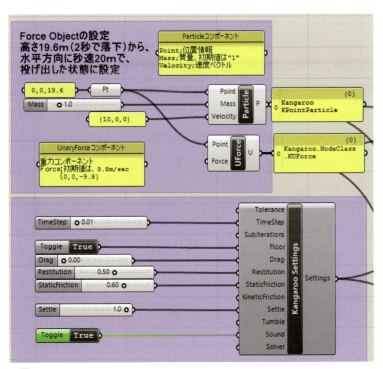

▲図5-1-1

[Particle]コンポーネントの出力は"Kangaroo KPointParticle"、[UnaryForce]コンポーネントの出力は"Kangaroo.NodeClass.KUForce"というもので、物理演算ソルバーである[KangarooPhysics]コンポーネントの"Force objects入力"に接続する。[Kangaroo Settings]コンポーネントは"Settings入力"に接続する。

計算を実行するために、[Timer]コンポーネントを接続する。このコンポーネントを右クリックすると、タイマーのインターバルが設定できる。

ソルバーは、[Kangaroo Settings]コンポーネントの、"TimeStep"と"SubIteration"の乗算の値の間隔で、計算結果を表示する。計算のON/OFFは、"SimulationReset"入力に[Boolean Toogle]コンポーネントを繋ぎ、"True/False"の論理値で制御する。"True"で計算は全てリセットされる。"False"でタイマーと連動する。

操作方法としては以下の手順で行う。

① タイマーを"Disable"にしてシミュレーションを止めた状態にする
② リセットボタンを"True"にしてシミュレーションをリセット
③ リセットボタンを"False"にする
④ タイマーを"Enable"にしてシミュレーション開始
⑤ タイマーを"Disable"にしてシミュレーションを止めるとシミュレーションを中止し、最後の反復回数の状態を保持する

> **注意**
> タイマーを"Enable"の状態で、リセットボタンを切り替えても良いが、この場合、最後の反復回数の状態は保持されない。

[KangarooPhysics]コンポーネントの"Particle Out"出力に、[Sphere]コンポーネントで球を接続しておけば、図5-1-3のように球の軌跡が現れる。

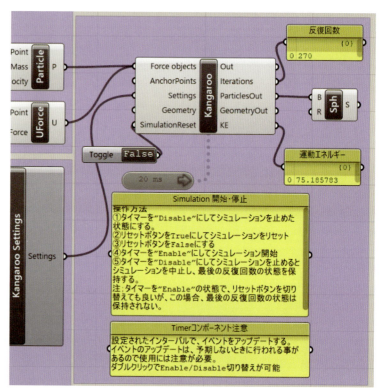

▲図5-1-2

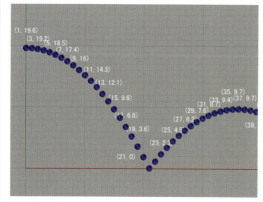

▲図5-1-3

[KangarooPhysics]コンポーネントの代わりに、[ZombieKangaroo]コンポーネントという指定した反復回数（MaxIterations）で計算を行った結果を出力するコンポーネントも用意されている。静的に計算結果を得るためには便利なソルバーである。

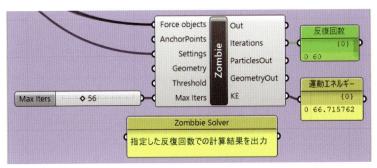

▲図5-1-4

ソルバーの計算結果を保持したい場合、[Data Recorder]コンポーネントを使用すると計算結果を保持してくれる。図5-1-5では、計算結果毎の位置情報に、生成した球がプールされているのが分かる。

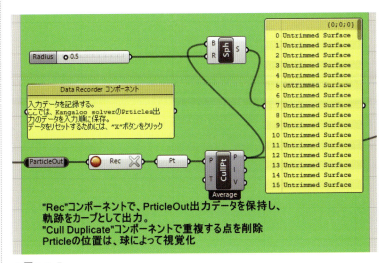

▲図5-1-5

また、位置情報、速度ベクトルや重力加速度をパラメトリックにシミュレーションする場合は、[Construct Point]コンポーネント、[Vector XYZ]コンポーネントを使用すると良い。

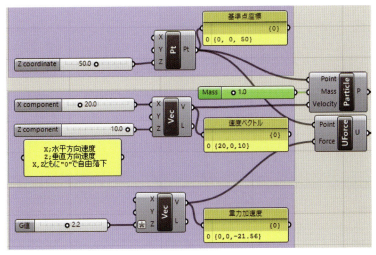

▲図5-1-6

5-1-2
バネを使ったカテナリー曲線

直線を分割し、それぞれの分割点にバネの属性を付加することによってカテナリー曲線を計算することができる。

●使用するファイル >>> GHファイル:GHK-5-1-02.gh

[Line]コンポーネントで定義した直線を指定数で分割する。全ての分割点に重力加速度を与え、このとき、元の直線の始点・終点は固定点とする。

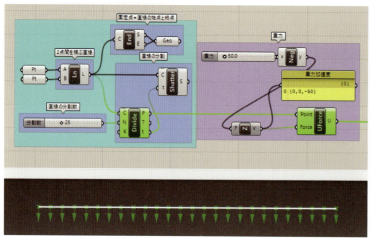

▲図5-1-7

[Spring From Line]コンポーネントの"Connection入力"に、分割した"ライン"を接続し"Stiffnes入力"でばね剛性を指定、"Rest Length入力"に分割した線分をスプリングのように伸長するときの直線長さの目標値を入力する。

[KangarooPhysics]コンポーネントの"Force objects入力"に重力、"AnchorPoints入力"に直線の始点・終点を接続、"Geometry入力"には、分割したカーブを接続する。これで計算が実行できる。

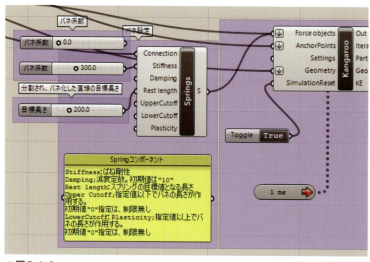

▲図5-1-8

[ZombieKangaroo]コンポーネントの、"MaxIteration"に数値を固定的に指定してみよう。ここでは、反復数を、"500"〜"7000"で段階的に指定している。

右の計算結果がばね剛性"0"の場合、左が剛性を指定した場合だ。いずれも、7000回程の反復計算で、最終的にカテナリー曲線の近似ポリラインが得られる。

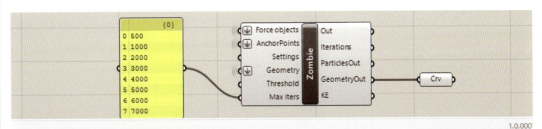

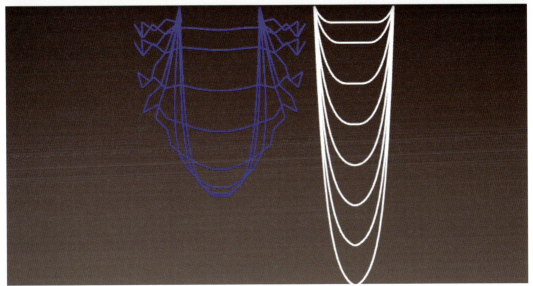

▲図5-1-9

以上が、"Kangaroo Physics"の一部である。
これをデザイン・モデリングにどう結びつけるのか？ 強いて言えば、カテナリー曲線を、重力加速度+Z方向に変えて、建築物のアーチを検証することも考えられるが著者には不明である。
物理演算による挙動を視覚的に作成できることは興味深いが、これを何に応用するのかは各自、考えてもらいたい。また、使用してみて分かるが、反復回数の計算と結果に少しずれがあるようである。
仕様なのか不具合なのか、その程度のずれは誤差と考えあくまでシミュレーションで使用すれば良いというコンセプトかもしれない。開発自体は2014年以降、新しいモジュールは提供されていないので、機能拡張等は期待しない方が良いだろう。

5-2
Kangaroo2

Computational Modeling

Kangaroo2には、変形・拘束・荷重等の条件を、メッシュの頂点やエッジ等に定義し、物理演算用のソルバーを介してメッシュの変形をシミュレーションするコンポーネント群が用意されている。

剛体（rigid body）、弾性体（elastic body）の知識があるユーザーには理解しやすいと思うが、Kangaroo2による物理演算には"単位"の概念がないため、定量的に結果を求めることは難しく、あくまで定性的に物理現象を再現するツールとして用いる。著者もこの分野の専門ではないので、これらのコンポーネントを使用してどういう変形をシミュレーションできるかを参考に使用するというスタンスで解説していく。

Kangaroo2の変形結果に関して、物理的な保証を求める場合やユーザーが建築関係者である場合は、Kangaroo2を介してアウトプットされた3次元形状に関して、専門の解析ソフトを用いて構造計算を行う必要があるだろう。ユーザーがデザイン関係であれば、Kangaroo2を介して意思決定を行った造形はデザイナーの感性だけではなく、物理演算という合理性の上に成り立った形状であるという背景は説得力があるだろう。

その他にもどのような目的で、Kangaroo2の使用可能性があるのかは未知の部分が多いが物理演算を形状表現に活かせるのは1つのアドバンテージであろう。

5-2-1
アンカーポイントによる変形

●使用するファイル>>>
GHファイル:GHK2-5-2-01.gh

Kangaroo2では、Goal Objects（ゴールオブジェクト）というジオメトリーとは異なるKangaroo2特有のオブジェクトを取り扱う。

単純なメッシュ平面のコーナーにあたる4つの頂点を、Kangaroo2ソルバーによって、空間上に指定した4つの点に拘束して変形してみよう。

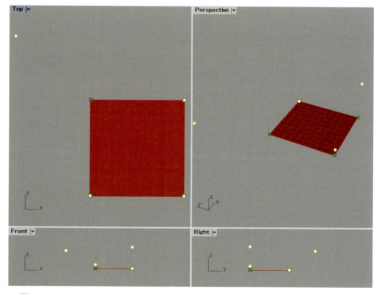

▲図5-2-1

次の手順でアルゴリズムを作成する。

- [Mesh Plane]コンポーネントでメッシュによる平面を用意する。ここでは、10×10のメッシュ平面を定義している。
- [Mesh Plane]コンポーネントを[EdgeLengths]コンポーネントに接続する。これは変形後のゴールオブジェクトは、メッシュの長さのファクターによるものであることを示す。入力端子に"LengthFactor（エッジの長さの要素、初期値は1）"、"Strength（応力の要素、初期値は1）"がある。ここでは、"LengthFactor"入力に数値スライダーを接続しておく。
- [Mesh Plane]コンポーネントで定義したメッシュを[Mesh Corners（MC）]コンポーネントにも接続して、メッシュの頂点を取得し、[Anchor]コンポーネントの"P入力"に接続する。
- 変形後の頂点を4つ用意し、[Anchor]コンポーネントの、"T"入力に接続する。これにより、"P入力"の4点を"T入力"で指定した4点へ移動し、空間上に固定する。
- [Mesh]コンポーネントを[Show]コンポーネントに接続する。これは変形後のメッシュを抽出しやすくするためのコンポーネントである。

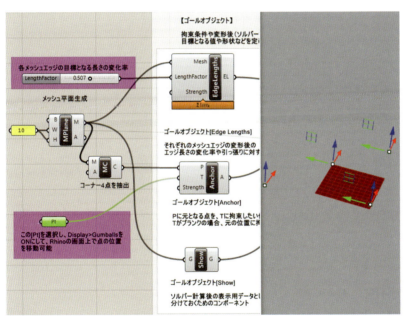

▲図5-2-2

[EdgeLengths]コンポーネントの出力で、"KangarooSolver.Goals.Spring"というオブジェクトが複数生成されているのが確認できる。また、[Anchor]コンポーネントの出力は"KangarooSolver.Goals.Anchor"、[Show]コンポーネントの出力は"KangarooSolver.Goals.Locator"となっている。これらの出力に表示されているオブジェクトをKangaroo2のGoalObjects（ゴールオブジェクト）と呼ぶ。

Kangaroo2の物理計算は、ソルバー（複数の変数や条件に対して最適値を求めるコンポーネント）に対して、GoalObjectsと計算条件を与えて物理演算を行い、収束する解（変形後の形状）を求めるものである。

ソルバーからは物理演算の結果がまとめて出力されるため、特定の結果のみ取得したい場合はその結果を抽出する必要がある。この定義ファイルの例では、取得されたGoalObjectsを[Entwine]コンポーネントに分けて入力し、データの順序を整理して接続している。こうしておくことで、ソルバー計算後に、[ExplodeTree（略:BANG）]コンポーネントなどで、変形後のメッシュデータのみを抽出しやすくなる。[Entwine]コンポーネントは、それぞれの入力端子に接続されたデータをフラットにして、ツリー構造化して出力する。

ここでは"KangarooSolver.Goals.Anchor"と"KangarooSolver.Goals.Spring"が1つ目のブランチに、"KangarooSolver.Goals.Locator"が2つ目のブランチに格納されている。これらを、Kangaroo2の演算のメインとなる[Solver]コンポーネントの"GoalObjects"入力に接続する。

一番下の"On"入力に接続されている[Boolean Toggle]コンポーネントが"True"のとき、与えられたゴールオブジェクトに対して計算が実行される。各ゴールオブジェクトの入力値を変更した場合は、"Reset"入力に接続された[Button]コンポーネントをリセットして再計算する。

Kangaroo2はメッシュのエッジや頂点などの位置を、物理演算によって収束させていくが、その移動距離が"Threshold"入力で指定した値より小さくなったときに計算を終了する。初期値は、"1e -15"でほぼ"0"である。

"Tolerance"入力は、メッシュの頂点間の距離が、これ以上近づいたら、同一の点とみなす距離である(初期値"0.01")。

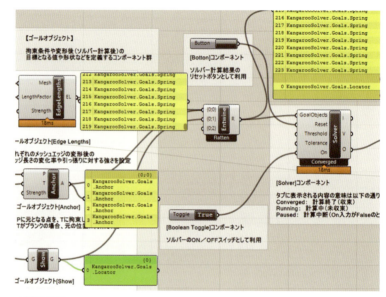

▲図5-2-3

ソルバーの出力結果からは右図のような、元のメッシュのコーナーが指定した点に向かって引っ張られて固定されたメッシュが出力される。

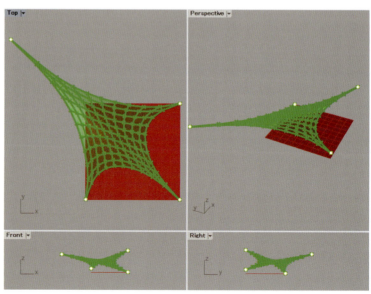

▲図5-2-4

このアルゴリズムでの形状を決める主な要素は、[EdgeLengths]コンポーネントの"Length Factor入力"と点の位置である。それぞれを変化させると出力形状も変化することが分かる。

[Solver]コンポーネントの"I出力"は、収束に至る反復計算の数を出力する。"V出力"は、メッシュの頂点情報が出力される。"O出力"は、GoalObjectsの変形の結果が表示される。Kangaroo2自体はメッシュやライン、点をベースに取り扱うので、ソルバーの出力結果もそれらのオブジェクトに反映される。

また可能であれば、メッシュを出力して終了するのではなく、ジオメトリー（NURBSサーフェス）に変換できれば、その後のモデリング工程で取り扱いやすい。以下のアルゴリズムは、Kangaroo2専用のコンポーネントではないが、メッシュ情報をNURBSサーフェスに変換した例である。

① "O出力"を[Explode Tree]コンポーネントで分解し、最後尾のツリーデータを[Deconstruct Mesh]コンポーネントに接続する。
② "V出力"からメッシュ頂点が出力されるので、[Surface From Points]コンポーネントに接続し、NURBSサーフェス化する。このとき、"U入力"には適切な値を入力する必要がある（元々のメッシュ生成の際に、H方向、W方向にそれぞれ、10を指定し、11×11＝121個の頂点データを持つため、元の分割数を"U入力"に接続し、Expressionオプションに、"x+1"と指定すれば良い）。

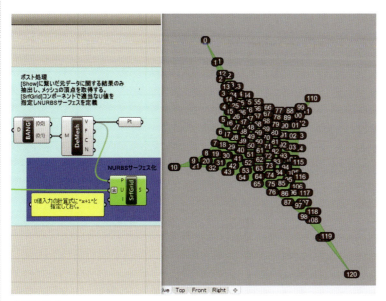

▲図5-2-5

[Surface From Points]コンポーネントで生成されるサーフェスは、"I入力"の初期値（False）の場合、各頂点を制御点とした3次のNURBSサーフェスとして生成される。"I入力"を"True"にすると、その点を通過するサーフェスが生成される。

5-2-2
風による変形

●使用するファイル >>> GHファイル:GHK2-5-2-02.gh

四辺メッシュで、片側の頂点2つを固定したものを布として捉え、風の向きと強さをこのメッシュに対して適用したときの形状の変化をシミュレートしてみる。

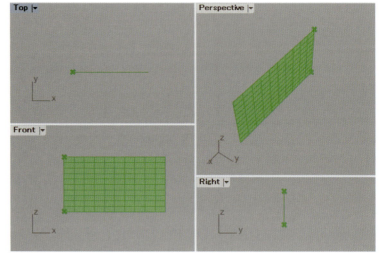

▲図5-2-6

布の形状をメッシュで定義した後、GoalObjectsとして下記の通り指定する。

- [Mesh Edges]コンポーネントにメッシュを接続し、メッシュをエッジに分解する。"E1出力"は、隣接するメッシュを持たないエッジ、つまり外側のメッシュのエッジを出力する。"E2出力"は、2つの隣接するメッシュを持つエッジ、つまり内側のメッシュのエッジを出力する。これらを[Length Line]コンポーネントに接続すると、"KangarooSolver.Goals.Spring"オブジェクトが出力される。
- [Smooth]コンポーネントからは、"KangarooSolver.LaplacianSmooth"オブジェクトが出力される。これは入力したメッシュに対して、ラプラシアンスムージングによる平滑化を行ったものという意味である。
- [Mesh Corners]コンポーネントで、コーナーの頂点を抽出し、[List Item]コンポーネントで固定したい点のインデックスを指定して、[Anchor]コンポーネントの"P入力"に接続する("T入力"に何も入力しない場合はその場に拘束される)。
- [Wind]コンポーネントでは、風による荷重を定義する。"W入力"で風の方向と大きさをベクトルで指定する。ここでは、{1,0,0}と定義したベクトルを回転して風向きを定義し、その掛け算で風の大きさを定義している。

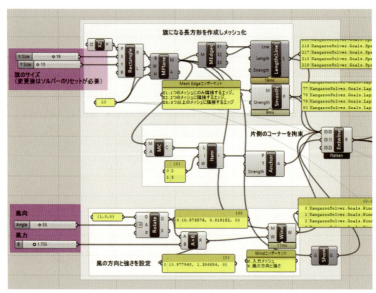

▲図5-2-7

Kangaroo2のソルバーには、動きの激しい動的な現象を安定的に計算するために、通常のソルバーよりゆっくり収束する[BouncySolver]というソルバーが用意されている。布や球の運動のように変化の激しいものに使用すると良い。

GoalObjectsは[Entwine]コンポーネントでまとめてから[BouncySolver]コンポーネントに接続しているが、"O出力"からはフラットなデータ構造で出力されている。[Panel]コンポーネントの出力リストを見ると、Meshオブジェクトは最後尾のインデックスで出力されているので、[List Item]コンポーネントにインデックス"-1"を指定して抽出している（ソルバーによって出力されるデータ構造が異なる場合があるので[Panel]コンポーネントで可視化して確認すると良い）。

GHK2-5-2-01.gh同様、メッシュは最終的にサーフェス化しており、画像のような風ではためく布のような形状が得られる。時々刻々と変化する形状がプレビューされるので、ぜひ実際にファイルを開いて確認していただきたい。

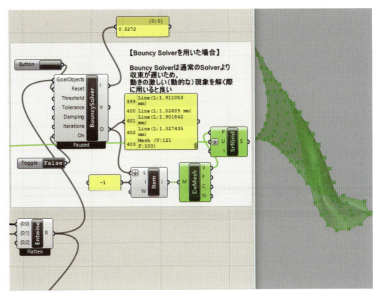

▲図5-2-8

Kangaroo同様、Kangaroo2にも、[ZombieSolver]コンポーネントが用意されている。

"MaxIterations"に数値スライダーで反復回数を指定し、任意のタイミングの結果を取得することができる。また、[Number Slider]コンポーネントの、"Animate"を使用して反復回数指定による連続キャプチャを取得することも可能だ。

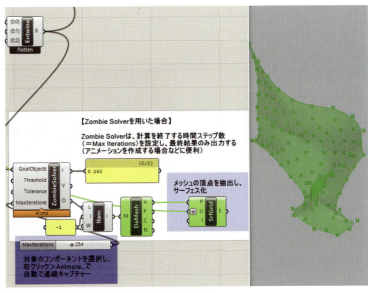

▲図5-2-9

5-2-3
メッシュのエッジを指定した形状に変形

●使用するファイル>>>　GHファイル:GHK2-5-2-03.gh

元々用意した単純なメッシュを指定したカーブに沿って変形させた例を見てみる。下図は、単純な3つの開口部を持つメッシュのエッジの頂点データに対して、開口部が楕円上に配置されるようにGoalObjectsを設定した変形例である。

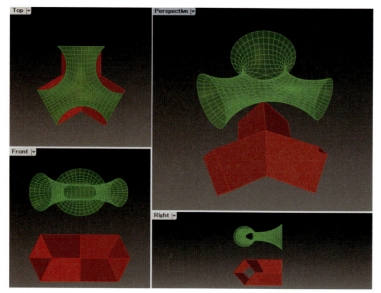

▲図5-2-10

GoalObjectsを指定する前段階として、入力したメッシュを[Refine]コンポーネントでさらに分割する。[Refine]コンポーネントは四角形(Quad)メッシュを、さらに分割のレベルを上げるコンポーネントである。この例では、読み込んだ12個の面(Face)を持つメッシュを、レベル3でさらに分割(2の3乗)している。[Clean]コンポーネントは、内部の不要な頂点データ等を削除するコンポーネントである(ここではなくても良い)。

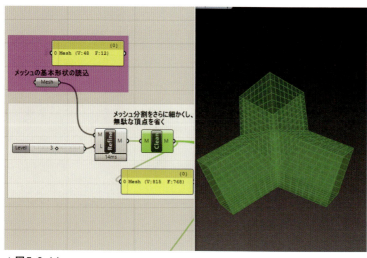

▲図5-2-11

［WarpWeft］コンポーネントは、各メッシュのエッジを、方向によって"A出力"、"B出力"に縦糸と横糸のように分解する。それぞれの出力を[Length(Line)]コンポーネントの"Line入力"に接続し、"Length入力"と"Strength入力"に数値を指定する。"Length入力"の初期値は"Line入力"に入力した曲線の長さで、"Strength入力"は初期値"1"である。

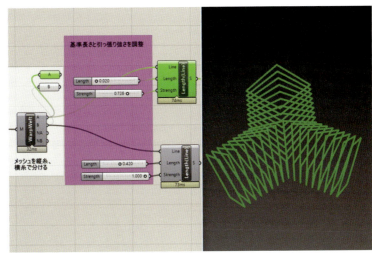
▲図5-2-12

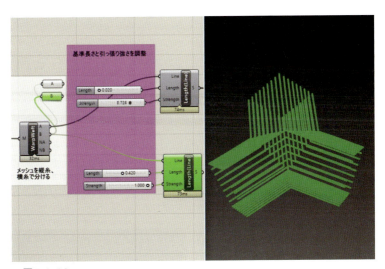
▲図5-2-13

メッシュ開口部の、[Mesh Edges]コンポーネントの"E1出力"を取得し結合しておく。3つの開口部の矩形を、[List Item]コンポーネントで分け、それぞれの矩形が通る作業平面を取得するクラスターを作成して、その平面上に楕円を定義している。

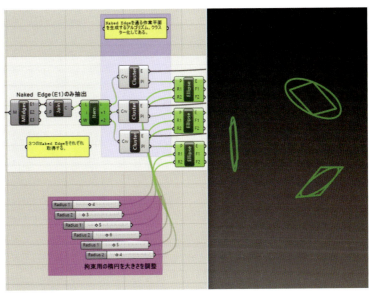
▲図5-2-14

クラスター内部は、簡単なGHのアルゴリズムになっており、"E出力"には、元のメッシュのエッジの頂点、"Pl出力"には、生成する楕円の作業平面が出力されている。

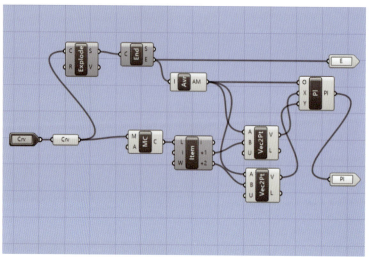
▲図5-2-15

クラスターの"E出力"を[OnCurve]コンポーネントの"Points入力"に、各開口部に設定した楕円は"Curve入力"に接続する。"Strength入力"には"100"を固定値で入力している（初期値"1"のままだと、変形するエッジ頂点が若干楕円から離れてしまうため）。

ソルバーの結果をプレビューすると画像のように、元の四角形状の3つの開口部の頂点が指定した楕円上に再配置され、それに合わせトンネル形状が変化したメッシュが得られる。スライダーを動かすとそれに合わせ形状も変化する。ただし、このアルゴリズムでは、3つのメッシュを使用しているので、これらをNURBSサーフェス化するのは簡単ではない。

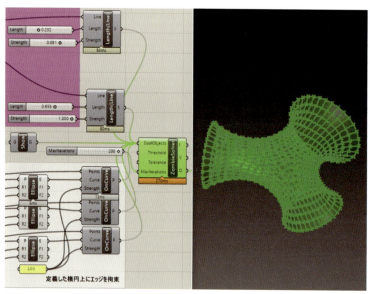
▲図5-2-16

5-2-4
曲げ要素による変形

● 使用するファイル >>> Rhinoモデル:GHK2-5-2-04.3dm
GHファイル:GHK2-5-2-04.gh

Kangaroo2を使用して、折り紙のシミュレーションを行う。

折り紙の折り目を指定するためにメッシュデータを生成し、「ヒンジ」と呼ばれる「角度バネ」を用いて折り加工後の形状を物理演算により算出する。ここでは、[Rectangle]コンポーネントで矩形を生成し、エッジラインの頂点と中点データから、[Srf4Pt]コンポーネントで3点を指定し、8つの三角形の平面サーフェスを生成している。

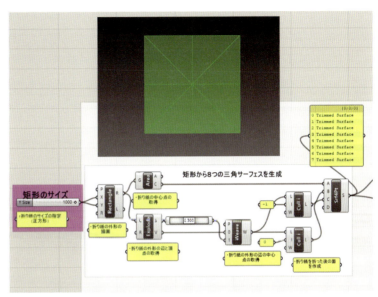

▲図5-2-17

生成した8つの平面サーフェスを三角メッシュ化し、結合して、[HingePoints]コンポーネントに接続する。[HingePoints]コンポーネントは、折り目を自動的に生成する。

"1出力"、"2出力"を結んだラインが赤で、"3出力"、"4出力"を結んだラインが青で表示されたヒンジとなる。赤線0,2,5,7番が山折り、赤線1,3,4,6番が谷折りのヒンジとなり、青線がヒンジの参照頂点(＝Tip1とTip2)同士を結んだ線となる。この山折り谷折りの定義は、Kangaroo2では自動化できないので判定のアルゴリズムを自前で構成する必要がある(ヒンジポイントの確認のために、[PointList]コンポーネントを使用して視覚的に確認しているが、このアルゴリズムは必須ではない)。
またRhinoデータにレイヤに分けて山折り、谷折りの直線があるので、併せて参照していただきたい。

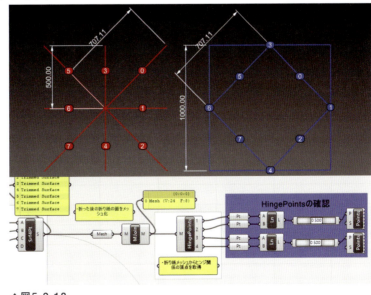

▲図5-2-18

[HingePoints]コンポーネントの"1～4出力"を、[Hinge]コンポーネントの、"FoldStart～Tip2入力"に上から順番に接続する。"RestAngle入力"に、ヒンジにおける角度を数値スライダーで指定するが、山折りの部分は"負"、谷折りの部分には"正"の角度(ラジアンで指定)を与える。

ヒンジの数は8つあるので、"0"～"7"までのインデックスのリストに正しい回転角度を指定するために、下記のようなアルゴリズムを作成した。

- 数値スライダーで指定されたラジアンに変換しておき、[Merge]コンポーネントから正負のリストを作成しておく。
- 赤のヒンジ線の長さと、青のヒンジ参照線間の距離を比較して同じ場合・異なる場合の判定を、[Equality]コンポーネント判定(True/False)し、その結果を、整数化("True=1"、"False=0")すると、8つの、"0"と"1"のリストが作成される。
その2つのリストを、[Item]コンポーネントを使用して、各ヒンジの回転角のリストを出力する(注:わざわざ長さでヒンジの判定をしなくても、山折りのインデックスが分かっていれば、直接8つの"0"と"1"のリストを作成しても良い)。

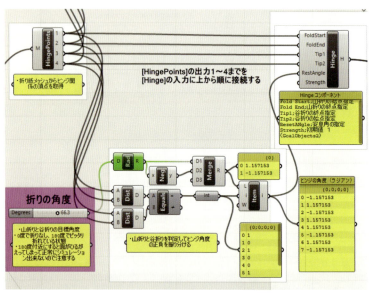

▲図5-2-19

各サーフェスの頂点に対して荷重をかけ、エッジに対しては剛性を与えるために、下記のようなアルゴリズムを作成する。

- 最初に作成した、8つの三角サーフェスを[Mesh Join]コンポーネントで1つのメッシュにする。
- 元のサーフェスの頂点データ([Deconstruct Brep]コンポーネントの"V出力")を、[Remove DuplicatePts]コンポーネントで重複点を削除した後、[Load]コンポーネントの"P入力"に接続する。"FV入力"には、鉛直下向きの重力加速度を指定しておく。
- 元のサーフェスのエッジデータ([Deconstruct Brep]コンポーネントの"E出力")を、[Remove DuplicateLines]コンポーネントで重複ラインを削除した後、[Length(Line)]コンポーネントの"Line入力"、"Length入力"に接続し、折り紙メッシュの要素に剛性を与える。
- [Floor]コンポーネントで折り紙を支える床面を定義し、重力に対して折り紙が自立できる条件とする。

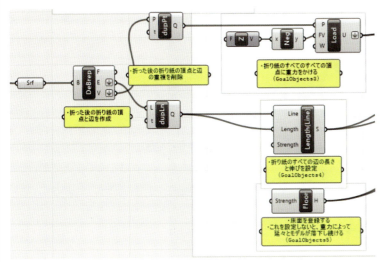

▲図5-2-20

また、ここまでの他のサンプル同様に計算後の折り紙のSrfモデルを抽出しやすいように元のメッシュを[Show]コンポーネントに繋いでおく。

これで、5つのGoal Objectsが定義された。

　"KangalooSolver.Goals.Locator"
　"KangalooSolver.Goals.Hinge"
　"KangarooSolver.Goals.Unary"
　"KangalooSolver.Goals.Spring"
　"KangalooSolver.Floor.Plane"

これらを[Merge]コンポーネントに接続して整理した後、[Solver]コンポーネントのGoalObjectsに接続する。[Merge]に接続した順に結果もリスト出力されるため、"O出力"の先頭のインデックスを[List]コンポーネントで抽出すると、元のメッシュが変形した結果が得られる。

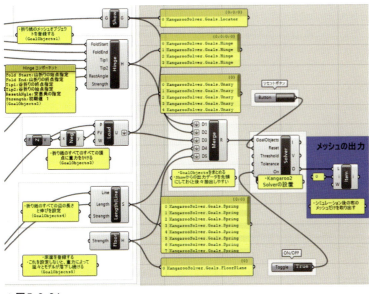

▲図5-2-21

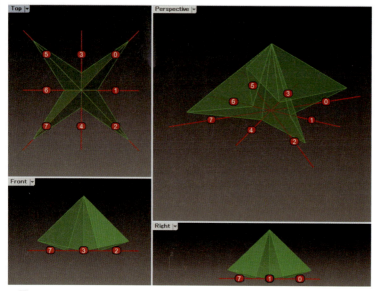

▲図5-2-22

5-2-5
重力による布の形状変形シミュレーション

●使用するファイル >>>　GHファイル:GH-5-2-05.gh

正方形の布形状が、指定した点で固定したときに重力によってどのように垂れるかをシミュレートしてみる。

- 正方形の布に対して、重力による変形後のアンカーポイントになる点を設定し、[Anchor]コンポーネントの"T入力"にターゲットポイントとして接続する。
- 平面上に置いたときの布のサイズを[Number Slider]コンポーネントで指定する。そのサイズの矩形を[Rectangle]コンポーネントで作成して、[Mesh Corners]コンポーネントで抽出された点を[Anchor]コンポーネントの"P入力"にアンカーポイントとして接続する。
- [Square(SqGrid)]コンポーネントに、布の範囲の値と分割数を指定し定義する。ここでは、20分割しているので、400個のグリッドセル(線データ)が"C出力"から、441個の点データが"P出力"からそれぞれ出力される。
- [Square(SqGrid)]の"P出力"の点データは、[Show]コンポーネントに接続する。
- [Square(SqGrid)]の"C出力"のグリッドセルを、[Diagonalize]コンポーネントに接続し、セルを対角線上に分離した三角メッシュに変換した後、[MeshEdges]コンポーネントに接続して"E1出力"、"E2出力"のエッジを、[Length(Line)]コンポーネントに接続する。
- [Square(SqGrid)]コンポーネントの"C出力"の頂点に対して荷重を与えるため、[VertexLoads]コンポーネントの"Mesh入力"に接続する。重力による変形をシミュレートしたいので、"Strength入力"には-Z方向に荷重を定義する(単位がないため実際の重力加速度を入力する必要はなく、結果を見ながら値を調整する)。

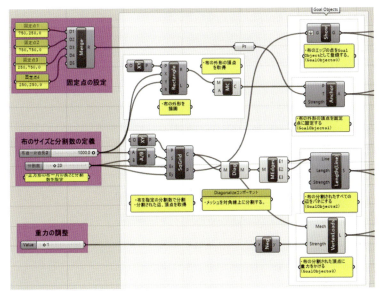

▲図5-2-23

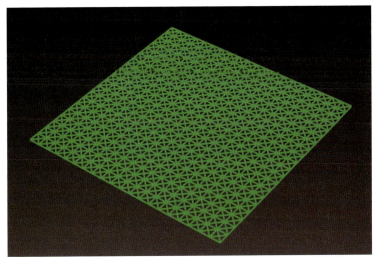

▲図5-2-24:[Diagonalize]コンポーネントでメッシュ化された変形前のオブジェクト

ここまでで4つのGoalObjectsが定義された。

 "KangalooSolver.Goals.Locator"
 "KangalooSolver.Goals.Anchor"
 "KangalooSolver.Goals.Spring"
 "KangalooSolver.Goals.Unary"

これらを[Entwine]コンポーネントで整理してから、[Solver]コンポーネントに接続する。

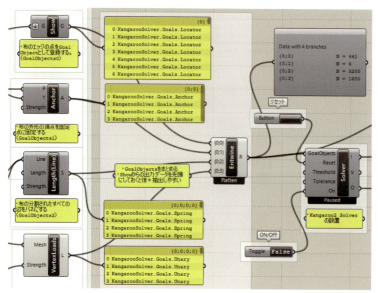

▲図5-2-25

ソルバーの"On入力"に接続された[Boolean Toggle]コンポーネントを"True"にし、"Reset"入力の[Button]コンポーネントをクリックして、ソルバーを実行する。

"O出力"を[ExplodeTree]コンポーネントに接続し、最初の分岐データを取得すると変形後の布のメッシュの頂点情報が取得できるので、[Surface From Points]コンポーネントに適切な"U入力"(この場合は21)を与えればNURBSサーフェスが生成される。

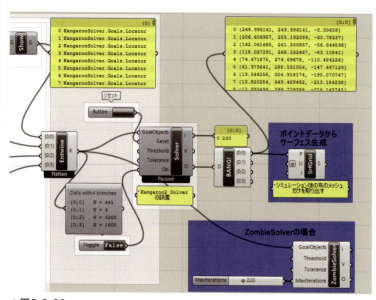

▲図5-2-26

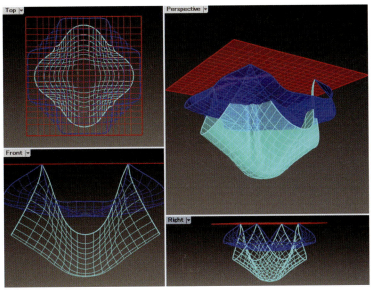

▲図5-2-27:生成されるNURBSサーフェス

○ HINT

GoalObjectsをソルバーに入力する場合に、GHK2-5-2-04.ghのように、[Merge]コンポーネントで1つの階層にまとめてから入力する方法と、この例のように各GoalObjectsを分けて入力する方法を紹介しているが、これはどちらか使いやすい方を使えば良い。また、[Merge]や[Entwine]を介さず直接GoalObjectsに複数のコンポーネントを入力しても良いが、抽出がしにくくなるためおすすめしない。

また、メッシュの頂点からNURBSサーフェスを作成したい場合は、ソルバーから出力される頂点のインデックス順序に注意が必要だ。GoalObjectsの設定の仕方によっては、頂点のインデックスの並びが乱れてサーフェスに変換できないことがあるため、工夫が必要になることがある。例えば、もう1つのソルバーである[ZombiSolver]の"O出力"から、同じアルゴリズムでサーフェスを生成しようとしてもできないはずだ。Kangaroo2のメインソルバーは、ツリー構造で指定されたGoalObjectsをツリー構造で出力するが、ゾンビソルバーはツリー構造をなくしたフラットなデータ構造で出力する。これが仕様なのか不具合なのかは不明だが、データ構造をある程度扱うことができれば対処できる問題だ。この場合、リストから点だけを分離して、[Surface From Points]コンポーネントに渡せば良い。各自、試してもらいたい。

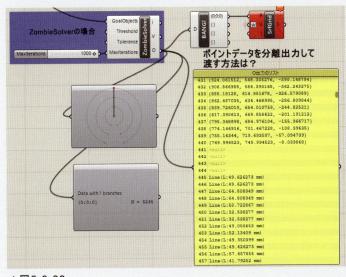

▲図5-2-28

Kangaroo2は、ほとんどヘルプもなく、ブラックボックス化されている。入力値も、ヤング率等の各種パラメーターの指定も可能なように見えるが、物性的に正しい値を入力してもそれが正しくKangaroo2で再現できるかは現時点では疑問である。

各種パラメーターの大小によって、相対的に変形の調整ができる程度に考えて使用するのが良いだろう。物理演算に詳しくない著者としては、"形状のシミュレーション"という観点で解説した。専門的に知りたい場合は、直接FORUMに投稿してほしい。

https://discourse.mcneel.com/c/grasshopper/kangaroo

また、Kangaroo2のコンポーネントの簡単な解説は、下記ページにもまとめているので、ぜひチェックしてもらいたい。

https://www.applicraft.com/ghcp_kangaroo2/

Computational Modeling

5-3
Galapagos

Galapagosは、GHのParams>Utilタブに配置されている、遺伝的アルゴリズムを利用したソルバーである(Galapagos内には"焼きなまし法"を利用したソルバーもあるが、ここでは遺伝的アルゴリズムのみ言及する)。

GalapagosはGrasshopper開発者のDavid Ruttenが2010年にコンポーネントとして追加している。2010年に、ウィーンのAdvances in Architectural Geometry でゲストスピーカーとして話したことが起源だろう。

詳細については、彼自身が書いたEvolutionary Principles applied to Problem Solving("問題解決のための遺伝的原理、進化論の応用"とでも訳すのか)に記載されている。

　　https://www.grasshopper3d.com/profiles/blogs/evolutionary-principles

5-3-1
[Galapagos]コンポーネントの使い方

●使用するファイル >>>　　GHファイル:GHGLPS-5-3-01.gh

[Galapagos]コンポーネントの使用方法の前に、既存のコンポーネントを使用した最適解をどのようにアルゴリズムで実現するか考察してみよう。

GHコンポーネントの1つに、[Curve Closet Point]があるが、このコンポーネントは、点から参照曲線への最小距離となる曲線上の点の位置を求めるコンポーネントだ。
Rhinoのコマンドでは、[ClosestPt]コマンドに相当する。

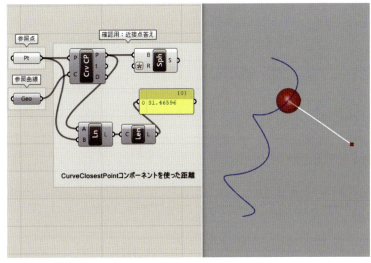

▲図5-3-1

このコンポーネントがないと仮定して、他のGHコンポーネントで、この機能を実現しようとした例が下記のアルゴリズムだ。

- [Evaluate Curve]コンポーネントに参照曲線を読み込み、"Reparameterize"し、"t入力"に、"0"～"1"の間を均等に分割できるように、[Range]コンポーネントで指定する。ここでは1000等分になるように、"tパラメーター"が、0.001間隔で増加する等差数列を指定している。
- [Evaluate Curve]コンポーネントの"P出力"と、その参照点を、[Line]コンポーネントで直線を作成し、[Length]コンポーネントで距離を測定する。
- 測定した直線の長さを、[Sort]コンポーネントで昇順に並べ替えて、"tパラメーター"を[List Item]コンポーネントで取得することで、距離が一番近い点を選択してみる。この場合、昇順にソートしてあるので、初期値の"0"番で最も近い点を取得できる。

分割する数を増やしていけば、精度は上がっていくはずだ。

[Galapagos]コンポーネントを使ってこのアルゴリズムを作成してみると、下記のようになる。

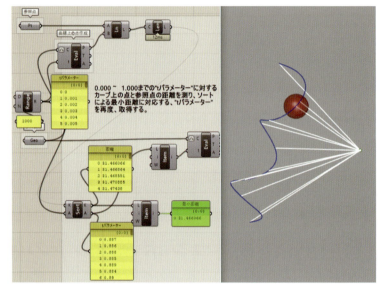

▲図5-3-2

- [Evaluate Curve]コンポーネントに、参照曲線を読み込み、"Reparameterize"を実行する。"t入力"に、数値スライダーを接続し、曲線上の一点を指定する。
- [Evaluate Curve]コンポーネントの"P出力"と、別途読み込んだ参照点との間を、[Line]コンポーネントを使い直線で繋ぎ、[Length]コンポーネントで長さを測定する。
- [Galapagos]コンポーネントの"Fitness"端子から、[Length]コンポーネントに、ドラッグして接続する。このとき、接続した線は緑色で表示される。

次に、"Genome端子"から数値スライダーにドラッグして接続する。こちらは赤色の線で表示される。

この接続は他のコンポーネントと異なり、[Galapagos]コンポーネントからしかできない。

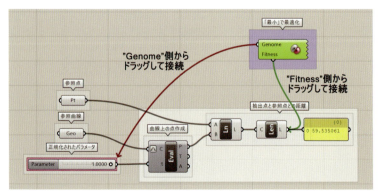

▲図5-3-3

[Galapagos]は、"Fitness"（収束値）を最小値か最大値にする、"Genome（遺伝子）"を求めることができるコンポーネントである。また入力できる"Fitness"は1つだけだが、"Genome"は複数入力することができる。
ここでは、[Curve Closest Point]コンポーネントの代わりに直線の長さが最小となる、"tパラメーター"がいくつなのかを調べてみる。

[Galapagos]コンポーネントをダブルクリックすると、"Galapagos Editor"というダイアログが表示される。右側に、"Blog posts on 'I Eat Bugs for Breakfast"というハイパーリンクがあるが、これがGalapagosのチュートリアルで、開発者David Ruttenの2011/3/4～2011/7/31に作成したチュートリアルが参照できる。Galapagosの詳細を知りたい場合はこのチュートリアルを参考にすると良いが、この章では使用方法だけを紹介する。

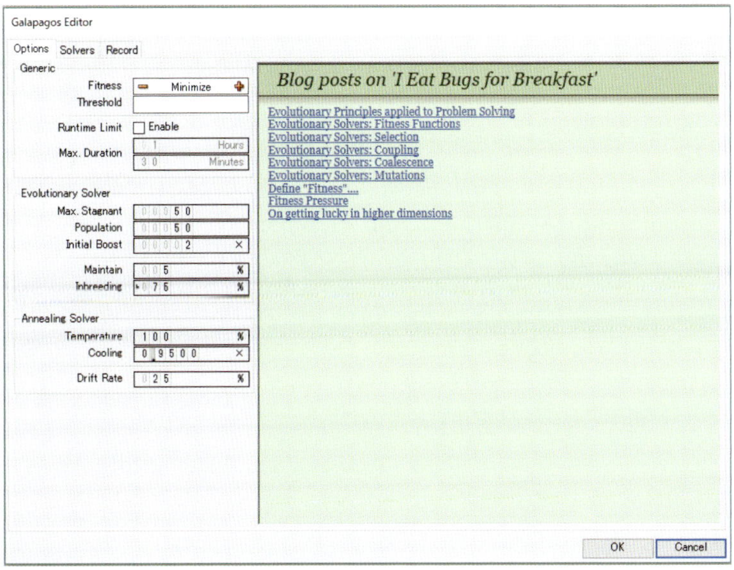

▲図5-3-4

最初の"Options"タグでは、最小距離となる入力値を探したいので、"Fitness"を、−ボタンを押し、"Minimize"に設定する。もし最大となる値を求めたい場合は、+ボタンを押し、"Maximize"に設定すること。

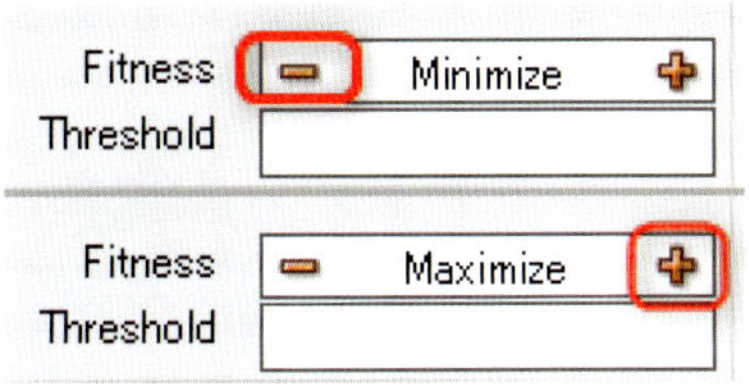

▲図5-3-5

次に"Solvers"タグから、設定を進めていく。

▲図5-3-6

左上にあるアイコンから2つのソルバーを選択することができる。

アルゴリズムは、遺伝的アルゴリズムを使用した"Evolutionary Solver"と、金属工学の焼きなまし法から来ている"Annealing Solver"の2つが用意されている。

▲図5-3-7

ここでは遺伝的アルゴリズム"Evolutionary Solver"を選択する。

また右上にあるAboutアイコンをクリックするとGalapagosのバージョンを表示することができる。最終ビルドは"0.2.0448（August 21st, 2011）"であることが分かる。つまり[Galapagos]コンポーネントは、8年前に開発は完了している。

その隣の3つのアイコンは、Rhinoのビューポート上に何を表示するかというオプションがある。

左から"Display all genomes in the Rhino viewport"は、常に更新されるよう、全ての遺伝子の結果を表示する。"Only display better genomes in the Rhino viewport"は、一番良い遺伝子だけを表示するという意味になり、求められる結果が更新されたときだけ、ビューポートが更新される。"Do not display any genomes in the Rhino viewport"は、[Galapagos]内で検索している最適な解、遺伝子を表示しないという、3つの表示モードになる。

最初は、常に結果を表示する一番左側のアイコンを選択すると良いだろう。

▲図5-3-8

"Start Solver"を実行すると、"Genome"に接続された数値スライダーが変化し、それによって変化する結果がRhinoのビューポート上に現れる。しばらくすると、ダイアログ上に結果が散布図とグラフで表示される。遺伝的アルゴリズムは、遺伝子である数値スライダーを任意のいくつかの値で解を出し、良い結果（この場合一番近い距離となる点）を探していく。このときスライダーの値や、ビューポートにおける挙動を見ると、数値スライダーの値はランダムに変わっているのが確認できる。

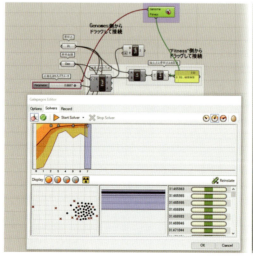

▲図図5-3-9

計算がしきい値になると自動的に"Solver"が終了する。ある程度の結果が出た時間で、"Stop Solver"をクリックして終了させることもできる。

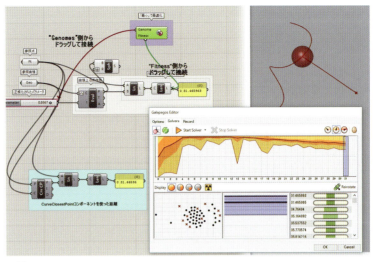

▲図5-3-10

演算後、インターフェース右下に、最適な解（この場合、最も距離が小さいもの）に対する遺伝子が表示される。この例では与えた"Genome"パラメーターは1つなので、1本の緑色の縞模様を持つ遺伝子として視覚化されている。

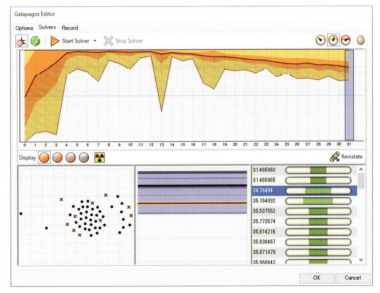

▲図5-3-11

また計算後に任意の解を選択した後、"Reinstate（復帰させる、元に戻す）"というアイコンをクリックすると、"Genome"に繋がれたパラメーターを、任意の値にすることもできる。

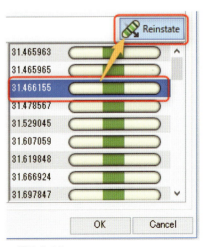

▲図5-3-12

［Galapagos］によって求めた最小長さは31.465963なので、［Curve Closest Point］コンポーネントによって求めた最小の長さ31.46596と比較すると、ほぼ最小の値を求めることができているのが分かる。

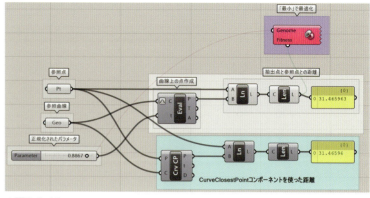

▲図5-3-13

遺伝的アルゴリズムでは、離散的にパラメーターを試行し、その中からより良い個体を探索していく。Galapagosでは、ある遺伝子（パラメーター）に対しての個体を複数得た後、より優れた（＝スコアが良い）個体同士のパラメータの近辺で繰り返し最適解を探索するような収束を促すアルゴリズムとなっている。加えて、「突然変異」というアルゴリズムによって「間違った収束」から抜け出す対策が施されており、ランダムに抽出された遺伝子（パラメーター）が現れ、収束を意図的に拡散させてみる現象も確認できる。なお、この「突然変異」はGalapagosのUIの「Add additional mutations to the population」ボタンを押すことにより、任意のタイミングで発生させることも可能だ。

▲図5-3-14

5-3-2
複数の遺伝子から導かれる解

●使用するファイル ≫≫　GHファイル:GHGLPS-5-3-02.gh

"Fitness"は1つだけであるが、"Genome"には複数のパラメーター（遺伝子）を指定することができる。
3Dプリンターで出力する際に、最適な配置を考えてみよう。有機的な形状を持つモデルをそのまま3Dプリンターに読み込む前に、形状を覆うバウンディングボックスが最小になるように3次元的に回転するアルゴリズムを、［Galapagos］を使った遺伝的アルゴリズムで考えてみる。

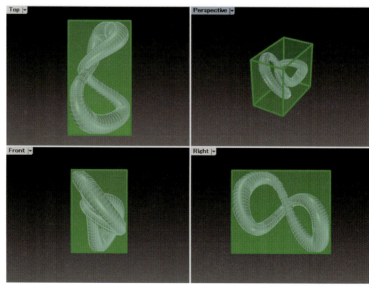

▲図5-3-15

アルゴリズムは下記の通りとなる。

- 3Dプリンターで出力するモデルを、[Bounding Box]コンポーネントに接続し、[Evaluate Box]コンポーネントで中心座標を取得し、[Rotate]コンポーネントの"P入力"に接続する。
- [Rotate]コンポーネントの"G入力"にモデル接続、"A入力"に回転角度をスライダーで指定する。このアルゴリズムで、XY平面上でモデルを回転できる。
- この結果を、同じようにXZ平面、YZ平面上で回転するアルゴリズムを作成する。
- 最後に回転したモデルのバウンディングボックスを取得し、その体積を[Volume]コンポーネントで取得する。

"Fitness"を[Volume]コンポーネントに接続、"Genome"を、3つの回転のためのスライダーに接続する。

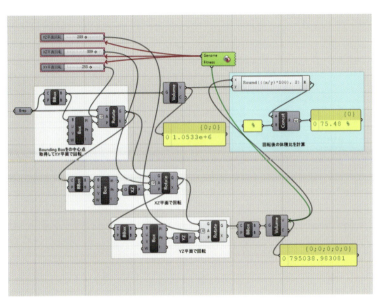

▲図5-3-16

"Start Solver"を実行すると、遺伝的アルゴリズムにより、3つの遺伝子の値から最適となる解を求めていく。この例では、バウンディングボックスの体積が最小になる解を探している。

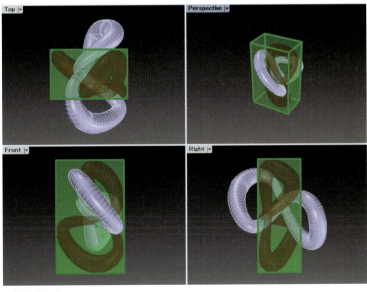

▲図5-3-17

計算が収束すると、3つの"Genome"の最適値が得られる。回転前に加え、体積は73%程度に小さくなっているのが分かる。

ここでは体積最小としたが、XY平面の面積が最小になるアルゴリズムも考えられる。
その場合は、バウンディングボックスを分割し、底面のサーフェスを取得し、[Area]コンポーネントで面積が最小となる値を求めれば良い。

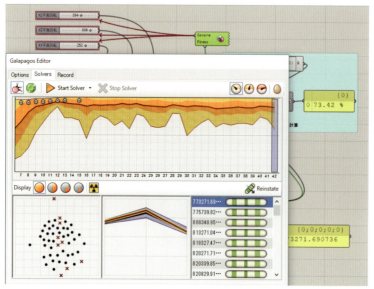

▲図5-3-18

また"Solver"画面の右下の遺伝子は、3つのパラメーターを入力しているため、3本の縞で視覚化されている。

5-3-3 [Gene Pool]コンポーネントによる遺伝子指定

●使用するファイル >>>　GHファイル:GHGLPS-5-3-03.gh

Galapagos用の"Genome"生成のために、[Gene Pool]コンポーネントというものがある。
ダブルクリックして"GeneList Editor"を立ち上げると、遺伝子の数(Gene Count、初期値は10)、浮動小数点の指定(Decimals)、最小(Minimum)、最大値(Maximum)の指定ができる。

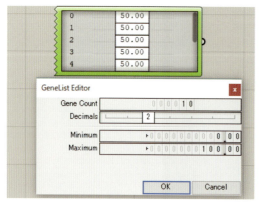

▲図5-3-19

以下のアルゴリズムは、自由曲線から生成されるサーフェスを直線で分割して、面積の差異を最小にするようなアルゴリズムである。

- 平面曲線から[Boundary Surfaces]コンポーネントで平面サーフェスを作成し、バウンディングボックスを取得し、"V入力"に[Gene Pool]コンポーネントで指定した5つのパラメーターを接続する。[Gene Pool]コンポーネントのパラメーターは、バウンディングボックスに指定する、"V入力"は、"0"～"1"の範囲なので、それにあわせ、少数6桁まで指定している。
- バウンディングボックスの"Pt"出力には、5つの異なる点が出力されるので、[XZ Plane]コンポーネントを介し、[Brep/Plane]コンポーネントの"P入力"に接続、"B入力"には平面サーフェスを接続する。"C出力"には、XZ平面との交線が出力されるので、[Surface Split]コンポーネントで6つのサーフェスに分割する。
- 6つの平面の平均値を取得して、それぞれの平面と、平均値の差を取得してその差の総和を計算する。この総和が最も小さくなる解を遺伝的アルゴリズムで求める。

ここで使用するのは、面積を求める[Area]コンポーネント、データの数をカウントする[List Length]コンポーネントと、簡単な計算式のための、割り算、引き算、絶対値を取る[Absolute]コンポーネント、入力の総和を取る[Mass Addition]コンポーネントである。

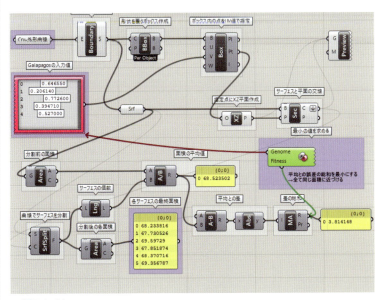

▲図5-3-20

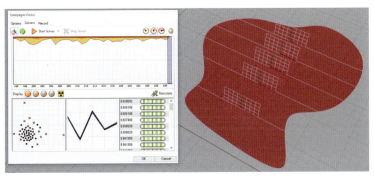

▲図5-3-21

各々のサーフェスの誤差が最小になるような値を求めた後の結果は下図である。6個に分割したサーフェスをみると、誤差が少なくなるように面積が均一化されているのが分かる。誤差を0にすることができるわけではないが、計算時間を掛けることでより良い結果を求めることができるだろう。

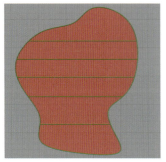
▲図5-3-22

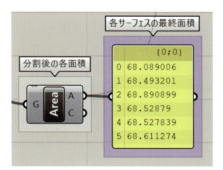
▲図5-3-23

5-3-4
曲線内の最も大きい長方形を求める

●使用するファイル >>> GHファイル:GHGLPS-5-3-04.gh

以下のアルゴリズムは、自由曲線内に収まる長方形のうち最も面積の大きい値を求めるアルゴリズムである。概要は下記の通りだ。

[Gene Pool]コンポーネントで3つの遺伝子を"tパラメーター"として指定し、曲線上の任意の3点を取得する。[Rectangle 3Pt]コンポーネントでその3点からなる長方形を作成する。
作成される長方形は自由曲線の外にはみだす場合がある。自由曲線との内外判定を行うために、"0.001"だけ内側にオフセットした長方形内を埋め尽くすようにグリッド状に点データを生成する。
点データが自由曲線の外側にはみ出していないかを[Point In Curve]コンポーネントを使用し値を求めている。
曲線の内側にある長方形の中で、面積が最大となるものを最適な解としている。

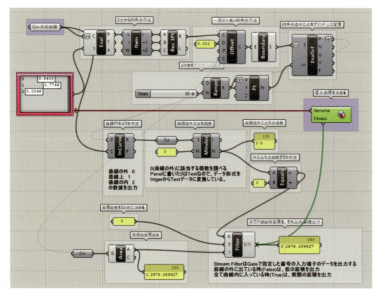
▲図5-3-24

下図は長方形内に点をグリッド状に配置しているところだ。この点群に[Point In Curve]コンポーネントを使用し、曲線内にあるかどうかを調べている。

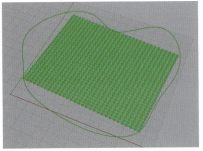
▲図5-3-25

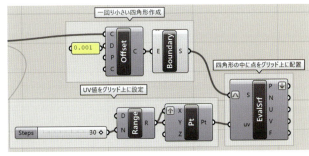
▲図5-3-26

このアルゴリズムでは、[Galapagos]コンポーネントに繋ぐ"Fitness"に[Stream Filter]コンポーネントの出力を繋いでいる。[Stream Filter]は、Gateで指定した番号の入力端子のデータを出力するコンポーネントである。
また、GHでは"True"は"1"、"False"は"0"と認識する。
これと組み合わせることで、点が全て曲線内に含まれているときは実際の面積を、点が1つでも外に出ているときは、ペナルティとなる仮の値（ここでは0）を出力し、その条件下で最大の面積となる"Genome"を求めている。

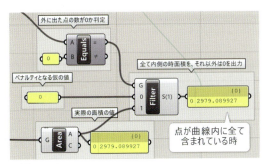
▲図5-3-27

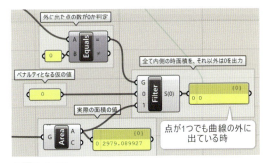
▲図5-3-28

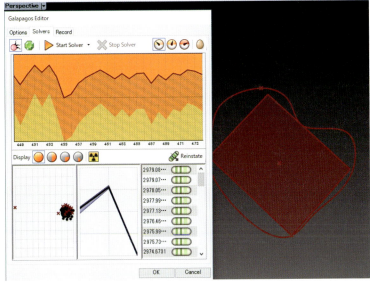
▲図5-3-29

以上が［Galapagos］コンポーネントを使用した、遺伝的アルゴリズムによる最適解を求める方法の触りである。

ここに上げた例は比較的単純な例であるが、もっと複雑なアルゴリズムを多数の遺伝子によって求めようとした場合は、解として収束するまでにかなりの時間を要する。
場合によっては、数日かかるかもしれない。またそれだけ時間を掛けても、最適な解がでるという保証はない。
しかしながら非常にユニークな解決手法であることはたしかだろう。詳細に知りたい方は、David Rutten氏のブログを参照されたい。

Computational Modeling

第 **6** 章

スクリプト言語を使用したコンピュテーショナル・モデリング

Rhino及びGH上で使用可能なスクリプト言語に関する入門書も既に出版されている。
またPythonやC#自体を理解するには一般的な書籍を参考にするべきだろう。
本章ではRhinoとGHを理解しているユーザーがデザイン・モデリングをスクリプト言語を使用して、
さらなる拡張ができるのかどうかその可能性を考えるという観点から物語的に解説していく。
Python自体の記述での不足する点は他の書籍を参考にしていただきたい。
(なお、C#は厳密な定義によると「スクリプト言語」ではなく「コンパイラ言語」であるが、
GHのC#コンポーネントにおいては「スクリプト言語」的な振る舞いをサポートしているので、
ここでは一括して「スクリプト言語」とする)。

Computational Modeling

6-1
RhinoPython

Rhinoで使用できるスクリプト言語としては、Rhino上で動作する"RhinoScript"が最初に提供された。これは、VBスクリプトをベースにしたものである。

日本ではあまり使用されていなかったようであるが、ヨーロッパではかなり使用されていて、"RhinoScript"のワークショップは各大学で行われ、"RhinoScript"を駆使しているユーザーはスクリプターと呼ばれていた。

GHの開発者のDavid Ruttenも"Rhino Script Primer 101"というものを書いている。

　　https://developer.rhino3d.com/guides/rhinoscript/primer-101/

"RhinoPython"は、PythonにおけるRhinoの機能をコントロールする外部ライブラリとして、Rhino5からサポートされるようになった。

これは、RhinoCommon(C#、Python、VBでアクセス可能なRhinoの汎用API。次章以降で詳細説明がある)をPythonでより扱いやすくするためのライブラリであり、スクリプティング初学者に優しいツールだ。

"RhinoPython"では一般的なPython同様に".py"というPythonファイルを作成し、Rhino上で実行する。

サンプルコードが下記URLでダウンロード可能だ。

　　https://developer.rhino3d.com/samples/#rhinopython
　　https://developer.rhino3d.com/samples/rhinopython/array-points-on-surface/

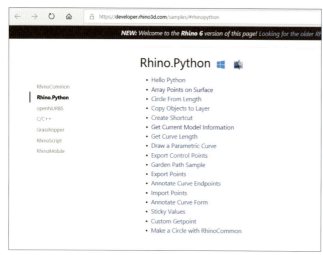

▲図6-1-1

例えば、"Array Points on Surface"を選択すると、下記のようなサンプルコードが表示される。このコードを全てコピーしておく。
このコードは、選択したサーフェス上のUV方向に均等に指定した数の点を生成する".py"ファイルである。

```python
# Creates an array of points on a surface
import rhinoscriptsyntax as rs

def ArrayPointsOnSurface():
    # Get the surface object
    surface_id = rs.GetObject("Select surface", rs.filter.surface)
    if surface_id is None: return

    # Get the number of rows
    rows = rs.GetInteger("Number of rows", 2, 2)
    if rows is None: return

    # Get the number of columns
    columns = rs.GetInteger("Number of columns", 2, 2)
    if columns is None: return

    # Get the domain of the surface
    U = rs.SurfaceDomain(surface_id, 0)
    V = rs.SurfaceDomain(surface_id, 1)
    if U is None or V is None: return

    # Add the points
    for i in xrange(0,rows):
        param0 = U[0] + (((U[1] - U[0]) / (rows-1)) * i)
        for j in xrange(0,columns):
            param1 = V[0] + (((V[1] - V[0]) / (columns-1)) * j)
            point = rs.EvaluateSurface(surface_id, param0, param1)
            rs.AddPoint(point)

# Check to see if this file is being executed as the 'main' python
# script instead of being used as a module by some other python script
# This allows us to use the module which ever way we want.
if __name__ == "__main__":
    # call the function defined above
    ArrayPointsOnSurface()
```

▲図6-1-2

RhinoPythonのスクリプトに関連するRhino上のコマンドは下記の2つである。

- RunPythonScript：ツール＞PythonScript＞実行
- EditPythonScript：ツール＞PythonScript＞編集

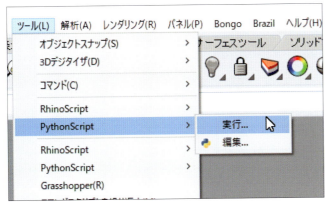

▲図6-1-3

Pythonスクリプトの編集を実行し、先ほどコピーしたコードをペーストする。

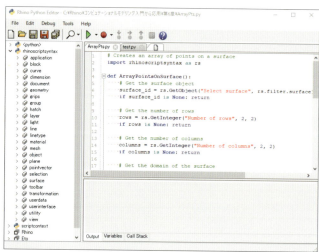

▲図6-1-4

保存したPythonコードにおいて、"ツール＞PythonScript＞実行"をクリックすると、実行されたPythonスクリプトから、コマンドエリアに実行するための必要情報の入力を求められる。対象サーフェスを選択し、U方向とV方向に作成する点の数を入力すると、スクリプトが実行される。

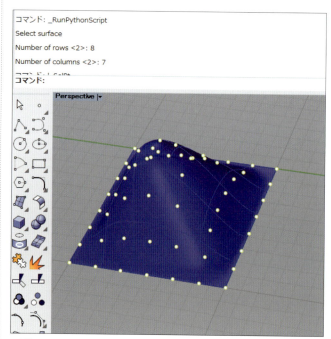

▲図6-1-5

Computational Modeling

6-2
GhPython

GH上で、Pythonスクリプト(以降、GhPython)を作成した場合は、全てGHの定義ファイルに格納され、他のGHコンポーネント同様そのプログラムをGH上で実行することができる。なお、Pythonプログラミングの基本は次節でまとめている。他のプログラムに慣れている読者は、次節に目を通してからこの章に入ると理解が早いだろう。

プログラムの経験がない読者は、本節から入ると良いだろう。

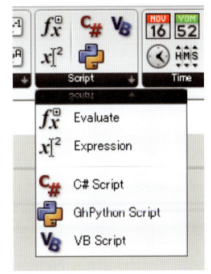

▲図6-2-1

GHのMathタグには、3つのスクリプティングコンポーネントが用意されている。ここでは[GhPython Script(Python)]コンポーネントを用いる。

6-2-1
GhPythonサンプルプログラム

[GhPython Script(Python)]コンポーネントをダブルクリックすると、編集用のダイアログ(エディター)が表示される。

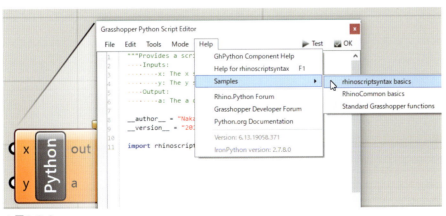

▲図6-2-2

サンプルスクリプトを開くと、"今まで書いたスクリプトを全て削除する"という警告が出るが"OK"を押す。

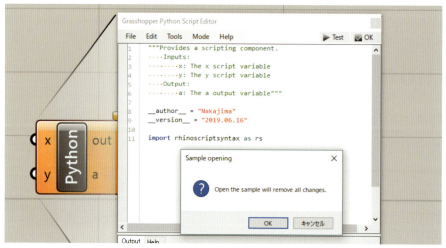

▲図6-2-3

サンプルスクリプトが読み込まれる。

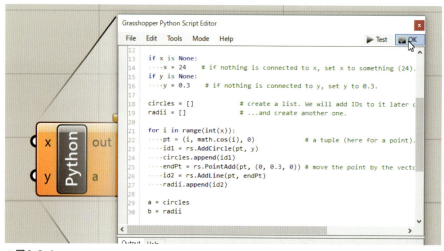

▲図6-2-4

エディターを閉じると、Rhinoのビュー上に図のような円が配置される。

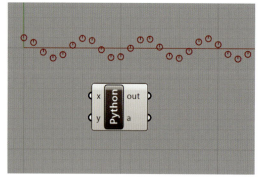

▲図6-2-5

このスクリプトは、X入力に指定した数の円を、Y入力に指定した半径で、cosine曲線上に生成する(指定がない場合は、それぞれ"24"、"0.3"が初期値として設定されている)。

[Number Slider]を接続すると、円の数、半径が変わることが分かる。

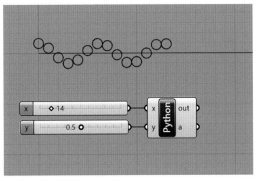
▲図6-2-6

以下がサンプルスクリプトの内容だが、これを実際に追っていくよりも、もう少し簡単なスクリプトから見ていこう。

なお、このプログラムは「6-2-13 カスタム関数の作成」で、GhPythonとしてコーディングし直している。

```python
import math
import rhinoscriptsyntax as rs

if x is None:
    x = 24    # if nothing is connected to x, set x to something (24).
if y is None:
    y = 0.3   # if nothing is connected to y, set y to 0.3.

circles = []           # create a list. We will add IDs to it later on.
radii = []             # ...and create another one.

for i in range(int(x)):
    pt = (i, math.cos(i), 0)            # a tuple (here for a point).
    id1 = rs.AddCircle(pt, y)
    circles.append(id1)
    endPt = rs.PointAdd(pt, (0, 0.3, 0))  # move the point by the vector.
    id2 = rs.AddLine(pt, endPt)
    radii.append(id2)

a = circles
b = radii
```

6-2-2 [GhPython Script]コンポーネントのインターフェース

[GhPython Script]コンポーネントは初期状態では、次図のように、2つの入力端子、"x"、"y"と2つの出力端子、"out"、"a"が用意される。

入力端子（①の部分）は、入力変数である。"a"（③の部分）は、プログラムの結果、"out"（④の部分）は、コンソールへの出力で[Panel]コンポーネントを接続してメッセージを確認することができる。

GHのコンポーネントを拡大してみると、入力端子、出力端子の数は、"+"、"-"のアイコンが表示され（②、⑤の部分）、クリックして入出力端子を増減することができる。

中心をクリックすると（⑥の部分）、スクリプトの編集ダイアログが表示される。

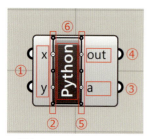

▲図6-2-7

また端子の名前は、端子上で右クリックすることで変更することができる。
このようにして入出力ともに、変数名や端子数を必要なだけ、外部から定義することができる。

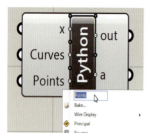

▲図6-2-8

番号	説明	備考
①	入力端子	右クリックでメニュー展開
②	入力端子の追加、削除	（コンポーネントをズームして）(+)で追加、(−)で削除
③	出力端子	右クリックでメニュー展開
④	出力端子（out）	コンソール代わりになる端子。パネル(Panel)を接続で機能
⑤	出力端子の追加、削除	（コンポーネントをズームして）(+)で追加、(−)で削除
⑥	コンポーネント名	ダブルクリックでスクリプト編集画面の表示

入力端子の各変数はコンテクストメニューから、そのデータ構造と、データ型（＝Type hint）を指定することができる。

データ構造については下記の3種類が存在する。入力されるデータの構造によって指定する必要がある。

- Item Access（＝単体データ）
- List Access（＝配列データ）
- Tree Access（＝ツリーデータ）

これらのデータ構造に加え、どのようなデータ型（タイプ）かは、コンテクストメニューの"Type Hint"のサブメニューから指定できる。
データタイプは、数値であれば"float（浮動小数点数）"、ジオメトリーであれば"Circle"、"Curve"、"Surface"等のRhinoのオブジェクトタイプが指定できる。
ただし、GhPythonにおいてはジオメトリーを"変数"として渡す場合、オブジェクトタイプは初期設定状態の"ghdoc Object"（＝GHオブジェクト）で統一して良い。
他のオブジェクトタイプはRhinoCommon（後述）を使用する場合や、[C# Script]コンポーネントを使用時に指定する。

データ型のタイプは、[C# Script]コンポーネントであれば、ソース内に"(List<Point3d> x, object y, ref object A)"のように記述されるが、[GhPython Script]では、ソース内の記述がない。

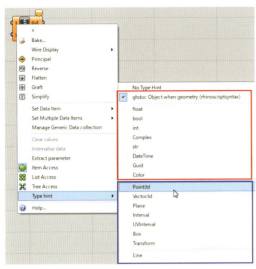

▲図6-2-9

[GhPython Script]コンポーネントをドラッグしてエディターを開くと、エディターには下図のように記述されている。

最初に緑色で表示されている行は、プログラムの実行とは関係のないコメントアウトと呼ばれる記述である。"3つのシングルクォーテーション"もしくは"3つのダブルクォーテーション"で囲まれた部分がコメントアウトされる。

その下に著者と日付が表示される(いずれもプログラムの処理そのものには影響はない)。

最後の行は、"rhinoscriptsintax"というRhino自身が持つ関数ライブラリー"RhinoCommon"へのインターフェースを持つモジュールを、"rs"で始まる関数として取り扱うという宣言だ。

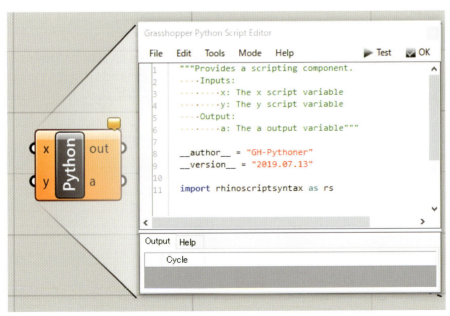

▲図6-2-10

6-2-3
文字列、変数、組込関数

では実際に、スクリプトを書いてみよう。

●使用するファイル >>> GHファイル:GHSC6-2-01.gh

プログラムの処理は、Pythonのオブジェクトに対して実行される。
Pythonのオブジェクトは、プログラムで使用するもので、"数値"、"文字列"、"変数"、Pythonが提供している組込関数、外部モジュールを読み込むことで使用可能な関数等である。
プログラムの処理の記述をステートメント(あるいは文)という。

まず、多くのプログラムで最初の例として、紹介される"Hello World!"をコンソール(=out出力端子に繋がれた[Panel]コンポーネント)に出力してみよう。

[GhPython Script]コンポーネントで、初期値として提供されている11行は、今回のプログラムには不要なので削除しておく。
1行目にコメント文を入れておこう。
Pythonでは、1行だけのコメントアウトには、"#"を使用する。
Pythonには多くの組込関数が用意されているが、コンソールに出力するための関数が"print"関数である。
Pythonでは、ダブルクォーテーション(またはシングルクォーテーション)で囲まれた部分を文字列として扱う。文字列として扱われた箇所は赤で表示される。
1,3行目にコメント文を記述し、2行目のprint関数に"Hello World!"を引数として渡すとコンソールにそのまま表示される。

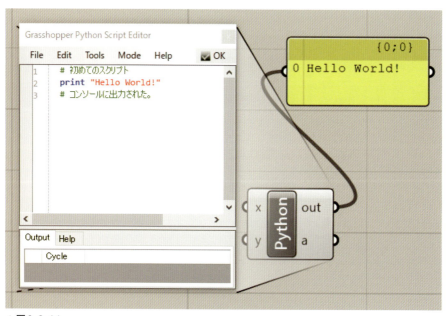

▲図6-2-11

次に、入力端子の変数を使用して文字列と文字数を出力してみよう。
入力端子の変数"x"のAccessを"Item Access"、Type hintを"str（文字列）"で指定しておく。
print関数で変数"x"を指定すると、変数に指定された文字列がコンソールに出力される。
この文字数をカウントするために、"strNum"という変数名で出力端子に指定している。
len関数は、オブジェクトの長さ（要素の数）を返す（これを"戻り値"という）。
ここでの処理の内容をまとめると、以下の通りだ。

1) 入力端子の変数"x"に"Hello World!"という"文字列"を与えた。
2) print関数に変数"x"を引数で与えた結果、"戻り値"がコンソールに出力される。
3) len関数の引数として、変数"x"を指定する。
4) len関数は"戻り値"として、文字数を返す。
5) len関数の戻り値を、変数"strNum"に代入する。

この処理で、コンソールには、"Hello World!"が、"strNum"には、"12"という値が出力される。

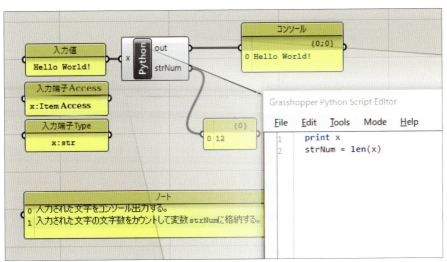

▲図6-2-12

6-2-4
演算子による四則演算

下記は、"Type hint"としてfloat（浮動小数点数）を指定した変数"x"、"y"に対して、簡単な演算を行った例である。

- 出力端子"add"からはxとyの値の足し算
- 出力端子"sub"からはxとyの値の引き算
- 出力端子"mul"からはxとyの値の掛け算
- 出力端子"div"からはxとyの値の割り算
- 出力端子"res"からはxとyの値の割り算の余値

の結果がそれぞれ出力されている。

Pythonの演算子（＝四則演算を呼び出す記号）に関しては、次節で解説している。

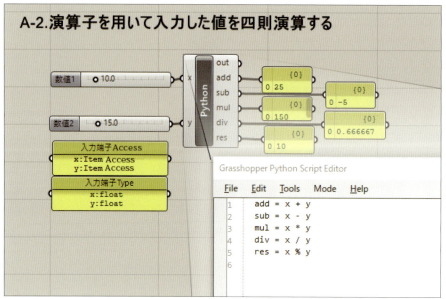

▲図6-2-13

6-2-5
forループ文

GHコンポーネントで[Series]コンポーネントという等差数列を生成するGHコンポーネントがあるが、GhPythonで同じように等差数列を生成するプログラムを書いてみよう。

入力端子の変数"s"（初項値）、"n"（等差値）を浮動小数点数（float）で、"c"（項数値）を整数（int）で指定する。
出力端子の変数"series"を、空の配列（array）データとして指定する。
配列とは複数のデータをまとめて、かつ通し番号を与え保持するデータ型である。
ここで意図しているスクリプトの結果は、[0, 5, 10, 15, 20]という配列である。

Pythonでループ文を書く場合は、forステートメント文で"for" + "変数（ループ内で使用するループカウンタ）" + "in" + "ループする整数のリスト"になる。
Pythonでは、変数を宣言して定義する必要はない。
変数は、命名規則から外れなければどのようなものでも構わないが、ループで使用する変数には"i（Indexが由来と思われる）"、"j"、"k"等が使用されるケースが多い。

"ループする整数のリスト"は、range関数で取得する。"引数（関数を実行するのに必要な変数）"は変数"c"である。
range(c)で、取得される整数のリストは、c=5の場合、[0, 1, 2, 3, 4]である。
forステートメント文の最後は":"で終了する。
仮に、ループする数が固定の場合、"for i in [0, 1, 2, 3, 4]:"と記述しても良い。

":"で終了したステートメントはヘッダと呼ばれ、これ以降、インデントした行に記述されたステートメントがプログラムの処理を実行していく。
インデントされた記述をステートメントブロック、単にブロックともいう。

Pythonには組込関数とは別に、データの型に固有の関数があり、これをメソッドと呼ぶ。
配列データとして指定した変数"series"には、"append"というメソッドにより、配列の末尾に要素を1つ追加していくことができる。
メソッドは、"."で変数に追加する。series.append()で指定している引数は、変数"s"である。
変数"s"は、初期値は"0"であるが、ループする間、変数"n"で指定された数が逐次足されていく。
この値が、変数"series"の配列に追加されていく。
代入演算子を使用したステートメント、"s += n"は、"s = s + n"と記述しても良い。

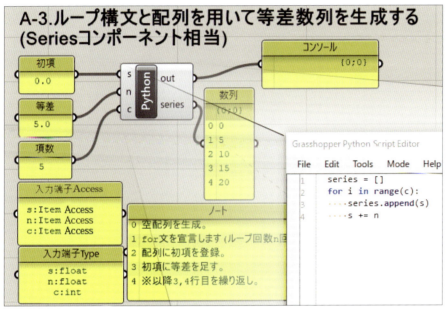

▲図6-2-14

6-2-6
"RhinoCommon"と"rhinoscriptsyntax モジュール"

●使用するファイル >>>　GHファイル:GHSC6-2-02.gh

Rhino上で実行できるコマンドは、"RhinoCommon"という関数ライブラリーを使用している。
GhPythonは、"RhinoCommon"の関数ライブラリーを使用できるが、簡便に使用できるように"RhinoCommon"で使用頻度の高い"関数"を、"rhinoscriptsyntaxモジュール"というものを介してアクセスできるようになっている。

ここでは2つの点を[Construct Point]コンポーネントで指定し、その点を参照してライン、円、球を作成するプログラムを作成する。

213

それぞれを入力変数、"pt0"、"pt1"で指定。データ型は、"Item Access"、タイプは初期設定のまま、"ghdoc object"で指定する。

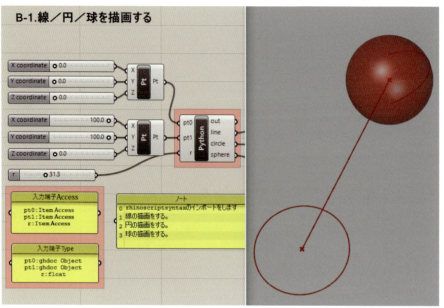

▲図6-2-15

Pythonの組込関数にジオメトリー（図形データ）を処理する関数は用意されていない。
Rhino固有の関数を使用するため、初期で用意されているステートメントで、"import rhinoscriptsyntax as rs"を残しておく。
"rhinoscriptsyntaxモジュール"には、多くのRhinoの関数（メソッド）が用意されており、以降ステートメント中に、"rs."と入力すると、その関数を取り出すことができる（ここでは、"rhinoscriptsyntaxモジュール"を"rs"の略称で定義しているが、命名規則に準じていればどのような名前でも良い）。

○ 注 意

先の"Type Hint"で、"Point3d"というType hintも存在するが、ここでの指定は"ghdoc Object"とする。"rhinoscriptsyntaxモジュール"をimportした場合、GhPythonにおける、ジオメトリーの受け渡しは、すべて"ghdoc Object"となる。
"Point3d"などの具体的なジオメトリーの指定は、"rhinoscriptsyntaxモジュール"を介さずに、直接RhinoCommonの関数にアクセスする場合の変数指定となる。

出力の変数"line"にライン情報を作成するために、"line = rs."まで、入力すると"rhinoscriptsyntaxモジュール"でサポートしているメソッドの一覧が、リスト表示される。

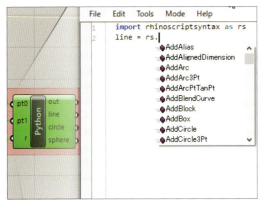

▲図6-2-16

ラインを作成するメソッドは"AddLine"であるが、そこに"引数（＝メソッドを実行するのに必要な変数）"を指定する必要があるが、「(」を入力した時点で、"AddLine"に関するヘルプが表示される。
このヘルプ中に、AddLine(start, end)と、始点・終点を2つの引数として渡すように記述されているのが分かる。

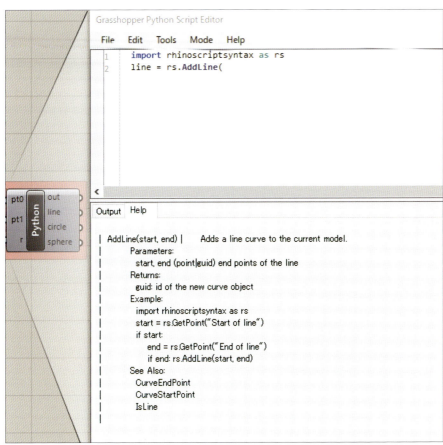

▲図6-2-17

ヘルプを参考に、指定した変数"pt0"、"pt1"をAddLineの"引数"として与える。

円と球を作成する関数には、中心点と半径を指定する必要がある。
出力変数の"circle"に、関数"rs.AddCircle"の引数に"pt0"と"r"を与えた"戻り値（メソッドで作成された結果。ここではラインオブジェクト）"を代入する。

"sphere"には、関数"rs.AddSphere"の引数に"pt1"と"r"を与えた"戻り値（球オブジェクト）"を代入する。
以上でコードの完成だ。

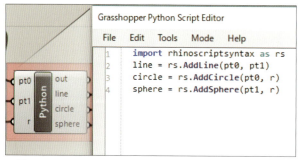

▲図6-2-18

この例では、事前に該当する関数名をある程度知っていることを前提で記述しているが全ての関数を記憶するのは難しい。
全ての関数を探す場合には、エディターの右上の"Help"から"Help for rhinoscriptsyntax F1"をクリックするか、F1 キーを押すと、下記のURLにリンクする。

https://developer.rhino3d.com/api/RhinoScriptSyntax/

このURLでは、"rhinoscriptsyntax"でサポートされている関数（メソッド）の一覧を確認することができる。

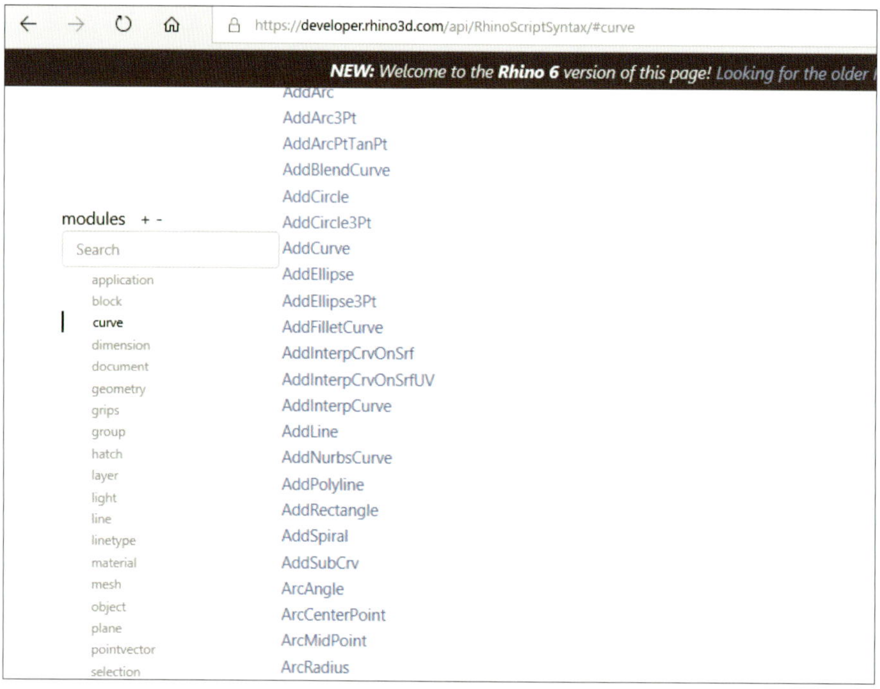

▲図6-2-19

例えば、"curve"モジュールから、関数"AddInterpCrvOnSrf"を選択すると、そのヘルプとサンプルが公開されている。
使用方法の基本は、引数に、サーフェスのIDを取得して、そのサーフェス上の点をUVパラメータで指定することであることが分かる。

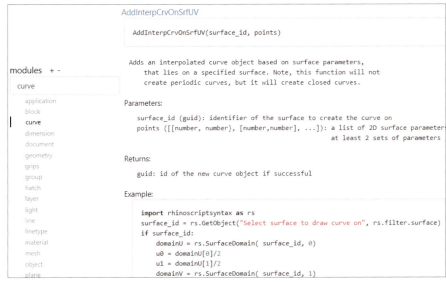

▲図6-2-20

6-2-7 多重ループ

多重ループを使用して、空間にXYZ方向にグリッドを生成し、球を複数配列する次のようなGhPythonを考えてみよう。

- 入力変数"r"……………………球の半径、Item Access、浮動小数点数(float)で定義
- 入力変数"d"……………………グリッド間の間隔、Item Access、浮動小数点数(float)で定義
- 入力変数"nx／ny／nz"………XYZ方向の各グリッド数、Item Access、整数(int)で定義
- 出力変数"pts"
- 出力変数"spheres"

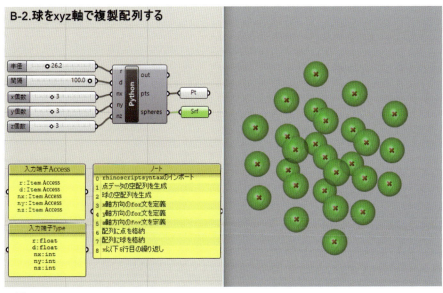

▲図6-2-21

スクリプトで記述するステートメントは下記の通りだ。

1) "rhinoscriptsyntaxモジュール"を関数"rs"としてインポート。
2) 出力変数"pts"を配列として定義。
3) 出力変数"spheres"を配列として定義。
4) X軸方向のfor文を定義、":"でヘッダー行とする。
   変数"nx"に3が指定されると、変数"i"には、[0, 1, 2]のリストが格納される。
5) インデントされたY軸方向の"for"文もヘッダー行とする。
   変数"ny"に3が指定されると、変数"j"には、[0, 1, 2]のリストが格納される。
6) さらにインデントされたZ軸方向の"for"文もヘッダー行とする。
   変数"nz"に3が指定されると、変数"k"には、[0, 1, 2]のリストが格納される。

以下のブロックを、変数"i,j,k"のリストが終了するまで、繰り返し実行する。

7) "rs.AddPoint"で、点を生成する関数を指定する。
   "rs.AddPoint"の引数は、XYZ座標であるので、3つのループ文の組み合わせで作成される配列[i, j, k] = [0, 0, 0]、[0, 0, 1]、[0, 0, 2]、[0, 1, 0]、[0, 1, 1]、～[2, 2, 0]、[2, 2, 1]、[2, 2, 2]に、変数"d"で指定された値を乗じた値を引数として渡す。
   結果、[0, 0, 0]～[200, 200, 200]までの、座標を持つ点データが、27個、順番に作成され、配列で指定した変数"pts"とメソッド"append"により、配列にデータが格納される。
8) 同様に、"rs.AddSphere"で、球を生成する関数を指定する。"rs.AddSphere"の引数は、中心点となるXYZ座標と、半径である。

```
import rhinoscriptsyntax as rs
pts = []
spheres = []
for i in range(nx):
    for j in range(ny):
        for k in range(nz):
            pts.append(rs.AddPoint([i*d, j*d, k*d]))
            spheres.append(rs.AddSphere([i*d, j*d, k*d], r))
```

▲図6-2-22

以上の処理を実行すると、Rhinoのビューポート上に27個の点と球がプレビュー表示される。

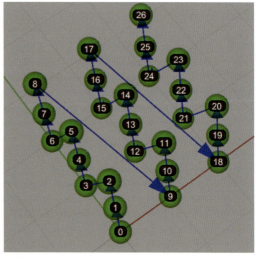

▲図6-2-23

6-2-8
"math"ライブラリー

外部モジュールとして良く使用するものに、"math"ライブラリーがある。
楕円を等差数列で拡大していき、回転するプログラムを作成する。

入力する変数は全て"Item Access"で、下記の通り指定する。

- rotateX ………… 楕円を生成するときの移動量（float定義）、"0.0"のときは移動しない。
- angle …………… 回転角度（ラジアン、float定義）、"0.0"のときは回転配置しない。
- num …………… 回転する回数（Int定義）。
- Ratio …………… 楕円の縦横比（float定義）、"1.0"のときは通常の円となる。

出力は下記の通りだ。

- ellipses ………… 平面上に楕円が"num"の数だけ配置される。
- ellipsesRot …… "angle"で指定された角度で、"num"の数だけ楕円が回転配置される。
  （[Loft]コンポーネントに接続すると、サーフェスが生成される）
- cPts …………… "ellipsesRot"で出力される楕円の中心点。

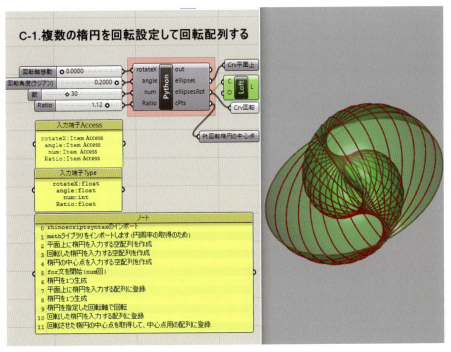

▲図6-2-24

Ratio = 1.0、つまり円で、回転の中心点をずらすと次のような結果になる。

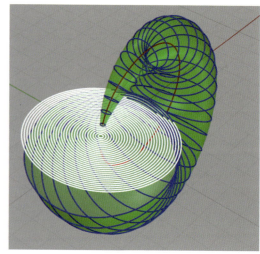
▲図6-2-25

スクリプトで記述するステートメントは下記の通りである。

1) "rhinoscriptsyntaxモジュール"を、関数"rs"としてインポート。
2) "mathモジュール"を、関数"m"としてインポート。
3) 平面配置する楕円を格納するために、空の配列を変数"ellipses"で宣言。
4) 回転平面配置する楕円を格納するために、空の配列を変数"ellipsesRot"で宣言。
5) 回転平面配置する楕円を格納するために、空の配列を変数"cPts"で宣言。
6) for文指定。range(1, num+1)は、値を"1"から始め、"num"の回数、"1"ずつインクリメントし、[1, 2, 3 ………,num]のリストを作成し、変数"i"に戻り値として与える。

以下のブロックを、変数"i"のリストが終了するまで実行させる。

7) 楕円を生成する関数"rs.AddEllipse"の引数は、順に"(中心点, 1つ目の軸の終点距離、2つ目の軸の終点距離)"である。
   これに対して、([0,0,0], i*Ratio, i)を引数として与える。
   この"戻り値"を、変数"ellipse"に代入(変数"ellipse"はこのステートメント中で新たに指定したもので、最初に指定した配列の変数"ellipses"と混同しないように注意)。
8) 7)で代入された"ellipse"を、配列で指定した変数"ellipses"と"append"により、配列にデータ格納する。
9) 7)同様、"ellipseRot"という変数に同じ処理を行う。
10) 回転を行う関数"rs.RotateObject"の引数は順に"(オブジェクトのID, 中心点, 回転角度、回転軸)"である。
    これに対して、(ellipseRot,[rotateX,0,0], angle*180.0/(m.pi)*i, [0, 1, 0])を引数として与える。
    中心点は、X座標をシフトするための"rotateX"をX座標に指定している。
    回転角度の"m.pi"は、mathモジュールで提供されている円周率である。
    回転軸[0, 1, 0]は、回転の軸がY軸であることを示す。
11) 10)で代入された"ellipseRot"を、配列で指定した変数"ellipsesRot"と"append"により、配列にデータ格納する。
12) 楕円中心点を取得する関数"rs.EllipseCenterPoint"の引数は、"(オブジェクトのID)"。
    その"戻り値"をそのまま、"cPts.append"に渡して、配列にデータ格納している。
    なお、いったん別の変数に渡してから処理するのであれば、次のように記述しても良い。

```
    pt = rs.EllipseCenterPoint(ellipseRot)
    cPts.append(pt)
```

```
1  import rhinoscriptsyntax as rs
2  import math as m
3  ellipses = []                        #不要なら後でコメントアウト
4  ellipsesRot = []
5  cPts = []
6  for i in range(1, num+1):
7      ellipse = rs.AddEllipse([0,0,0], i*Ratio, i)   #不要なら後でコメントアウト
8      ellipses.append(ellipse)                       #不要なら後でコメントアウト
9      ellipseRot = rs.AddEllipse([0,0,0], i*Ratio, i)
10     ellipseRot = rs.RotateObject(ellipseRot, [rotateX,0,0], angle*180.0/(m.pi)*i, [0,1,0])
11     ellipsesRot.append(ellipseRot)
12     cPts.append(rs.EllipseCenterPoint(ellipseRot))
```

▲図6-2-26

ある程度、行数や変数が増えてくると、変数の検索や置換が必要になる場合があるが、メニューの"Tools＞Find & Replace"をクリックすると、ダイアログが表示され、一括で検索と置換を行うことができる。

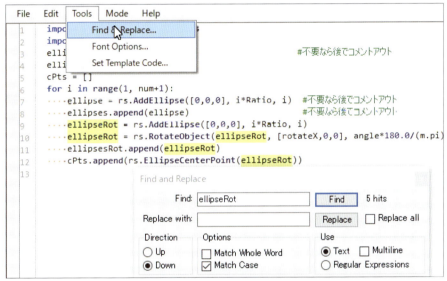

▲図6-2-27

ここまでの内容で、6-2-1で紹介したサンプルスクリプトも容易に理解できるはずだ。

6-2-9
If文とサーフェスのUV方向の変更

●使用するファイル >>>　GHファイル：GHSC6-2-03.gh

これまでのGhPythonスクリプトは、GHのコンポーネントを組み合わせて容易に作成できるものである。Pythonのコーディングに慣れるためのウォーミングアップというところだ。
スクリプトを使用する意味は、下記のような理由が考えられる。

1) スクリプトに慣れているので、GHでわざわざ作成するより早い。
2) GHコンポーネントにない、Rhinoで使用できるコマンドの機能をスクリプトで補完する。
3) 大量にデータを処理する場合などのエラー発生時に対処するアルゴリズムを組み込む。
4) GHのコンポーネントで実行するよりスクリプトで作成した方が、処理速度が早い。
5) GHでは組むことのできないアルゴリズムを作成する。

1)は別として2)の例として、Rhinoではできるが、GHでサポートしていないコンポーネントがいくつかある。例えば、[Loft]コンポーネントは、サーフェスを生成する要素としては"カーブ"しか指定できないが、Rhinoの[Loft]コマンドのように、"点"も指定したい場合もあるだろう(これを実現するサンプルは第7章で紹介している)。

また、サーフェスを指定してアルゴリズムを組む際に、そのUV方向や、法線方向をRhinoの[Dir]コマンドのように、GH上で指定したい場合がある。
特に、[Dir]コマンドは、Rhinoで作成したサーフェスであれば、Rhino上で、変更することができるが、GH上で生成した場合は対処できない。
この節では、[Dir]コマンドをGhPythonで実現してみる。

3)、4)に関しては、この節で後述する。5)に関しては、これは本書で学んだ後、目的や実現したい内容に応じて各自ぜひ考えていってもらいたい。

GhPythonでサーフェスのUV方向および法線(N)方向を変更し、その方向を表示するスクリプトを作成する。サーフェスのU方向、V方向それぞれの方向の反転と、UV方向を交換、法線(N)方向の反転が可能である。

必要な入力変数は下記の通りである。

obj	対象となるサーフェス
Flip	サーフェスの法線方向の反転指示、Type Hintは、"bool（論理値）"
UReverse	サーフェスのU方向の反転指示、Type Hintは、"bool（論理値）"
VReverse	サーフェスのU方向の反転指示、Type Hintは、"bool（論理値）"
SwapUV	サーフェスのUV方向の交換、Type Hintは、"bool（論理値）"

出力は、UVN方向のラインの表示であるが、GHコンポーネントを使用して色を付けている。

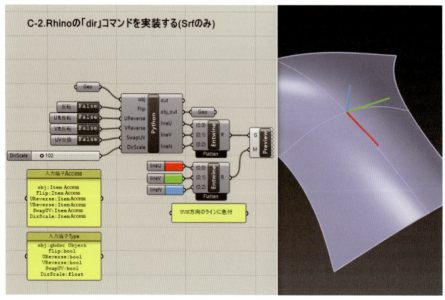

▲図6-2-28

このスクリプト"rs"で使用する"関数名（引数）"は下記の通りである。

FlipSurface(オブジェクト, 論理値)
格納されたサーフェスの法線方向を、論理値"True"で反転する。

ReverseSurface(オブジェクト, 指定値（整数）)
格納されたサーフェスの法線方向とUV方向を反転する。

- 指定値が"1"………Uパラメータの方向を反転
- 指定値が"2"………Vパラメータの方向を反転
- 指定値が"4"………UVパラメータの方向を入れ替える

SurfaceParameter(オブジェクト, [U値, V値])
正規化されたサーフェスのUV値を、正規化していないUVのDomain値に変換する。

EvaluateSurface(オブジェクト, [U値, V値])
正規化されたサーフェスのUV値における点を取得する。

AddLine(ラインの始点, ラインの終点)
始点・終点から直線を生成。

MoveObject(オブジェクト, 移動ベクトル)
格納されたオブジェクトを、移動の始点・終点を指定する3次元ベクトルで移動。

VectorCreate(ベクトルの始点, ベクトルの終点)
指定されたベクトルの始点・終点からベクトルを作成。

SurfaceNormal(オブジェクト, UVパラメータ)

XformRotation3 (開始の方向, 回転の終点, 回転の中心)
指定されたベクトルの回転の始点、終点、中心から変換マトリクスを作成。

TransformObjects (オブジェクト, 回転マトリクス, copy=False)

ScaleObjects(オブジェクト, 基準点, スケール方向と大きさ)

主な行の説明

このプログラムの中心部分は、3)～15)行目に入力したサーフェスの、法線方向の反転、UV方向の反転、UV方向の交換の処理である。
17)行目以降は、UV方向、法線方向を視覚的に表示処理するプログラムである。

- 3)-5)　関数"FlipSurface"の引数に、入力変数"obj"と"flip"の論理値を与え、論理値が"False"なら何もしない。
- 6),7)　論理値が、"True"なら、8)～13)を実行。

8),9) 入力変数"UReverse"が、"True"なら、関数"ReverseSurface"の"引数"に、入力変数"obj"と"1(Int)"を与え、サーフェスのU方向を反転する。

10),11) 入力変数"VReverse"が、"True"なら、関数"ReverseSurface"の"引数"に、入力変数"obj"と"2(Int)"を与え、サーフェスのU方向を反転する。

12),13) 入力変数"SwapUV"が、"True"なら、関数"ReverseSurface"の"引数"に、入力変数"obj"と"4(Int)"を与え、サーフェスのUとVを入れ替える。

15) 出力変数"obj_out"に変数"obj(サーフェスオブジェクト)"を登録する。

```
1   import rhinoscriptsyntax as rs
2
3   if Flip:
4       if (rs.FlipSurface(obj, False)):
5           pass
6       else:
7           rs.FlipSurface(obj, True)
8   if UReverse:
9       rs.ReverseSurface(obj, 1)
10  if VReverse:
11      rs.ReverseSurface(obj, 2)
12  if SwapUV:
13      rs.ReverseSurface(obj, 4)
14
15  obj_out = obj
16
```

17)-19) 関数"SurfaceParameter"の"引数"に、入力変数"obj"とサーフェスのUVパラメータ(0.5,0.5)、(0.51,0.5)、(0.5,0.51)を与え、その"戻り値(実際の空間上の座標)"を3つの変数"parameter0"、"parameterU"、"parameterV"に代入する。

○ 注 意

正規化されたサーフェスは、UV＝(0.5,0.5)が中心となるが、正規化されていない場合は実際のパラメータに変換する必要がある。

21)-23) 関数"EvaluateSurface"の"引数"に、入力変数"obj"と取得した3つの変数を与え、その"戻り値(サーフェス上の点)"を3つの変数"Point0"、"pointU"、"PointV"に代入する。"point0"は基点になる。

○ HINT

入力するサーフェスを正規化(Reparameterize)しておけば、(0.5,0.5)、(0.51,0.5)、(0.5,0.51)を、そのまま、変数"Point0"、"pointU"、"PointV"に代入しても良い。UVパラメータを理解するには良い例だ。

25)-27) 関数"AddLine"で、U,V,Nの方向を記すための線分を生成する(この段階ではすべて原点を始点としたX軸に並行な長さ1.0の線分)。

29)-31) 関数"MoveObject"で、線分をすべてpoint0に移動する。

33),34) 関数"VectorCreate"の引数に、始点・終点を与え、その"戻り値(方向ベクトル)"を変数"vecU"、"vecV"に代入する。

35) 関数"SurfaceNormal"の引数に、入力変数"obj"と17)で取得したUVパラメータ"parameter0"を与え、"戻り値(法線方向ベクトル)"を、変数"vecN"に代入する。

37)-39) 関数"XformRotation"の引数に、開始方向[1, 0 ,0]（X方向）を引数の1番、取得したベクトル"vecU"、"vecV"、"vecN"を引数の2番目に、中心点となる"point0"を引数の3番目とし、"戻り値（回転行列）"を"xformU"、"xformV"、"xformN"に代入する。
41)-43) 関数"TransformObjects"の引数に、基点に移動した長さ"1"のラインを引数の1番目、方向ベクトルを引数の2番目、"copy=False"を3番目とし、基点を中心に回転する。
45)-47) 関数"ScaleObjects"の引数に、基点に移動し、回転した長さ"1"のラインを引数の1番目に指定、基点を引数の2番目、入力変数"DirScale"をXYZ方向のスケール値として渡すために3つの配列で渡す。
"［DirScale］*3"は、"［Dirscale, DirDcale, DirScale］"と記述しても良い。

```
17   parameter0 = rs.SurfaceParameter(obj, [0.5, 0.5])
18   parameterU = rs.SurfaceParameter(obj, [0.51, 0.5])
19   parameterV = rs.SurfaceParameter(obj, [0.5, 0.51])
20
21   point0 = rs.EvaluateSurface(obj, parameter0[0], parameter0[1])
22   pointU = rs.EvaluateSurface(obj, parameterU[0], parameterU[1])
23   pointV = rs.EvaluateSurface(obj, parameterV[0], parameterV[1])
24
25   lineU = rs.AddLine([0,0,0],[1,0,0])
26   lineV = rs.AddLine([0,0,0],[1,0,0])
27   lineN = rs.AddLine([0,0,0],[1,0,0])
28
29   rs.MoveObject(lineU, point0)
30   rs.MoveObject(lineV, point0)
31   rs.MoveObject(lineN, point0)
32
33   vecU = rs.VectorCreate(pointU, point0)
34   vecV = rs.VectorCreate(pointV, point0)
35   vecN = rs.SurfaceNormal(obj, parameter0)
36
37   xformU = rs.XformRotation3 ([1, 0, 0], vecU, point0)
38   xformV = rs.XformRotation3 ([1, 0, 0], vecV, point0)
39   xformN = rs.XformRotation3 ([1, 0, 0], vecN, point0)
40
41   rs.TransformObjects (lineU, xformU, copy=False)
42   rs.TransformObjects (lineV, xformV, copy=False)
43   rs.TransformObjects (lineN, xformN, copy=False)
44
45   rs.ScaleObjects(lineU, point0, [DirScale]*3)
46   rs.ScaleObjects(lineV, point0, [DirScale]*3)
47   rs.ScaleObjects(lineN, point0, [DirScale]*3)
```

6-2-10
ブール演算のエラー発生時の対処

●使用するファイル >>> GHファイル:GHSC6-2-04.gh

雪平鍋のような槌目状の表面処理を施すことを考えてみる。
モデリングで行う単純な方法は、先が丸いボールエンドミルの形をしたものを複数用意し、対象オブジェクトとなる直方体の指定点に対して若干オーバーラップするように配置し、差のブール演算を行うことで作成できる。

▲図6-2-29

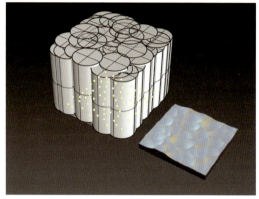

▲図6-2-30

ブール演算をするための指定点の生成用に、乱数を使用した簡単なアルゴリズムをGHで用意しておく。

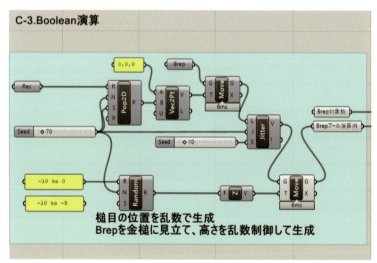

▲図6-2-31

和・差・積に関わらずブール演算に関しては、オブジェクトの位置関係に閉じたNURBSオブジェクト同士のエッジやシームが重なる場合演算が行えない場合がある。最近のバージョンで改善されているが、同時に多くのオブジェクト同士をブール演算する場合、確実な方法はボールエンドを1つずつ、直方体とブール演算を行い、うまく演算ができない場合はオブジェクトの位置を少しずらして再度実行すれば良いが、これは非常に労力を伴う作業である。
この例では簡略化しているが、1000個以上のオブジェクトに対してブール演算を実行する場合には、プログラムで対処した方が良いだろう。

下図は、ブール演算ができなかったボールエンドミルのオブジェクトを示しているが、青色は、オーバーラップしていなくて演算ができなかったもの、赤色は、オーバーラップしてはいるが演算が実行できなかったものを示している。

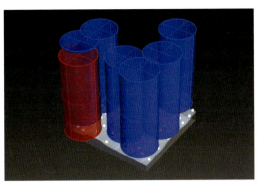

▲図6-2-32

このプログラムでは、入力変数として"run(Item Access, bool)"を論理値で指定し、入力が"True"になるとプログラムを実行する。

ブール演算を行う対象オブジェクトを"bases(List Access, ghdoc)"に、ボールエンドミルを"objs(List Access, ghdoc)"に設定しておく。

複数の要素を変数として取り扱う場合は、"List Access"に設定する。この例では、"base"には1つの要素しか入力されていないので、"Item Access"でも良いが複数扱うときも考慮している。

出力側の変数は、1つずつ順番に対象物と演算を行って演算が成功したものを"result"に、オブジェクト間がオーバーラップしていないためブール演算ができなかったものを"separates"に、オブジェクト間はオーバーラップしているが演算ができなかったオブジェクトを、"errors"に、配列で出力する。

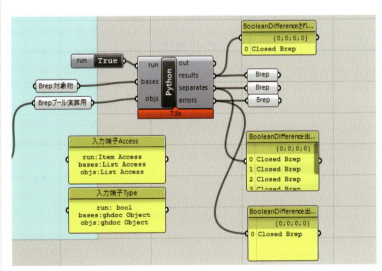

▲図6-2-33

使用する関数は、BooleanDifference(オブジェクト, オブジェクト, 論理値)である。

主な行の説明

2),3) 出力の変数を、空の配列で定義する。

4) "run"が"True"ならば、インデントされた5行目以下のブロックを実行。

5) 組込変数"enumerate"は、forループ文の中で、引数に与えられたリスト（配列）を順番に取り出し、この行で新たに指定した変数"obj"に代入する。"enumerate"は同時に、インデックス番号を取得し、その数でインデントされた6行目以下のブロックを実行する。

　　　この行で新たに指定した変数、"obj"は、6行目の関数の引数となる。

> **注意**
> 元になっているobjs配列がghdoc型なので、その型を継承し、よって"obj"もghdoc型となる。

6) 関数"BooleanDifference"に、引数として入力変数"base"、配列変数[obj]、論理値（False）を入れブール演算を実行し、その結果を変数"result"に代入する。
"BooleanDifference"は、3つ目の引数が"True"のときは1番目と2番目のモデルを削除する。"False"ではそのままにしておく。

7) 6行目で関数"BooleanDifference"が実行されたときは、インデントされた8～11行目を実行する。

8),9) 変数"result"の要素の数を、組込関数"len"でカウントし、"戻り値"が"0"より大きければその結果を変数"bases"に代入する。

10),11) 8行目で組込関数"len"のカウントが"0"を返したときは、配列変数[obj]の該当インデックスの要素を配列変数"separetes"に対するメソッド"append"で、"separetes"に追加で代入する。

12,)13) 6行目で関数"BooleanDifference"が実行されなかったときは、配列変数[obj]の該当インデックスの要素を配列変数"errors"に追加で代入する。

14) ブール演算の結果である変数"bases"を"result"に代入する。

```
1   import rhinoscriptsyntax as rs
2   separates = []
3   errors = []
4   if run:
5       for i, obj in enumerate(objs):
6           result = rs.BooleanDifference(bases, [obj], False)
7           if result != None:
8               if len(result) > 0 :
9                   bases = result
10              else:
11                  separates.append(obj)
12          else:
13              errors.append(obj)
14      results = bases
```

6-2-11
RhinoCommonの使用

GHコンポーネントと同じ機能をGhPythonで書き直してみよう。
下記の例は100個の平面サーフェスを作成し、それらのサーフェスの面積をGHコンポーネント、及びGhPythonを、"rhinoscriptsyntax"と、RhinoCommonの中を使用した例である。

計算に要する時間は、GHコンポーネントでは、"128ms"である。

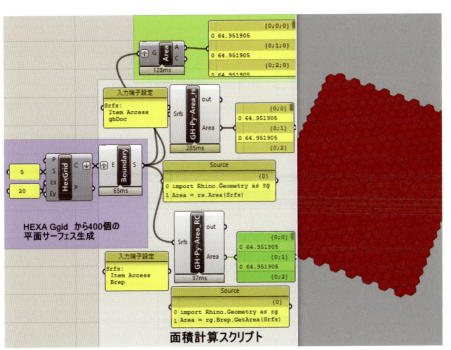

▲図6-2-34

rhinoscriptsyntaxによるスクリプト

入力端子設定を、初期値のまま"Item Access、ghDoc Object"にする。
使用する関数は、Area（引数:サーフェスオブジェクト）で以下の2行となる。
"入力するサーフェス"を"Area"関数の引数として渡し、その"戻り値"を"出力変数"に代入する。

```
1    import rhinoscriptsyntax as rs
2    Area = rs.Area(Srfs)
```

計算結果は、"285ms"とむしろ計算時間が長くなっている。

RhinoCommonによるスクリプト

RhinoCommonでコーディングする場合は、入力端子設定を"Item Access、Brep"にする。
RhinoCommonでは、面積計算をする関数はBrepのメソッドとなり、Brep.GetArea（引数:サーフェスオブジェクト）となる。
この関数は、RhinoCommonの中の"Rhino.Geometry"というクラスに格納されたものなので、import文で"rg"とする。

"入力するサーフェスオブジェクト"を"Brep.GetArea"関数の引数として渡し、その"戻り値"を"出力変数"に代入する。

```
1    import Rhino.Geometry as rg
2    Area = rg.Brep.GetArea(Srfs)
```

関数の検索も、"rhinoscriptsyntax"同様、"rg."と入力するとリストが表示されるが、異なるのはRhino.Geometry以下は様々なクラスがあり、その中の"Brepクラス"の中に、"GetArea"関数を確認することができる。

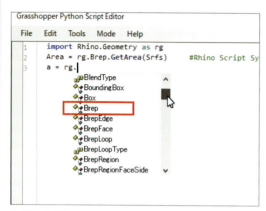
▲図6-2-35

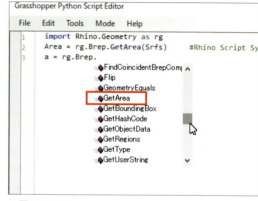
▲図6-2-36

RhinoCommon(のサブクラスのRhino.Geometryモジュール)を使用した計算結果は、"37ms"と大幅に縮小された。

この結果の違いはどこから来るのだろうか。結果から何が分かるだろうか。
GHコンポーネントもRhinoCommonの関数を使用してコンパイルされており、"rhinoscriptsyntax"モジュールは使用していない。
"rhinoscriptsyntax"モジュールは、RhinoCommonの一部分を簡易にスクリプトが作成できるように提供されているものである。弱点としては、処理速度が遅いというところである。
GHの[Area]コンポーネントは、領域の中心点の位置も計算している。また他にも内部でエラー処理や、メッセージの出力などプログラムとしては完成されたものとなっている。
たった2行で書いたスクリプトは単純に入力されるデータの判定もしていない。
"サーフェス"が入力されるという前提で面積計算だけを行うので、処理が速いのは当然と言えよう。

ここで、RhinoCommonについて簡単に説明しておく。
RhinoCommonは、Rhinoを構築している全ての関数の集合体であると考えて良いだろう。
RhinoCommonが提供しているAPI(Application Interface)は下記で見ることができる。

　　　https://developer.rhino3d.com/api/RhinoCommon/html/R_Project_RhinoCommon.htm

"Rhino"～"Rhino.UI.Gumball"までの32個のサブカテゴリーが存在する(2019/07現在)。
"Rhino.Geometry"はそのサブカテゴリーの1つで、記述を直訳すると、"このジオメトリー・名前空間は、ライン、カーブ、メッシュと境界表現等(Brep)の、Rhinoで使用されるジオメトリータイプが格納されている。"で、つまり図形要素に関する関数が含まれる。

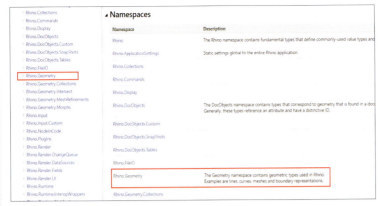

▲図6-2-37

"Rhino.Geometry"は、RhinoCommonのサブクラスである。

"Brep.GetArea"関数は、そのサブクラスの下の"Brep Class"のメソッドとしてさらに"Brep Method"クラスがあり、そのサブクラスである"GetArea Method"の中に関数が格納されている。

▲図6-2-38

良く使用する例として、体積計算のスクリプトがある。

実際にRhinoCommonを使用して体積だけに特化したスクリプトは下図のようになる。

［Volume］コンポーネントのおよそ1/10の計算時間である。

GHで大量のデータを処理するときにはこの差は大きいので、有効に使用していただきたい。

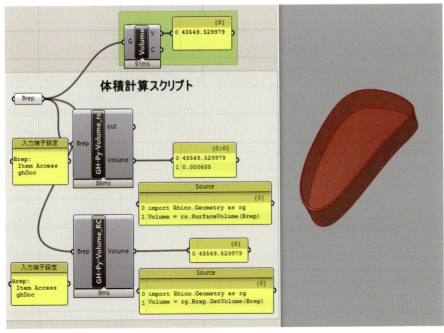

▲図6-2-39

6-2-12
ghpythonlibの使用

●使用するファイル >>> GHファイル：GHSC6-2-05.gh

エディターで、"import"の後スペースを入れると、importできるモジュールの一覧に気が付くだろう。モジュールの中に"ghpythonlib"があり、そのサブクラスに"components"があるのが確認できる（"Kangaroo"や、3rd Partyのライブラリー、"ETO"等も確認できる）。

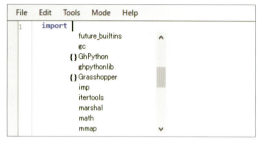
▲図6-2-40

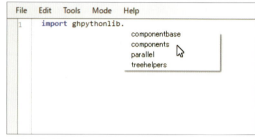
▲図6-2-41

このモジュールを使用すると、馴染みのあるGHのコンポーネントの関数を使用することができる。

下記は、指定サイズの立方体内に指定した数とシードで乱数の点群を生成し、その点を中心とした球に半径を与えた例である。半径は発生させる点の数を利用して、GhPythonではforループ文で定義、GHでは[Series]コンポーネントで定義している。

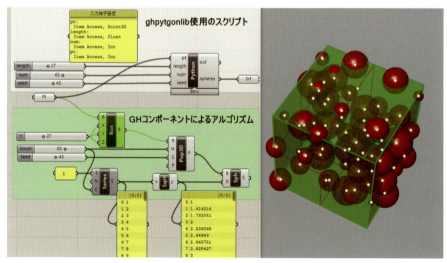
▲図6-2-42

入力変数の定義と、使用している"ghpython.lib.components"の関数は、下記の通りである。

pt…………Item Access、Point3D定義（ghdocのままではエラーが生じるため、データタイプRhino Commonと同じものを使用する）
length……Item Access、float定義
num………Item Access、Int定義
seed………Item Access、Int定義

XPYPlane（引数：プレーン指定）
CenterBox（引数：中心点指定, X長, Y長, Z超）
Populate3D（引数：ボックス指定, 作成する点の数, シード）
Sphere（引数：ボックス指定, 半径）

主な行の説明

2) "Rhino.Geometry"も読み込んでいたが、使用しないのでコメントアウト（しなくても問題ない）。
3) "ghpythonlib.components"を"ghc"とする。
4) "math"ライブラリーを"m"とする。
5) 変数"rad"を"配列"で定義。
6) 変数"num2"に初期値"1"を代入。
7) 変数"pt"を、関数"XYPlane"に引数として渡し、"戻り値（プレーン）"を変数"plane"に代入。
8) 変数"plane"と入力変数"length"を関数"CenterBox"に"引数"として渡し、"戻り値（ボックス）"を変数"box"に代入。
9) 変数"box"、"num"、"seed"を関数"Populate3D"に"引数"として渡し、"戻り値（点群）"を変数"pt"に代入。
10) for文で、変数"num"の数だけ、11,12行目を実行。
11) 変数"num2"の二乗根を、配列変数"rad"に加える。
12) 変数"num2"に、ループの間、1ずつ加算していく。
13) 変数"pt"と配列"rad"を、関数"Sphere"の"引数"として渡し、"戻り値（球）"を"sphere"に代入する。

```python
import rhinoscriptsyntax as rs
#import Rhino.Geometry as rg
import ghpythonlib.components as ghc
import math as m
rad = []                                          #球の半径の配列定義
num2 = 1                                          #半径の初期値
plane = ghc.XYPlane(pt)                           #XY平面を指定
box = ghc.CenterBox(plane, length, length, length) #立方体作成
pt = ghc.Populate3D(box,num,seed)                 #立方体内に点群生成
for i in range(num):                              #numの数だけLoop
    rad.append(m.sqrt(num2))                      #numの二乗根を配列に加える。
    num2 += 1                                     #numを1ずつ、インクリメント
spheres = ghc.Sphere(pt, rad)                     #球を、生成
#注：入力変数の"pt"は、Type Hintは、point3dで定義する。
```

次の例は、RebuildCurve関数でカーブをリビルドした後、カーブの"制御点"、"ウエイト値"、"ノットベクトル"を取得したものである。

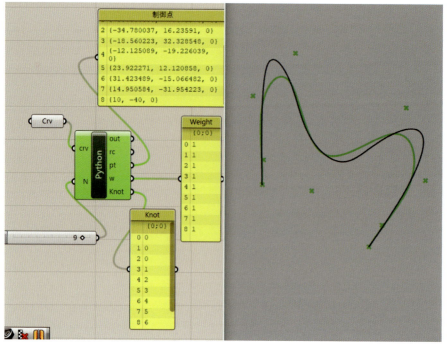
▲図6-2-43

入力変数"crv"は、Item Access, Curveで定義している（ghdocのままではエラーが生じるため、データタイプRhinoCommonと同じものを使用する）。

主な行の説明

4) 関数"RebuildCurve"に、引数（入力カーブ、次数3、N（リビルド後の制御点の数）、論理値=False）を指定して再構築。
5) 関数"ControlPoints"に、リビルドで構築したカーブを引数で渡す。この関数は、3つの配列、"制御点"、"ウエイト値"、"ノットベクトル"の順番に出力する。
　　点データを変数"pt"に代入するために、"0"番目の配列を指定する（末尾に[0]を記述）。
6) 同様に変数"w"に代入するため、"[1]"を指定。
7) 同様に変数"knot"に代入するため、"[2]"を指定。

```
1   import rhinoscriptsyntax as rs
2   import Rhino.Geometry as rg
3   import ghpythonlib.components as ghc
4   rc = ghc.RebuildCurve(crv, 3, N, False)
5   pt = ghc.ControlPoints(rc)[0]
6   w = ghc.ControlPoints(rc)[1]
7   Knot = ghc.ControlPoints(rc)[2]
```

以上が、"ghpythonlib.components"を使用したスクリプトであるが、スクリプトに慣れているユーザーであれば、GHコンポーネントを使用するより効率良くアルゴリズム作成ができるかもしれない。

6-2-13
カスタム関数の作成

これまでは、関数と言えば、Pythonの組込関数や、importした"rhinoscriptsyntax"や"Rhino.Geometry"等のモジュールが用意されている関数のことを指していた。
プログラム処理は、複数のステートメントで記述されるが、そのプログラム処理を繰り返し使用する場合は、新たにその一連の処理を関数として定義することができる。

●使用するファイル >>>　GHファイル:GHSC6-2-06.gh

既存のRhinoPythonのコードを利用してみよう。
[File>Import From…]で、6-1で使用した"ArrayPts.py"を読み込んでみる。

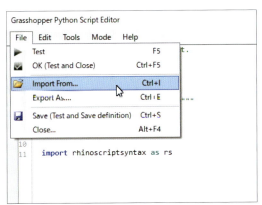
▲図6-2-44

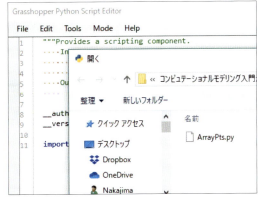
▲図6-2-45

このままでは、GhPythonでは使用できない。
まずRhinoPythonでは、Rhinoのビューポートからオブジェクトを指定し、コマンドエリアから数値を指定することになる。
GhPythonでは、下図の赤い枠の部分は不要だ。

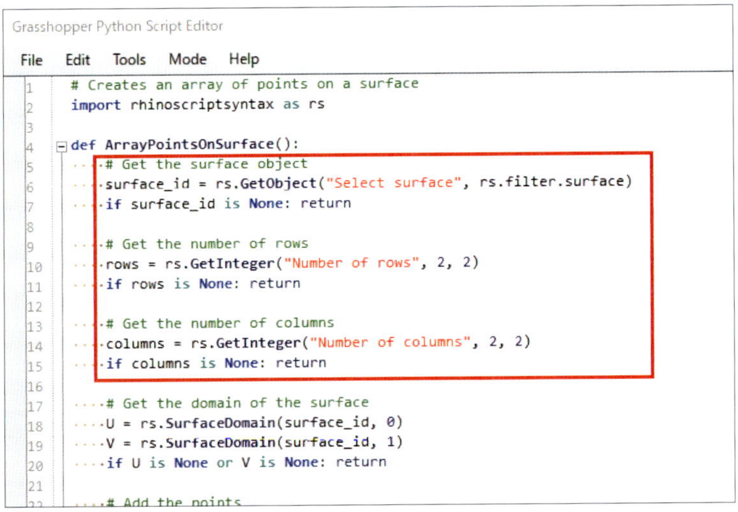

```
# Creates an array of points on a surface
import rhinoscriptsyntax as rs

def ArrayPointsOnSurface():
    # Get the surface object
    surface_id = rs.GetObject("Select surface", rs.filter.surface)
    if surface_id is None: return

    # Get the number of rows
    rows = rs.GetInteger("Number of rows", 2, 2)
    if rows is None: return

    # Get the number of columns
    columns = rs.GetInteger("Number of columns", 2, 2)
    if columns is None: return

    # Get the domain of the surface
    U = rs.SurfaceDomain(surface_id, 0)
    V = rs.SurfaceDomain(surface_id, 1)
    if U is None or V is None: return

    # Add the points
```

▲図6-2-46

このプログラムは、サーフェスの領域をUV方向に均等に分割した箇所に点群を生成するスクリプトである。サンプルスクリプトのRhinoPythonは、サーフェス上の点を1点ずつ計算しながらRhinoのビューポート上に出力していくが、GhPythonの場合は、一度配列として点オブジェクトを格納しておく必要がある。

使用する新たな関数と引数は下記の通りである。

SurfaceDomain(サーフェス, "0"または"1")

第二引数に"0"を指定した場合、Uパラメータの領域を取得する。"1"を指定した場合はVパラメータの領域を取得する。
入力するサーフェスが"Reparametrize(正規化)"されていれば、領域はUVともに、"0"〜"1"となる。
下図は、全く同じスクリプトで、正規化されていないものとされているものの例である。コンソールの出力から違いが確認できる。

EvaluateSurface(サーフェス, Uパラメータ, Vパラメータ)

指定した"Uパラメータ"、"Vパラメータ"に対応するサーフェス上の"点"を取得する。

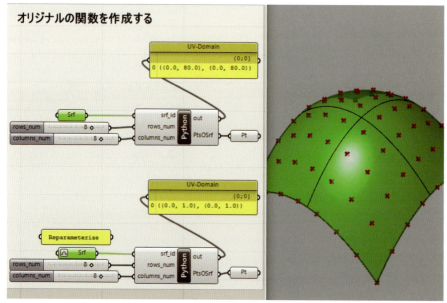

▲図6-2-47

主な行の説明

3) def文で、"ArrayPointsOnSurface"という関数を開始する。
   引数に"srf(ghdoc)"、"rows(Int)"、"columns(Int)"を指定。
4) 変数"Pts"を配列で指定。
5) 関数"SurfaceDomain"の引数に、"サーフェス"と"0"を指定し、U方向の領域を取得し、その"戻り値"を変数"U"に代入。
   変数"U"は、領域の"開始値"と"終値"2つの配列である。
6) 関数"SurfaceDomain"の引数に"サーフェス"と"1"を指定し、V方向の領域を取得し、"戻り値"を変数"V"に代入。
   変数"V"は、領域の"開始値"と"終値"2つの配列である。
7) コンソールに変数"U"と"V"を表示。

9) for文指定、インデントされた10行目以降を変数"rows"の数だけ実行。

ここでの変数「row」は関数内でのみ使用できる変数であり、3行目の関数定義に記された変数「row」を指している。関数を実際に使用する際（17行目）に入力される第2引数（rows_num）がそのまま代入、使用される。

10) U[0] + (((U[1] - U[0]) / (rows-1)) * j)を計算し、変数"param0"に代入。

(U[1] - U[0])は、Uの領域の大きさ（正規化されていれば"1"）を表す。

11) for文指定、インデントされた12行目以降を変数"columns"の数だけ実行。

ここでの変数「columns」は関数内でのみ使用できる変数であり、3行目の関数定義に記された変数「columns」を指している。関数を実際に使用する際（17行目）に入力される第2引数（columns_num）がそのまま代入、使用される。

12) V[0] + (((V[1] - V[0]) / (columns-1)) * i)を計算し、変数"param1"に代入。

(V[1] - V[0])は、Vの領域の大きさ（正規化されていれば"1"）を表す。

13) コンソールに変数"param0"と"param1"を表示。不要ならコメントアウトしても良い。

14) 関数"EvaluateSurface"の引数にサーフェスと、変数"param0"と"param1"を指定し、"戻り値"を、変数"point"に代入。

15) 関数"AddPoint"の引数に、変数"point"を指定し、戻り値であるサーフェス上の"点データ"を取得し、配列変数"Pts"にループの数だけ、加算する。

16) return文で、変数"Pts"を戻り値として、関数"ArrayPointsOnSurface"の定義を終了。

17) 定義された関数"ArrayPointsOnSurface"の引数に、同じデータタイプの引数を渡し、その"戻り値"を変数"PtsOSrf"に代入する。

ここで、入出力端子に指定した"変数名"は、def～returnの関数定義内で使用している関数名との関連がある必要はない。

```
1   # サーフェス上に点のリストを出力する。
2   import rhinoscriptsyntax as rs
3   def ArrayPointsOnSurface(srf,rows,columns):      # 関数で使用する変数指定
4       Pts = []                                      # 出力する点群を配列に入れるため宣言
5       U = rs.SurfaceDomain(srf, 0)        # サーフェスのU方向のDomain（領域）を取得
6       V = rs.SurfaceDomain(srf, 1)        # サーフェスのV方向のDomain（領域）を取得
7       print (U,V)                         # コンソールに、UVのDomainを表示。
8       print "          "                  # コンソールに、空白行表示。不要ならコメントアウト
9       for i in range(rows):
10          param0 = U [0]  + (((U [1]  - U [0] ) / (rows-1)) * i)
11          for j in xrange(0,columns):
12              param1 = V [0]  + (((V [1]  - V [0] ) / (columns-1)) * j)
13              print (param0,param1)  # コンソールに点の(U,V)値表示。不要ならコメントアウト
14              point = rs.EvaluateSurface(srf, param0, param1)
15              Pts.append(rs.AddPoint(point))
16      return Pts
17  PtsOSrf = ArrayPointsOnSurface(srf_id,rows_num,columns_num)
```

Computational Modeling

6-3
Pythonプログラミングの基本

●使用するファイル >>> GHファイル:GHPY6-3.gh

ここでは、より詳しくPythonプログラミングに関してグラマー（文法）を紹介していく。実行環境はGh Pythonで統一とした。

6-3-1
はじめに

「コード処理の進行は川の流れの如く」
Pythonスクリプトに限らず、プログラムの実行時、そのコード処理の進行は「川の流れの如く」と形容され、

- 一筆書きの手順で処理される（＝一度に複数の処理は行えない）
- コードの上流から下流へ順次処理される
- 処理は逆流しない

のような特徴が挙げられる。この基本を理解することがプログラミングの世界への第一歩だ。

6-3-2
コーディングを始める前に

①コメントアウト

命令文の先頭に「#」を入力すると、該当行は「コメントアウト」としてスクリプト処理されない。コメントアウトされた文字は「緑色」に変色する。コードに関する説明やメモをしておくと便利だ。「print」は文字列を出力する関数を表す（詳細は後述）。

サンプルスクリプト

```
print("この行はプログラムコードとして処理されます")
#print("この行はコメントアウトとして処理されます")
```

結果

```
この行はプログラムコードとして処理されます
```

②アルファベットの大文字と小文字

アルファベットの大文字と小文字は完全に区別される。プログラムコードの中では「A」と「a」は別の文字だ。

③改行で1文（1行1命令）

改行（Enter）で「1文」を規定する。プログラムコードは1行に1命令しか記載できない。改行を用いて、どこからどこまでが1文が明示する必要がある。

例えば、下記のスクリプトは1行に2つの命令文を記載してしまっているので、エラーが発生する。

サンプルスクリプト

```
print "1行目" print "2行目"
```

結果

```
Runtime error (SyntaxErrorException): unexpected token 'print'

File "", line 1
    print "1行目" print "2行目"
                 ^
SyntaxError: unexpected token 'print'
```

正しくは下記の通り、改行を入れる。

サンプルスクリプト

```
print "1行目"
print "2行目"
```

結果

```
1行目
2行目
```

6-3-3 変数

変数とは

変数とはコンピューターにデータを記憶させておくための「箱」のようなものであると形容される。この箱には必ず「名前」（＝変数名）を付ける必要があり、編集しているPythonスクリプト内で名前が被らないようにする必要がある。1つの箱には1つのデータしか格納できない。1対1が原則だ。

変数宣言

① 箱を用意し（「＝」）
② 名前を付け（「変数名」）
③ データを格納する（「変数宣言」）

この一連の流れを「変数宣言」と呼ぶ。宣言の方法はとてもシンプルだ。左辺に「名前」、右辺に「格納したいデータ」を記述し、それらを「＝」で繋ぐ。変数は宣言をし直せば、何度でもデータを更新することが可能だ。

サンプルスクリプト

```
###################
#変数
###################

#変数宣言
a = 100    #変数aが宣言され、「100」が代入される
b = 50.0   #変数bが宣言され、「50.0」が代入される

#変数の更新
a = 200    #変数aに「200」が代入(更新)される
```

GhPythonにおける変数宣言

GhPythonにおいてはGH独自の入力端子による変数宣言をサポートしている。入力端子を右クリックして現れるプロパティ「Access」(＝データ構造)、「Type hint」(データ型の指定)が重要になるので注意すること(詳細はコラム3参照)。

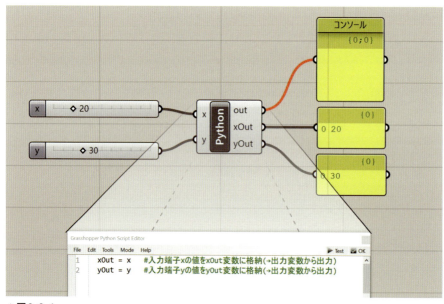

▲図6-3-1

サンプルスクリプト

```
xOut = x    #入力端子xの値をxOut変数に格納(→出力変数から出力)
yOut = y    #入力端子yの値をyOut変数に格納(→出力変数から出力)
```

代入された変数を確認する：print文

代入された変数をコンソール(GhPythonでは開発環境下部のウィンドウとout出力端子に相当)に出力する構文を「print文」と呼ぶ。printと入力した後にスペースを1つ入力し、そのあと変数名を記入する。変数名はコンマ区切りにすると複数個の変数がプリントできる。

サンプルスクリプト

```python
####################
#print文
####################

#変数宣言
a = 100
b = 50.0

#プリント文
print a    #変数aのプリント:「100」が出力される
print b    #変数bのプリント:「50.0」が出力される
print a, b #変数a,bのプリント:「100 50.0」が出力される

#変数の更新
a = 200

#プリント文
print a    #変数aのプリント:(更新されたデータの)「200」が出力される
```

結果

```
100
50.0
100 50.0
200
```

変数型

変数宣言が成されると自動的に「変数型」が決定される(ただし、入力端子で「Type hint」を指定した場合はその限りではない)。変数宣言の右辺に書かれたデータからPythonが自動判別し、下記のような型が割り当てられる。Python以外の他の言語では、この型を明示し宣言する必要があるが、Pythonではその宣言は不要だ。

型名(日本語)	型名(英語)	例	備考
整数	integer	0, 1, 2, -3, -100,	・負の値には「-(マイナス)」記号をつける。
浮動小数点数	float	0.3483207208, -9.70985484	・負の値には「-(マイナス)」記号をつける。 ・小数点「.(ピリオド)」を忘れないようにしよう。
ブール値	bool	True, False	・True、Falseの2値しか存在しない。 ・Trueの「T」,Falseの「F」は大文字。
文字列	string	"str", "a"	・文字列を「"(ダブルクォーテーション)」で囲む。
虚数	complex	3.14j, 2.0+3.0j	・虚数部分をjで表現する ・GHに出力した場合はサポートされない。
配列	array	[0, 1, 2]	・複数のデータが保持できる型。 ・事後的にデータの更新、追加、削除ができる。 ・格納されたデータに通し番号のインデックスがつく(詳細は後述)。
タプル	tuple	(0, 1, 2)	・複数のデータが保持できる型。 ・事後的にデータの更新、追加、削除ができない。 ・格納されたデータに通し番号のインデックスがつく。 ・GHに出力した場合はサポートされない。
辞書	dictionary	{'a': 10, 'b': 20, 'c': 30}	・複数のデータが保持できる型。 ・事後的にデータの更新、追加、削除ができる。 ・格納されたデータにkeyと呼ばれるインデックスが定義できる。 ・GHに出力した場合はサポートされない。
None	none	None	・値が存在していない状態を表す。 ・Noneの「N」は大文字。 ・GHに出力した場合は「null」となる。

サンプルスクリプト

```python
####################
#変数型
####################

#整数
int = 10     #整数の変数宣言
print int    #コンソール出力

#浮動小数点数
float = 0.001    #浮動小数点数の変数宣言
print float   #コンソール出力

#ブール値
bool = True    #ブール値の変数宣言
print bool    #コンソール出力

#文字列
txt = "text"    #文字列の変数宣言
print txt    #コンソール出力

#虚数
img = 2j   #虚数の変数宣言
print img    #コンソール出力

#配列
list = [0, 1, 2]     #配列の変数宣言
print list     #配列全体のコンソール出力
print list[0]    #配列1項目の値のコンソール出力
print list[1]    #配列2項目の値のコンソール出力
print list[2]    #配列3項目の値のコンソール出力

#タプル
tup = (0, 1, 2)    #タプルの変数宣言
print tup    #タプル全体のコンソール出力
print tup[0]    #タプル1項目の値のコンソール出力
print tup[1]    #タプル2項目の値のコンソール出力
print tup[2]    #タプル3項目の値のコンソール出力

#辞書
dic = {'a': 10, 'b': 20, 'c': 30}    #辞書の変数宣言
print dic    #辞書全体のコンソール出力
print dic['a']     #辞書の'a'のラベルがついた項のコンソール出力
print dic['b']     #辞書の'b'のラベルがついた項のコンソール出力
print dic['c']     #辞書の'c'のラベルがついた項のコンソール出力

#None
none = None    #Noneの変数宣言
print none    #Noneのコンソール出力
```

結果

```
10
0.001
True
text
2j
```

```
[0, 1, 2]
0
1
2
(0, 1, 2)
0
1
2
{'a': 10, 'c': 30, 'b': 20}
10
20
30
None
```

代数演算子

整数型や浮動小数点数型では、代数演算子を用いた演算(計算)が可能だ。

a + b	加算
a - b	減算
a * b	乗算
a / b	除算
a % b	除算の剰余(=余り)
a // b	除算の商(=小数点以下切り捨て除算)
a ** b	冪乗(aのb乗)

サンプルスクリプト

```
####################
#代数演算子
####################

#変数宣言
a = 3.0         #変数aに3.0を代入
b = 2.0         #変数bに2.0を代入

#加算
add = a + b     #3.0 + 2.0
print add       #計算結果は5.0

#減算
sub = a - b     #3.0 - 2.0
print sub       #計算結果は1.0

#乗算
mul = a * b     #3.0 * 2.0
print mul       #計算結果は6.0

#除算
div = a / b     #3.0 / 2.0
print div       #計算結果は1.5

#除算の剰余(=余り)
res = a % b     #3.0 % 2.0
print res       #計算結果は1.0
```

```
#除算の商(=小数点以下切り捨て除算)
div = a // b        #3.0 // 2.0
print div           #計算結果は1.0

#冪乗(aのb乗)
exp = a ** b        #3.0 ** 2.0
print exp           #計算結果は9.0
```

結果

```
5.0
1.0
6.0
1.5
1.0
1.0
9.0
```

代入演算子

整数型や浮動小数点数型では、代入演算子を用いた下記のような特殊な代入が可能だ。

a += b	加算：a = a + b と同じ
a -= b	減算：a = a - b と同じ
a *= b	乗算：a = a * b と同じ
a /= b	除算：a = a / b と同じ
a %= b	除算の剰余：a = a % b と同じ
a //= b	除算の商：a = a // b と同じ
a **= b	冪乗：a = a ** b と同じ

サンプルスクリプト

```
####################
#代入演算子
####################

#加算：a = a + b と同じ
a = 3.0         #変数aに3.0を代入
b = 2.0         #変数bに2.0を代入
a += b          #a = 3.0 + 2.0
print a         #結果は5.0

#減算：a = a - b と同じ
a = 3.0         #変数aに3.0を代入
b = 2.0         #変数bに2.0を代入
a -= b          #a = 3.0 - 2.0
print a         #結果は1.0

#乗算：a = a * b と同じ
a = 3.0         #変数aに3.0を代入
b = 2.0         #変数bに2.0を代入
a *= b          #a = 3.0 * 2.0
print a         #結果は6.0

#除算：a = a / b と同じ
a = 3.0         #変数aに3.0を代入
b = 2.0         #変数bに2.0を代入
a /= b          #a = 3.0 / 2.0
print a         #結果は1.5
```

```
#除算の剰余：a = a % b と同じ
a = 3.0          #変数aに3.0を代入
b = 2.0          #変数bに2.0を代入
a %= b           #a = 3.0 % 2.0
print a          #結果は1.0

#除算の商：a = a // b と同じ
a = 3.0          #変数aに3.0を代入
b = 2.0          #変数bに2.0を代入
a //= b          #a = 3.0 // 2.0
print a          #結果は1.0

#冪乗：a = a ** b と同じ
a = 3.0          #変数aに3.0を代入
b = 2.0          #変数bに2.0を代入
a **= b          #a = 3.0 ** 2.0
print a          #結果は9.0
```

結果
```
5.0
1.0
6.0
1.5
1.0
1.0
9.0
```

6-3-4 配列

配列型は複数のデータを格納しておくための「箱の数珠つなぎ」のようなものであると形容される。変数と同様に配列そのものに「名前」をつける必要がある。数珠つなぎになっている「箱」には順番が存在し、「0」から始まる通し番号が割り当てられる。また、箱の数は自由に加減することができ、さらに格納されたデータは何度でも更新可能だ。

いろいろな配列の宣言方法

配列の宣言方法は様々な種類が存在する。

①配列数も格納値も事前に明示できるとき

左辺に「変数名」、右辺に「ブラケット（[ ]）で囲んだコンマ(,)区切りのデータ」を記述し、それらを「＝」で繋ぐ。

サンプルスクリプト

```
##############################
#いろいろな配列の宣言方法①：
#配列数も格納値もわかっているとき
##############################

list = [0, 1, 2, 3]    #配列の変数宣言(整数値を4つ格納)
print list             #配列のコンソール出力
```

結果

```
[0, 1, 2, 3]
```

②配列数は明示できるが、格納値が明示できないとき

左辺に「変数名」、右辺に「Noneの文字をブラケットで囲み([None])、加えて「*」と項数」を記述し、それらを「=」で繋ぐ。

サンプルスクリプト

```
##############################
##############################
#いろいろな配列の宣言方法②：
##############################

list = [None] * 4     #配列の変数宣言（要素の繰り返し）
print list     #配列のコンソール出力
```

結果

```
[None, None, None, None]
```

③配列数も格納値も明示できないとき

左辺に「変数名」、右辺に「空のブラケット([ ])」を記述し、それらを「=」で繋ぐ。

サンプルスクリプト

```
##############################
#いろいろな配列の宣言方法③：
##############################

list = []     #配列の変数宣言(空配列の生成)
print list     #配列のコンソール出力
```

結果

```
[]
```

いろいろな配列の操作

配列型は下記のような操作がサポートされている。配列を先に規定した後で、必要に応じて値を追加したり削除したりできる。

参照と更新	配列名[n]でn番目の要素を参照
追加	配列名.append(追加要素) または 配列名.extend(追加配列)
削除	配列名.pop(インデックス) または 配列名.remove(要素)
配列の長さ	len(配列名)
ソート	配列名.sort()

サンプルスクリプト

```python
###############################
#いろいろな配列の操作
###############################

list = [2,0,100,50]    #配列の変数宣言

#更新
list[0] = 1    #配列番号0の更新
print list    #更新された配列の出力

#追加(要素)
list.append(1000)    #配列に要素「1000」を追加
print list    #更新された配列の出力

#追加(配列)
list.extend([11,12,13])    #配列に配列[11,12,13]を追加
print list    #更新された配列の出力

#削除(インデックス)
list.pop(0)    #配列内の「0」番目の要素を削除
print list    #更新された配列の出力

#削除(要素)
list.remove(50)    #配列内の「50」の要素を削除
print list    #更新された配列の出力

#長さ
print len(list)    #配列長さの出力

#ソート
list.sort()    #配列のソート
print list    #更新された配列の出力
```

結果

```
[1, 0, 100, 50]
[1, 0, 100, 50, 1000]
[1, 0, 100, 50, 1000, 11, 12, 13]
[0, 100, 50, 1000, 11, 12, 13]
[0, 100, 1000, 11, 12, 13]
6
[0, 11, 12, 13, 100, 1000]
```

6-3-5
繰り返し構文(for文)

for文とは

プログラムで同じ処理を繰り返し行いたい場合に使用する。

インデントによるfor文の範囲指定

他のプログラミング言語においてインデント(空白)は単にコードごとのまとまりを読みやすくするための習慣的なものに過ぎないが、Pythonでは大きな意味を持つ。

Pythonのfor文では繰り返し処理を行いたい範囲をインデントすることで、その範囲（ブロック内）にfor文が適用される。

「スペースキー」と「tabキー」

インデントは「スペースキー」もしくは「tabキー」によって行う。スペースによって行う場合、インデント幅はスペース1つでも2つでも可能だが、全体で幅を揃えている必要がある。GhPythonにおいてはtabでインデントを行う場合は内部で4文字のスペースに置き換えられる。

いろいろなfor文の書き方

①繰り返しの回数を指定する(range()関数)

サンプルスクリプト

```
################################
#いろいろなfor文の書き方
#①繰り返しの回数を指定する(range()関数)
################################

for i in range(10):     #変数「i」はfor文内の「通し番号」。range()関数で繰り返し回数を指定
    print i     #通し番号の出力
```

結果

```
0
1
2
3
4
5
6
7
8
9
```

②配列要素を用いる

サンプルスクリプト

```
################################
#いろいろなfor文の書き方
#②配列要素を用いる
################################

nums = [0,10,20,30,40,50]     #配列の宣言
for num in nums:     #numはfor文内で呼び出される配列の各要素
    print num     #配列の各要素の出力
```

結果

```
0
10
20
30
40
50
```

③配列要素を用いる(enumerate()関数)
サンプルスクリプト

```
######################
#いろいろなfor文の書き方
#③配列要素を用いる(enumerate()関数)
######################

nums = [0,10,20,30,40,50]      #配列の宣言
for i, num in enumerate(nums):  #変数「i」はfor文内の「通し番号」。numはfor文内で呼び出される
配列の各要素。
    print i, num    #通し番号と配列の各要素の出力
```

結果
```
0 0
1 10
2 20
3 30
4 40
5 50
```

6-3-6 条件分岐(if文)

if文とは
プログラムで各種条件によって処理を分岐させたい場合に使用する。

if文と条件式とは
if文は、必ず条件式とセットで用いる。「if」直後に「比較演算子」と「論理演算子」を用いた条件式を設定し、それらを満たした場合のみ以降の処理が実行される。なお、if文の範囲指定はfor文と同様にインデントにより適応される。

if、elif、else
If文は2つの処理分岐だけでなく、elif文、else文を用いることによって3つ以上の処理分岐にすることも可能だ。1つめの条件にはif宣言を、2つ目以降はelif宣言を、いずれにも属さない条件はelse宣言を用いると良い。

比較演算子
2つの値(変数)を比較し、真(True)か偽(False)を返す演算子。

比較演算子	記述例	意味
==	a == b	bがaに等しい場合に真
!=	a != b	bがaに等しくない場合に真
<	a < b	bよりaが小さい場合に真
>	a > b	bよりaが大きい場合に真
<=	a <= b	bよりaが小さいか等しい場合に真
>=	a >= b	bよりaが大きいか等しい場合に真

サンプルスクリプト

```
##################################################
#比較演算子
##################################################

a = 0      #適当な数値に変えてみる

if a > 5 :      #もしxが5より大きければ、、、
    result = "aは5より大きいです"
elif a < 5 :    #あるいは、もしxが5より小さければ、、、
    result = "aは5より小さいです"
else :     #ここまでの条件式以外であれば、、、
    result = "aは5です"

print result     #判定結果の出力
```

結果

aは5より小さいです

論理演算子

ブール値の組み合わせから、真（True）か偽（False）を返す演算子。

論理演算子	記述例	意味
and	a and b	aとbが共に真の場合に真
or	a or b	aかbの少なくとも1つが真の場合に真
not	not a	aが真のときに偽、偽のときに真

サンプルスクリプト

```
##################################################
#論理演算子
##################################################

a = 0      #適当な数値に変えてみる
b = 10     #適当な数値に変えてみる

if a > 5 and b > 5:     #もしaとbが5より大きければ
    result1 = "aもbも5より大きいです"
else:
    result1 = "aかb、あるいは、どちらも5以下です"

print result1      #判定結果の出力1

if a > 5 or b > 5:      #もしaかbが5より大きければ
    result2 = "aかb、あるいは、どちらも5より大きいです"
else:
    result2 = "aもbも5以下です"

print result2      #判定結果の出力2
```

結果

aかb、あるいは、どちらも5以下です
aかb、あるいは、どちらも5より大きいです

6-3-7
関数

関数とは

様々な機能が呼び出される構文。「引数」とよばれる入力値が必要なものがあったり、「戻り値（返り値）」と呼ばれる出力値があるものがあったりと種類は多様だ。関数には必ず「( )」（パーレン）が付いているので慣れない読者は「( )」の有無で関数を判断してみてほしい。

組み込み関数（Built-in Functions）

Pythonにはデフォルトで用意されている様々な関数がある（＝組み込み関数）。

サンプルスクリプト

```
##############################################################
#組み込み関数 - Built-in Functions
##############################################################

#abs(x)
#xの値の絶対値
ab = abs(-2)
print ab

#int(x)
#xの値の整数化（小数点以下切り捨て）
in1 = int(1.2030830)
in2 = int("100")
print in1
print in2

#round(x[, ndigits])
#xの値を四捨五入
#オプション有り：コンマで区切って第二引数を与えた場合、ndigitsの小数点以下指定桁で四捨五入
ro1 = round(1.913907)
ro2 = round(1.913907, 3)
print ro1
print ro2
```

結果

```
2
1
100
2.0
1.914
```

インポート関数（Import Functions（= Standard Library））

Pythonには用意されている標準ライブラリをインポートすることで、様々な関数を追加して使うことができる（＝インポート関数）。モジュールをインポートするにはimport文の宣言が必須となる。

公式リファレンス:https://docs.python.org/2/library/

サンプルスクリプト

```python
###############################################################
#インポート関数 - Import Functions(= Standard Library)
###############################################################

###############################################################
#Random Library
#乱数生成ライブラリ
###############################################################

#Randomライブラリのインポート
import random

#random.randint(a, b)
#a <= N <= bを満たす整数Nをランダムで返す
ran = random.randint(0, 10)
print "randint():", ran

#random.uniform(a, b)
#a <= R < bを満たす浮動小数点数Rをランダムで返す
uni = random.uniform(0.0,10.0)
print "uniform():", uni

###############################################################
#Math Library
#数学式ライブラリ
###############################################################

#Mathライブラリのインポー
import math

#math.sqrt(x)
#平方根
sqr = math.sqrt(9)
print "sqrt():", sqr

#math.pi
#円周率 ※引数なし
pi = math.pi
print "pi:", pi

#math.e
#自然対数の底 ※引数なし
e = math.e
print "e:", e

#math.sin(x)
#正弦 ※引数は×度数法→o弧度法(ラジアン)とする
sin = math.sin(math.pi/4)
print "sin():", sin

#math.cos(x)
#余弦 ※引数は×度数法→o弧度法(ラジアン)とする
cos = math.cos(math.pi/4)
print "cos():", cos

#math.tan(x)
#正接 ※引数は×度数法→o弧度法(ラジアン)とする
tan = math.tan(math.pi/4)
print "tan():", tan
```

結果

```
randint(): 0
uniform(): 7.14712422126
sqrt(): 3.0
pi: 3.14159265359
e: 2.71828182846
sin(): 0.707106781187
cos(): 0.707106781187
tan(): 1.0
```

カスタム関数（Custom Functions）（def文）

Pythonでは独自に関数を定義し、以降いつでもその関数を呼び出すことができる（＝カスタム関数）。def文と称されることもあるが、このdefはdefine（定義する）の略称に相当する。def文では関数名と必要であれば引数（入力値）の変数名、数を定義する。返り値（出力値）が存在する場合はreturn文で指定する。ここではフィボナッチ数列のカスタム関数化を試みる。

サンプルスクリプト

```python
def fibonacci(loopNum):

    fn0 = 0        #前々項を記録する変数
    fn1 = 1        #前項を記録する変数

    fibList = []   #フィボナッチ数列の出力リスト

    for i in range(loopNum):    #for文
        if i == 0 :      #for文0回目の処理
            fibList.append(fn0)     #フィボナッチ数列0項目の追加
        elif i == 1 :    #for文1回目の処理
            fibList.append(fn1)     #フィボナッチ数列1項目の追加
        else:    #for文2回目以降の処理
            fn = fn0 + fn1    #フィボナッチ数列の更新
            fibList.append(fn)    #フィボナッチ数列2項目以降の追加
            fn0 = fn1    #前項を更新
            fn1 = fn     #前々項を更新

    return fibList    #フィボナッチ数列を関数から出力

fibs = fibonacci(20)    #フィボナッチ数列のカスタム関数呼び出し
```

結果

```
0
1
1
2
3
5
8
13
21
34
55
89
```

```
144
233
377
610
987
1597
2584
4181
```

6-3-8 クラス

クラスとは

クラスオブジェクト(あるいはインスタンス)と呼ばれるデータ構造を作成するための仕組みだ。クラスオブジェクト独自の変数(オブジェクト変数)、関数(オブジェクト関数)を保持することができる。オブジェクト指向プログラミングと呼ばれる手法を体現する記法であり、スクリプティングをマスターする上で必須の技術だ。GH Pythonにおいてはクラスオブジェクトのコンポーネント間で受け渡しがサポートされている。

クラス定義とオブジェクト関数

ここでは前項のカスタム関数をクラスオブジェクト化し、コンポーネント間を越境して使用してみよう。クラス定義はclass宣言で定義される。クラス定義の範囲指定もif文、for文と同様にインデントにより適応される。クラス定義内でカスタム関数を作成すれば、オブジェクトが保持する関数(=オブジェクト関数)だ。なお、オブジェクト関数の第一引数には必ず「self」という変数を用いなければならないルールが存在するので注意されたい。

サンプルスクリプト(クラス定義とオブジェクト生成)

```
class Fibonacci():       #クラス名定義

    def calculate(self, loopNum):    #オブジェクト関数

        fn0 = 0      #前々項を記録する変数
        fn1 = 1      #前項を記録する変数

        fibList = []      #フィボナッチ数列の出力リスト

        for i in range(loopNum):    #for文
            if i == 0 :       #for文0回目の処理
                fibList.append(fn0)     #フィボナッチ数列0項目の追加
            elif i == 1 :     #for文1回目の処理
                fibList.append(fn1)     #フィボナッチ数列1項目の追加
            else:             #for文2回目以降の処理
                fn = fn0 + fn1      #フィボナッチ数列の更新
                fibList.append(fn)      #フィボナッチ数列2項目以降の追加
                fn0 = fn1       #前項を更新
                fn1 = fn        #前々項を更新

        return fibList      #フィボナッチ数列を関数から出力

fibs = Fibonacci()       #クラスオブジェクトの生成
```

サンプルスクリプト（オブジェクト関数呼び出し1）

```
fibs1 = fibs.calculate(x)      #クラスオブジェクトの関数呼び出し
```

サンプルスクリプト（オブジェクト関数呼び出し2）

```
fibs2 = fibs.calculate(x)      #クラスオブジェクトの関数呼び出し
```

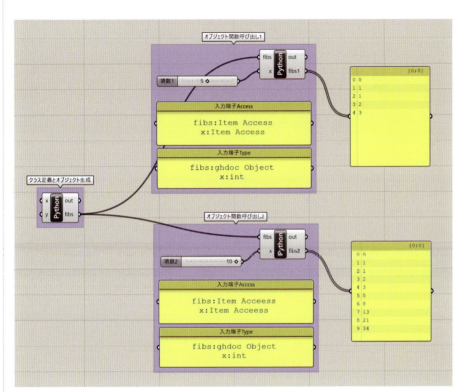

▲図6-3-2

イニシャライザとオブジェクト変数

クラス定義ではオブジェクト宣言時のみ自動的に処理される「イニシャライザ」と呼ばれる関数を指定することができる。「__init__」という関数名を使用してオブジェクト関数を規定するとイニシャライザが編集可能だ。他のオブジェクト関数と同様に、第一引数は「self」としなければならない。

また、クラス定義においては「self.」の接頭句を用いた変数名を使用することで「オブジェクト変数」と呼ばれるクラスオブジェクトが独自に保持する変数を定義することができる。GhPythonでは、コンポーネント間のクラスオブジェクトの受け渡しができることから、[Timer]コンポーネントと組み合わせて、下記のようなタイマーカウンターの仕組みを構築することが可能だ。[Timer]が1回回るたびにオブジェクト変数が1ずつ加算される。クラスオブジェクトが変数を保持できているからこそ可能な仕組みだ。

サンプルスクリプト（クラス定義とオブジェクト生成）

```
class Counter:          #クラス名定義
    def __init__(self, _max):    #イニシャライザ（引数あり）
        self.cnt = 0    #オブジェクト変数（カウント記録用の変数）
        self.max = _max    #オブジェクト変数（カウント最大値の変数）

counter = Counter(limit)    #クラスオブジェクトの生成
```

サンプルスクリプト（カウントの更新）

```
cnt = counter.cnt        #オブジェクト変数cntを出力
if counter.cnt < counter.max:    #条件文：オブジェクト変数cntがもしオブジェクト変数maxより小さければ
    counter.cnt += 1     #オブジェクト変数cntに1を加算
```

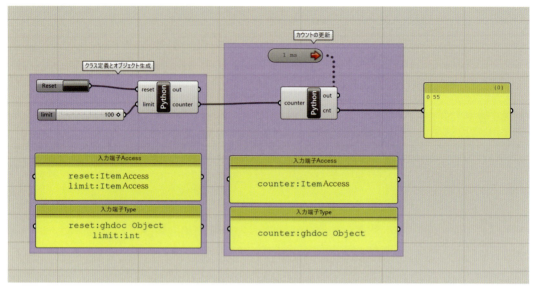

▲図6-3-3

Computational Modeling

6-4
C#とPythonの違いについて

この節では、既に前節までに説明しているPythonとの比較を通して、C#スクリプトに対して理解を深めてみる。PythonでもC#でもスクリプティング、プラグイン開発は可能だが、それぞれの言語に特性が存在し、選択することができる。またそれぞれの特徴は下記のようなものがあげられる。

- Python……構文記述が比較的短くて済む、処理速度が遅い、変数型が動的
- C#…………構文記述が比較的長くなる、処理速度が速い、変数型が静的（厳密）

●使用するファイル >>> GHファイル：GHC#6-4.gh

GH内でPythonを記述する[GhPython Script]コンポーネントも、C#を記述する[C# Script]コンポーネントもどちらも[Maths>Script]タブ内にある。

▲図6-4-1

▲図6-4-2

入力端子の上で右クリックして、設定できるItem Access、List Access、Tree Accessなどのアクセス設定の仕様は同じである（詳細については、コラム3を参照）。
ただしPythonとC#では一部扱うデータタイプが異なるため、[Type Hint]から設定できる項目は異なる（Pythonは図6-4-4、C#は図6-4-5参照）。

<Python>

No Type Hint	Pythonの動的型付け機能で、自動的に変数を型付け
ghdoc Object	RhinoPythonの図形に変換
float, bool, int, str	Pythonの変数に強制変換
その他	RhinoCommonあるいはGrasshopperクラスオブジェクト

<C#>

System.Object	クラスオブジェクト
bool, int, number, string	C#の変数に強制変換
その他	RhinoCommonあるいはGrasshopperクラスオブジェクト

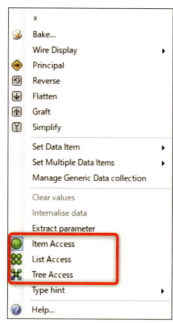
▲図6-4-3

▲図6-4-4

▲図6-4-5

コンポーネントをダブルクリックすることでEditorを開き、記述できるのはどちらも同じだ。

Pythonでは、コンポーネント内のimport以下の記述で、C#ではusing以下の記述で、そのコンポーネント内で使用するライブラリを読み込み、設定している。

▲図6-4-6

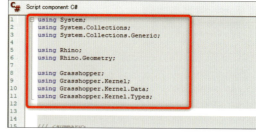
▲図6-4-7

PythonとC#では使用できるライブラリが異なる。C#ではrhinoscriptsyntaxは使用できない。RhinoCommonを呼び出して使用することはどちらも可能だ。対応しているライブラリについては、下記リンクに最新情報が掲載されている（Whatが対応しているライブラリ、Howが対応しているプログラムを表す）。

　　https://developer.rhino3d.com/

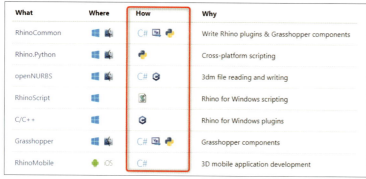
▲図6-4-8

PythonとC#のどちらでも、記述する際に必要な引数を入力し、戻り値を求めていくのは同じである。その際どちらも、対応しているデータの型を意識する必要がある。

Pythonでは、for文やif文はインデント（タブ1つ分、ないしスペース4つ分）で字下げすることで処理範囲を定義していくが、C#では｛｝でくくる必要がある。またC#では各々の処理行末に；（セミコロン）をつける必要があるなど、記述方法が異なる。

下記はPythonでのif文の記述例。if文の行末には：（コロン）が必要となるが、各行末には特に記号は必要ない。またif文やelif文、for文もそれぞれの内容をインデントして記述する必要がある。

```
1  if x > y:
2      print ("入力値は閾値より値が大きい")
3  elif x==y:
4      print ("入力値と閾値の値が同じ")
5  elif x < y:
6      print ("入力値は閾値より値が小さい")
```

▲図6-4-9

下記はC#でのif文の記述例。if文やelse if文ごとに｛｝でまとめている。またそれぞれの行末に；（セミコロン）が必要となる。また記述する箇所は57行のprivate void RunScriptに囲まれた｛｝の中に記述する。

```
55      private void RunScript(double x, double y, ref object A)
56      {
57          if(x > y){
58              Print("入力値は閾値より値が大きい");
59          }
60          else if(x == y){
61              Print("入力値と閾値の値が同じ");
62          }
63          else if(x < y){
64              Print("入力値は閾値より値が小さい");
65          }
66
67      }
```

▲図6-4-10

このように同じ処理でも、PythonとC#で若干記述の仕方が異なる。同様にfor文なども記述の仕方や処理にそれぞれ特徴があるので、興味のある方は実際にGHファイルを開いて確認してもらいたい。

次に変数を作成するときの記述方法について見てみる。

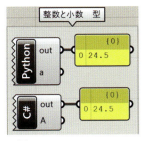

▲図6-4-11

Pythonでは、型を明示しなくても変数が動的に設定される。test1は整数（int）、test2、test3は浮動小数点数（float）の型になる。

```
1  test1 = 12              #暗黙的に型を指定し、変数が作られる。
2  test2 = 12.5            #小数も同様
3  test3 = test1 + test2   #小数も同様
4
5  print (test3)           #outから出力
6  a = test3               #aから出力
```

▲図6-4-12

C#では、int（整数）やdouble（浮動小数点数）など型を変数の前に定義する必要がある。またout端子から出力する際にstring（文字列）でないと出力できないなど、型の扱いがPythonよりも厳密である。ここではToString()メソッドを使用して、文字列として戻り値を出力している。

▲図6-4-13

C#では型の記述や扱いが厳密であり、異なるデータの型を入力することはできない。Pythonでは下記のように、既に定義してあるデータの型を上書きすることができる。柔軟に扱うことができるが、上書きに気づかずに誤った結果を出力する原因にもなるので、注意が必要である。

▲図6-4-14

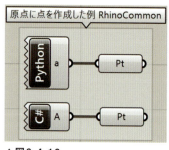

▲図6-4-15

次にPythonとC#でのRhinoCommonを使用して、原点に点を作成した例を見てみる。Pythonの例ではRhino.Geometryをrgとしてimportしているので、以降rg.Point3d(0,0,0)の記述で点を作成できる(6-3のRhinoPythonとは全く異なる手法なので注意されたい。RhinoPythonはRhinoCommonをより使いやすくするためのライブラリだ。ここではC#との比較のため、RhinoCommonを直接呼び出している)。

▲図6-4-16　　▲図6-4-17

C#では、using Rhino.Geometry;と元々記述してあるので、Point3dより前を省略することができる（Rhino.Geometry.Point3dと書いたのと同じ意味）。またC#では、インスタンスを作成し変数のように扱う場合、

```
クラス名　変数名　=　new　クラス名 ( );
```

といった記述をする。この例ではクラス名がPoint3d、変数名がptに当たる。

```
55    private void RunScript(ref object A)
56    {
57        //using Rhino.Geometry; と既に書いているので、Rhino.Geometryは書かなくても可
58        //Rhino.Geometry.Point3d pt = new Rhino.Geometry.Point3d(0,0,0);     と書くのと同じ意味
59
60        Point3d pt = new Point3d(0, 0, 0);
61        A = pt;
62    }
```

▲図6-4-18

次に点と点の間を直線で繋ぐスクリプトを例に違いを確認してみる。その際、点はGHで既に作成されたものを、Point3dタイプを指定して読み込んでいる。

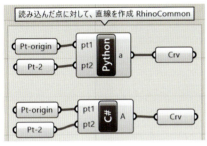

▲図6-4-19

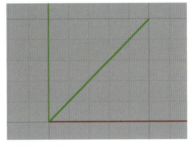

▲図6-4-20

Pythonを使用した場合は、Line(Point3d,Point3d)とPoint3dを引数で2つ指定することで直線を作成できる。引数には読み込んだ点2つを順に指定している。

```
1    import Rhino.Geometry as rg
2
3    #Lineを使用し、pt1,pt2を通る線を作成し、line1という変数に入力
4    line1 = rg.Line(pt1,pt2)
5    a = line1
```

▲図6-4-21

C#での記述もほぼ同様である。また最初の型の記述はvarとして省略することも可能だ。varはC#において、「いかなる変数も宣言できる」便利な宣言記法であるが、やはりPythonのように異なる変数型で以降に動的に上書きすることはできない。

```
55    private void RunScript(Point3d pt1, Point3d pt2, ref object A)
56    {
57        //最初のクラスの記述は varとし型を省略も可能
58
59        var line1 = new Line(pt1, pt2);
60        A = line1;
61
62    }
```

▲図6-4-22

最後に、それぞれのリストの簡単な扱い方を見てみる。

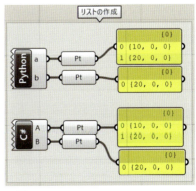

▲図6-4-23

Pythonでは、ptlist = []と記述することで、ptlistという名前の空のリストを作成している。そこにappendメソッドを使用して、点を追加している。最後にa端子からptlistを、b端子からはptlistの1番目を出力している。またPythonでは任意の型データを追加できる。

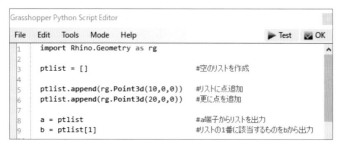

▲図6-4-24

C#では、リストもクラスの一部として認識される。

```
var ptlist = new List<Point3d> ();
```

と書くことで、ptlistという名前のPoint3dを入れる空のリストを作成している。またC#では型の扱いが厳密であるため、このリストにはPoint3d型以外は入力することができない。
それ以外はほぼ同様の書き方だ。ただしC#ではリストにデータを追加するのは、Addメソッドとなる。

```
private void RunScript(ref object A, ref object B)
{
    var ptlist = new List<Point3d> ();   //ptlistというPoint3d型の空のリストを作成。

    ptlist.Add(new Point3d(10, 0, 0));   //空のリストに点(new Point3d)を追加
    ptlist.Add(new Point3d(20, 0, 0));   //更に追加

    A = ptlist;                          //A端子から出力
    B = ptlist[1];                       //ptlitsの1番目に当たるものをBから出力
}
```

▲図6-4-25

Pythonは型の定義がなくても良いため、記述量が少なくなり柔軟にデータを扱うことができる。またインデントで字下げをする必要があるため、比較的に可読性が高いソースコードになる傾向がある。
一方、C#は型が厳密なため記述量が多くなるが、異なる型のデータを入力できないため、イージーミスが減らせることや、処理が速いなどの利点がある。

またFood4Rhinoなどのサイトで公開されているプラグインは、C#で記述されたgha形式のものが多い。次節ではその内容を紹介しているので、オリジナルのプラグイン作成を考えている方は、ぜひチャレンジしていただきたい。

各プログラム言語の文法や記述の詳細に関して、詳しく勉強したい方は、本書では紹介しきれないため、各々のプログラムの入門書やウェブサイトなどを参照願いたい。
また、本章で使用するサンプルGHファイル("GHSC6-01.gh"～"GHSC6-04.gh")には、GhPythonと同じアルゴリズムを、C#でも併記しているので、参考にしていただきたい(ただし、GhPythonではRhinoCommonでなく、RhinoPythonを用いている点に注意されたい)。

Computational Modeling

6-5 C#によるGHA(Grasshopper Assembly)開発

前節では、[GhPython Script]コンポーネントや[C# Script]コンポーネントを用いてGH上での直接的なスクリプティングによりオリジナルのコンポーネントを作成する方法について解説した。
ここではさらに一歩進めて、C#を用いたGHAの開発方法について解説する。GHAとは、"Grasshopper Assembly"の略で、スクリプト言語で記述されたコンポーネント群のプロジェクトファイルのことを表す(拡張子.gha)。実際、Food4RhinoなどでダウンロードできるプラグインもGHA形式のものが多い。

6-5-1 開発環境の構築

開発環境については各々で構築しても良いが、ここでは一般的なVisual Studioを利用した開発環境の構築手順について紹介する(以下の手順は、2019年7月現在の情報であり、参照時期によっては内容が古くなっている可能性があるため、あらかじめご了承いただきたい)。

▶1 Visual Studioのインストール

> ○ 注意
> Visual Studioの利用にはMicrosoftアカウントが必要になるため事前に作成しておく必要がある。

まず、MicrosoftのVisual Studioのホームページを開き、Visual Studioをインストールする。このときバージョンは、「Visual Studio Community 2017 version 15.9」を選択する。2019年7月現在では、Visual Studio 2019も存在しているが、GH用の開発キットやプラグインは、Visual Studio 2015／2017にのみ対応している。

▲図6-5-1

インストール直前のワークロード選択では、「.NETデスクトップ開発」にチェックを入れておく。

▲図6-5-2

▶2　GH用のプラグイン・開発キットのインストール

Visual StudioのMarketplaceから、以下2つのテンプレートをインストールする。
ダウンロード後にそれぞれのファイルを実行すると、インストーラが起動される。

- Grasshopper templates for v6
- RhinoCommon templates for v6

▲図6-5-3

これらのテンプレートをインストールしておくことで、GHAを作成する上で必要な設定や構文があらかじめセッティングされていたり、入力時に自動補完機能が働くなど、GH向けのコーディング時に便利な機能が付与されるため、デバッグや開発作業が非常に容易となる。

6-5-2
プロジェクトの作成

▶1　プロジェクトの新規作成

Visual Studioがインストールできたらアプリケーションを起動する。
メニューバーの「ファイル＞新規作成＞プロジェクト」を選択すると、ウィンドウが起ち上がるので左メニューから「インストール済み＞Visual C#＞Rhinoceros＞Grasshopper Add-on」を選択する。
名前などを入力し、OKをクリックする。

▲図6-5-4

その後、"New Grasshopper Assembly"ウィンドウが起ち上がるので詳細を記入し、「Finish」をクリックする。
"New Grasshopper Assembly"ウィンドウでは、最初に作成するコンポーネントの情報も入力する。

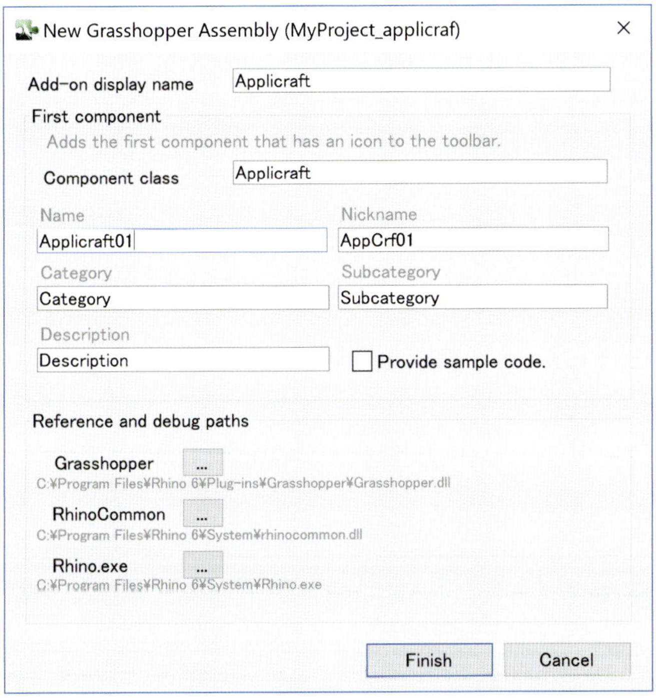

▲図6-5-5

ここで各項目はそれぞれ以下を意味する。

Add-on dispaly name	GHAのタイトル
FirstComponent	1つ目のコンポーネントの情報（GHAには最低1つコンポーネントが必要）
Component class	コンポーネントのクラス名
Name	コンポーネント正式名称
NickName	コンポーネント略名称（アイコン上に表示される名称）
Category	GHのコンポーネントパネル上に表示されるカテゴリの名称
Subcategory	GHのコンポーネントパネル内に表示されるサブカテゴリの名称
Description	コンポーネントの説明文

※「Provide sample code」のチェックボックスをオンにするとサンプルプログラムが展開される

▶2　プロジェクトの構造

プロジェクトを新規作成すると、いくつかのファイルが生成される。
それらの構造や関係性は、Visual Studioの画面内のソリューションエクスプローラーから確認できる。

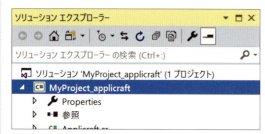

▲図6-5-6

このプロジェクト(MyProject_appliclaft)には、以下のような構造でファイルが生成されている。

Properties	GHAについての基本的な情報
参照	外部パスやファイル(画像)などの設定
Componentソースファイル （ここでは「Applicraft.cs」）	コンポーネントのプログラムを記述。最初は1つだが増やしていくことが可能
Infoソースファイル （ここでは「MyProject_appliclaftInfo.cs」）	コンポーネント群の説明文、製作者の情報などを記入

Componentソースファイル内の主な用語の意味は以下の通りである。

public [クラス名]() : base()	各種名称の設定
protected override void RegisterInputParams	入力端子の設定
protected override void RegisterOutputParams	出力端子の設定
protected override void SolveInstance	コンポーネント内の処理
protected override System.Drawing.Bitmap Icon	アイコンの設定
public override Guid ComponentGuid	Visual Studioで自動発行されるID（変更してはいけない）

Infoソースファイル内の主な用語の意味は以下の通りである。

public override string Name	コンポーネント群全体の名称の設定
public override Bitmap Icon	コンポーネント群全体のアイコンの設定
public override string Description	コンポーネント群全体の説明文の設定
public override Guid Id	Visual Studioで自動発行されるID（変更してはいけない）
public override string AuthorName	作成者の氏名の設定
public override string AuthorContact	作成者の連絡先の設定

これらのファイルは、デフォルトでは「C:\Users\(ユーザ名)\source\repos」以下に保存される。

> **注意**
> また、この時点では存在しないが、クラスファイルを別途作成することも可能だ。これは、コンポーネントを定義せずにC#のクラスのみを定義するものである。

※GHは完全なるオブジェクト指向ストラクチャである。コンポーネントを作るということはすなわち、クラスを定義することを意味する。

▶3 デバッグの設定

以下のセッティングを行うことでデバッグ機能が有効となり、記述時に誤りをチェックしてくれる。

- ソリューションエクスプローラーのプロジェクト名(ここでは「MyProject_applicraft」)を右クリックし、プロパティを開く。
- 左メニューの「デバッグ」タブ内の「外部プログラムの開始(X):」にRhino6.exeのルートパスが入っていることを確認する(例:C:\Program Files\Rhino 6\System\Rhino.exe)。
- 変更した場合は、Ctrl+Sなどでプロジェクトを上書き保存する。

▲図6-5-7

▶4 コンパイルの設定・実行手順

コンパイル(=ビルド)したコンポーネントをGHに自動で登録・更新されるようにする設定は以下の通りである。

- Rhinoを起動し、[GrasshopperDeveloperSettings]コマンドを実行する。
- Memory load *.GHA assemblies using COFF byte arraysにチェックを入れる。
- Library Foldersにプロジェクトの「bin」フォルダを登録する。
  例)C:\Users\(ユーザ名)\source\repos\MyProject_applicraft\MyProject_applicraft\bin\

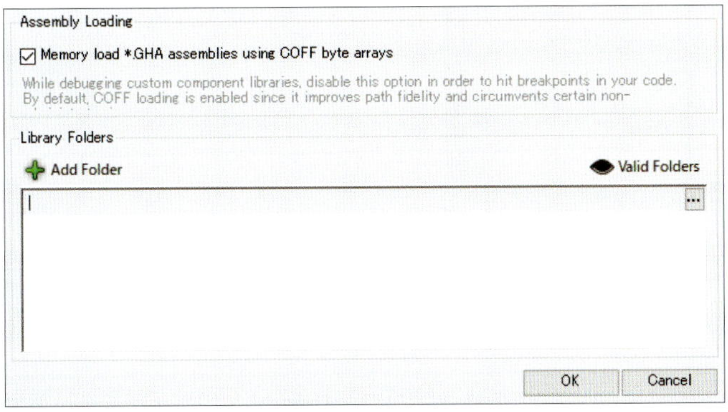

▲図6-5-8

この設定より、コンパイルしたコンポーネントファイルがGHに自動的に読み込まれるようになる。

コンパイルを実行し、GH上に反映させる手順は以下の通りである。

①RhinoおよびGHを終了する
② メニューバー「デバッグ＞デバッグの開始」を実行するとRhinoが自動で起動される
③GHを開くとCategoryタブに何の機能もないコンポーネントが生成されていることが確認できる

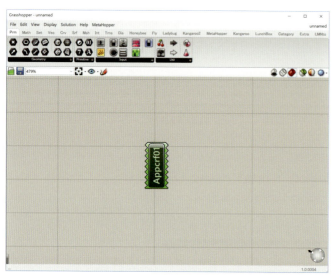

▲図6-5-9

再度コードを編集し直すときは、メニューバー「デバッグ＞すべて中断」をクリックし、"ブレークモード"に移行する。
この状態のときは、再度コードを編集することができるので、タブで編集したいファイルを選択しコードを編集する。
編集後は、メニューバー「デバッグ＞続行」を実行すると編集内容がGHに反映・更新される（ただし、一度ブレークモード前に配置したコンポーネントは配置し直す必要がある）。

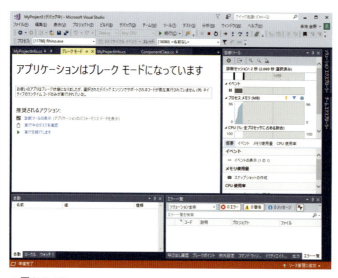

▲図6-5-10

6-5-3
コンポーネントのビルド

では、実際にコーディングを行った例を見ていく。
例として、6章で解説したGHSC6-2-02.ghのC#コンポーネント2種類をGHA化してみる。
C#の詳細な記述方法や型の意味の説明は専門の書籍等に譲るとして、ここではRhinoやGHに関わる内容に的を絞って解説する。

▶1 GHAでコンポーネントを新規作成する（例：Line-Circle-Sphereコンポーネント）

●使用するファイル >>>　C#ソースファイル：LCS.cs

プロジェクトを新規で作成し、FirstComponentの情報を例えば以下のように設定する。

Component class	LCS
Name	Line-Circle-Sphere
NickName	LCS
Category	Category
Subcategory	Subcategory
Description	Description

このように設定し「Finish」をクリックすると、ソースファイルLCS.cs内の記述は以下のようになる。

```
     // add the output bin\ folder of this project to the list of loaded
  9  // folder in Grasshopper.
 10  // You can use the _GrasshopperDeveloperSettings Rhino command for that.
 11
 12  namespace Myproject_applicraft
 13  {
 14      public class LCS : GH_Component
 15      {
 16          /// <summary>
 17          /// Each implementation of GH_Component must provide a public
 18          /// constructor without any arguments.
 19          /// Category represents the Tab in which the component will appear,
 20          /// Subcategory the panel. If you use non-existing tab or panel names,
 21          /// new tabs/panels will automatically be created.
 22          /// </summary>
 23          public LCS()
 24            : base("Line-Circle-Sphere", "LCS",
 25                "Description",
 26                "Category", "Subcategory")
 27          {
 28          }
 29
 30          /// <summary>
 31          /// Registers all the input parameters for this component.
 32          /// </summary>
```

▲図6-5-11

入出力端子の定義は、6章のGHSC6-2-02.ghでは、入力端子3つ（pt1／pt2／r）と出力端子3つ（line／circle／sphere）であった。

GHAを作成する場合は、型を厳密に定義しておく必要がある。RegisterInputParams、RegisterOutputParamsの記入例は図のようになる。

▲図6-5-12

pManager.Add○○Parameterの記述が、型の宣言となる。
"pManager.Add"まで入力すると自動補完リストが表示されるので、その中から選択すると良いだろう（ちなみにSphereという型は存在しないので、ここではAddSurfaceParameterで宣言する）。
括弧内の引数は左から順に、正式名、略称、説明文、アクセス設定を表す。端子に初期値を入れたい場合は、括弧内に続けて入力する。

▲図6-5-13

コンポーネントの機能の詳細な記述は、SolveInstanceに記述する。
GHSC6-2-02.ghのC#コンポーネントをGHA化したいので、ここではひとまずそのコードをそのまま貼り付けてみる。

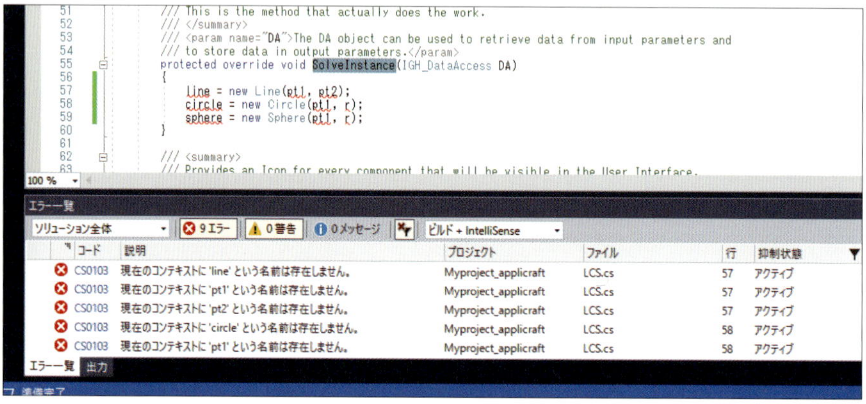

▲図6-5-14

しかし、図から分かる通り、このままではエラーとなる。これは変数型の宣言が不足しているためだ。このようにGHAを作成する場合は、変数型の定義を厳密にしておく必要がある。

正しく修正した結果が、次の通りだ。

```
 54            /// to store data in output parameters.</param>
 55            protected override void SolveInstance(IGH_DataAccess DA)
 56            {
 57                Point3d p1 = new Point3d();
 58                DA.GetData<Point3d>("point1", ref p1);
 59                if (!DA.GetData("point1", ref p1)) return;
 60
 61                Point3d p2 = new Point3d();
 62                DA.GetData<Point3d>("point2", ref p2);
 63                if (!DA.GetData("point2", ref p2)) return;
 64
 65                double r = 0.0;
 66                DA.GetData<double>("radius", ref r);
 67                if (!DA.GetData("radius", ref r)) return;
 68
 69                Line line = new Line(p1, p2);
 70                Circle circle = new Circle(p1, r);
 71                Sphere sphere = new Sphere(new Point3d(0, 0, 0), 10.0);
 72
 73                DA.SetData("line", line);
 74                DA.SetData("circle", circle);
 75                DA.SetData("sphere", sphere);
 76            }
 77
 78            /// <summary>
 79            /// Provides an Icon for every component that will be visible in the Use
```

▲図6-5-15

すべての変数は初期値を定義する必要がある。

p1／p2／r／line／circle／sphereがこのコンテキスト内で用いられる変数だが、それぞれ初めて登場するときに型の宣言と初期値の代入が行われている。

"DA.GetData"は、入力端子からデータを受け取る関数である。カギ括弧内は変数の型を表す。
括弧内の引数は左から順に、RegisterInputParamsで定義した入力端子名、データを代入する変数を表す。
例えば、一番上の段落のDA.GetDataでは、「"point1"入力端子に入力された<Point3d>形式のデータを"p1"という変数に代入する」という処理が行われている。
if文は入力端子にデータが入力されていないときの処理で、これがないとエラーとなる。

変数にデータが読み込めたら、中段のLine／Circle／Sphereで始まる行で、それぞれ、線分を描く／円を描く／球を描く、という処理が行われる。

"DA.SetData"は、出力端子にデータを引き渡す関数である。
こちらも入力端子同様、RegisterOutputParamsで定義した名称を指定する必要がある。
例えば、最後の段落の1行目では、「"line"変数のデータを"line"出力端子に引き渡す」という処理が行われている。

ここまで記述したところで無事エラーなくコンパイルが成功すれば、実際にGH上に「Category」というタブが出現し、コンポーネントとして使用可能となる。

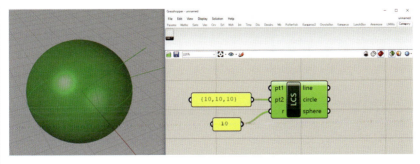

▲図6-5-16

▶2 GHAにコンポーネントを追加する（例：Sphere Arrayコンポーネント）

●使用するファイル >>> C#ソースファイル：SphArray.cs

もう1つコンポーネントを新規作成し、GHAに追加する手順は次の通りだ。

- メニューバー「デバッグ＞デバッグの停止」となった状態で、ソリューションエクスプローラーのプロジェクト名を右クリックする。
- 「追加＞新しい項目＞Empty Grasshopper Component for v6」を選択し、名前を入力してOKをクリックする。

▲図6-5-17

名称やカテゴリ情報、入出力端子の設定は次の通りだ。
出力が"配列"となるため、pManager.AddGenericParameter(… GH_ParamAccess.list)のようにアクセス設定が"list"になっていることが特徴だ。

```csharp
    public class SphArray : GH_Component
    {
        /// <summary>
        /// Initializes a new instance of the SphArray class.
        /// </summary>
        public SphArray()
            : base("Sphere Array", "SphArray",
                "Description",
                "Category", "Subcategory")
        {
        }

        /// <summary>
        /// Registers all the input parameters for this component.
        /// </summary>
        protected override void RegisterInputParams(GH_Component.GH_InputParamManager pManager)
        {
            pManager.AddNumberParameter("r", "Radius", "Sphere radius", GH_ParamAccess.item);
            pManager.AddNumberParameter("d", "Interval", "Array interval", GH_ParamAccess.item);
            pManager.AddIntegerParameter("nx", "Nx", "Number of X-direction", GH_ParamAccess.item);
            pManager.AddIntegerParameter("ny", "Ny", "Number of Y-direction", GH_ParamAccess.item);
            pManager.AddIntegerParameter("nz", "Nz", "Number of Z-direction", GH_ParamAccess.item);
        }

        /// <summary>
        /// Registers all the output parameters for this component.
        /// </summary>
        protected override void RegisterOutputParams(GH_Component.GH_OutputParamManager pManager)
        {
            pManager.AddGenericParameter("sph", "Sphere", "Output spheres", GH_ParamAccess.list);
        }
```

▲図6-5-18

SolveInstanceは次の通りだ。XYZ軸方向への配列はfor文を用いて表している。
出力が"item"ではなく、"list"で設定されているため、最後は"DA.SetData"ではなく、"DA.SetDataList"になっていることに注意。

```csharp
/// <param name="DA">The DA object is used to retrieve from inputs and store in outp
protected override void SolveInstance(IGH_DataAccess DA)
{
    double r = 0.0;
    DA.GetData<double>("r", ref r);
    if (!DA.GetData("r", ref r)) return;

    double d = 0.0;
    DA.GetData<double>("d", ref d);
    if (!DA.GetData("d", ref d)) return;

    int nx = 0;
    DA.GetData<int>("nx", ref nx);
    if (!DA.GetData("nx", ref nx)) return;

    int ny = 0;
    DA.GetData<int>("ny", ref ny);
    if (!DA.GetData("ny", ref ny)) return;

    int nz = 0;
    DA.GetData<int>("nz", ref nz);
    if (!DA.GetData("nz", ref nz)) return;

    var list = new List<Sphere>();
    for (int i = 0; i < nx; i++)
    {
        for (int j = 0; j < ny; j++)
        {
            for (int k = 0; k < nz; k++)
            {
                var sphtemp = new Sphere(new Point3d(i * d, j * d, k * d), r);
                list.Add(sphtemp);
            }
        }
    }
    DA.SetDataList("sph", list);
}
/// <summary>
```

▲図6-5-19

これをコンパイルすると前項と同様に、Categoryタブ内から球を配列するコンポーネントとして使用可能となる。

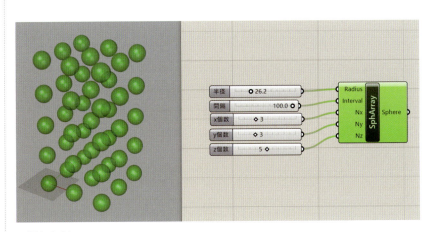

▲図6-5-20

ここでは、C#によるGHA(プラグイン)開発の方法を紹介した。Pythonなどと比べ、記述方法が厳密なため記述量が多くなりがちだが、処理が速いコンポーネントやプラグインを開発して業務で汎用的に利用したい場合や自身の開発したアルゴリズムを一般に公開したいという場合などでは、この方法がおすすめだ。

Computational Modeling

第7章

サンプルアルゴリズム

アルゴリズムは目的によって大きく異なる。
この章では、大きく"プロダクト系"と"建築系"に分けたサンプルアルゴリズムを紹介している。
"Kangaroo"及び"スクリプト"のサンプルは、
アルゴリズムを拡張して使用する1つの例として掲載した。

Computational Modeling

7-1
プロダクトサンプル

7-1-1
バスチェアー

ここではより実際のプロダクトモデリングに近い作り方をしたバスチェアーモデルを見てみる。
全体のボリュームとなるソリッド形状を作成し、ブール演算を行い意匠となる形状を作成後、エッジに対して角Rを掛けたモデルとなる。

●使用するファイル>>>
Rhinoモデル:7-1-1_BathChair.3dm
GHファイル:7-1-1_BathChair.gh

このGHファイルでは、キャンバス上部にCluster化された一群がある。一度、スライダーを修正してどこが変わるかを確認すると理解が早いだろう。

▲図BathChair_1

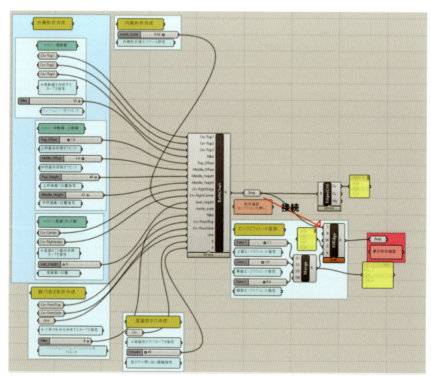

▲図BathChair_2

キャンバス下部のClusterの中身を展開したGHデータをみてみる。
まず形状の基本となるCrv-Top1,2,3を読み込み、[Mirror]、[Merge]、[Join Curves]コンポーネントで閉じた曲線を作成している。

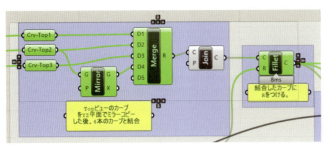
▲図BathChair_3

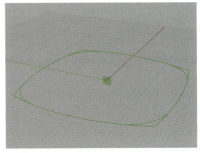
▲図BathChair_4

作成した平面曲線を、2回[Offset]コンポーネントを使い、それぞれZ方向に[Move]コンポーネントで移動している。また[Merge]コンポーネントに繋ぐ際に[Flatten]し、階層を全て同じにすることで、この後で使用する[Loft]コンポーネントに意図した形で使用することができる。

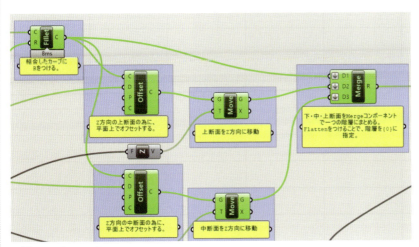
▲図BathChair_5

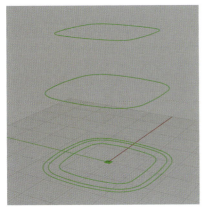
▲図BathChair_6

▲図BathChair_7

[Cap]コンポーネントでソリッド化した後、[Solid Difference]コンポーネントを複数回使うことで、物体を削り出していく形でブール演算の差を行いモデリングを進めていく。コンポーネントは[Extrude]や[Loft]など簡単なコンポーネントを使用している。

▲図BathChair_8

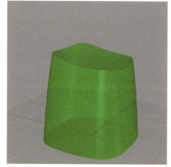
▲図BathChair_9

▲図BathChair_10

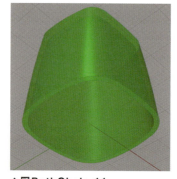
▲図BathChair_11

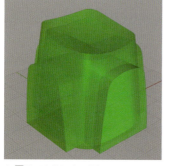
▲図BathChair_12

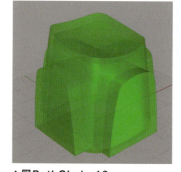
▲図BathChair_13

▲図BathChair_14

最後に出来上がった形状に、[Fillet Edge]コンポーネントを使用して角Rを付けてみる。キャンバス右下の[Brep]から[Fillet Edge]コンポーネントの"Shape端子"に繋いでみる。"Blend端子"ではフィレットかブレンドか、"Metric端子"では、通常のフィレットかエッジからの距離かをオプションで選択できる。

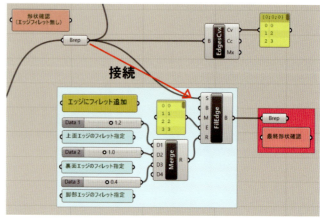
▲図BathChair_15

またこのコンポーネントでは、"Edges端子"と"Radii端子"に入力した値を対応させる形で扱う。
一度、エッジ番号確認というグループを参照し、エッジ番号を確認する。[Deconstruct Brep]でエッジを抽出後、[Point On Curve]で中点を作成し、[Point List]コンポーネントに繋いでいる。確認してみると、下図のようにRhinoのビューポートに数字が表示されるはずだ。
また[Point List]コンポーネントは、"Points端子"に入力された点座標に、点のインデックス番号を表示する働きをする。

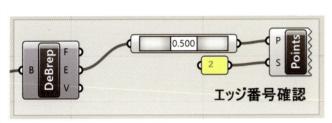
▲図BathChair_16

▲図BathChair_17

"Edges端子"で指定したエッジのインデックスに、"Radii端子"で指定した値のフィレットを作成する。また共にアイテム入力のため、インデックスごとに上から順に処理される(コラム1参照)。それにより0番のエッジに1.2、1番のエッジに1.0、以降のエッジに0.4のフィレットを作成することができる。

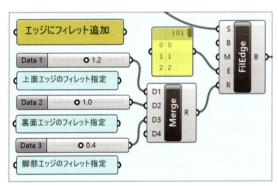
▲図BathChair_18

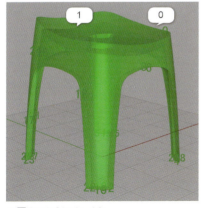
▲図BathChair_19

▲図BathChair_20

ここでは、エッジを[Panel]コンポーネントで直接記述して指定しているが、SurfaceタブのUtilの中には、条件に該当するエッジの番号を出力するというコンポーネントもある。ぜひ、確認してみてほしい。

7-1-2
ハンディクリーナー

ここでは複数の曲線から構成された曲面を持つハンディクリーナーモデルを見てみる。
Rhinoで作成された曲線を読み込み、本体部と取っ手部のサーフェスを作成し、それぞれをソリッド化している。その後にブール演算を行い意匠となる形状を作成後、結合部となるエッジに対してフィレットを掛けたモデルとなる。

▲図Handy_1

●使用するファイル >>>　　Rhinoモデル:7-1-2_HandyCleaner.3dm
　　　　　　　　　　　　　GHファイル:7-1-2_HandyCleaner.gh

このGHファイルの内容は、①左上の本体形状、②左下の取っ手形状、③右側のブール演算とフィレットを処理の3箇所に大別される。長いアルゴリズムに見えても、部分ごとにまとめて区別して考えると理解しやすいだろう。

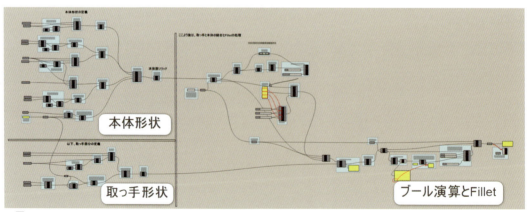

▲図Handy_2

形状の基本となる曲線を読み込み、［Mirror］、［Merge］、［Loft］コンポーネントで本体形状の背面部を作成している。

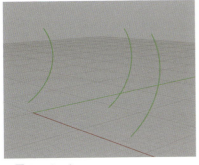
▲図Handy_3

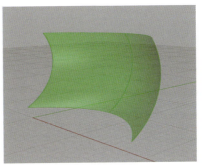
▲図Handy_4

対称形なので、曲線を読み込んだ後［Join Curves］コンポーネントで結合後、［Merge］コンポーネントで順番を整えてから、［NetWorkSrf］コンポーネントのU・V方向にそれぞれ曲線を入力し、曲面作成している。

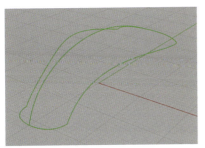
▲図Handy_5

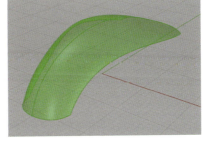
▲図Handy_6

▲図Handy_7

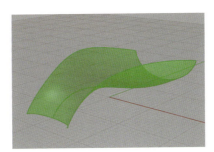
▲図Handy_8

作成した曲面サーフェスと［Extrude］コンポーネントで作成した押し出し面を［Merge］コンポーネントでまとめた後、［Boundary Volume］コンポーネントでソリッド部だけを抽出する。このコンポーネントの働きは、Rhinoの［CreateSolid］コマンドの機能に当たる。交線を求めたり、トリムを行わないで、ソリッド形状が作成できる便利な機能だ。

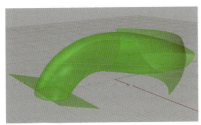
▲図Handy_9

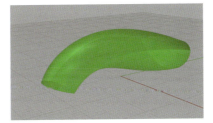
▲図Handy_10

ここまでのアルゴリズムの流れを見てもわかるように、使用しているコンポーネントは簡単なものだ。

またほぼ同様の考え方で、取っ手部も作成できる。
Rhinoで作成した曲線を読み込んだ後、[Mirror]後、[Join Curves]コンポーネントで結合し、[Sweep2]コンポーネントで曲面を作成している。

▲図Handy_11

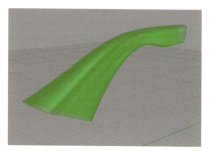
▲図Handy_12

[Extrude]コンポーネントで作成した押し出し面と、曲面を[Merge]コンポーネントでまとめた後、[Boundary Volume]コンポーネントでソリッド化する。

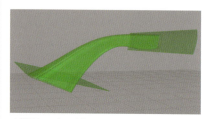
▲図Handy_13

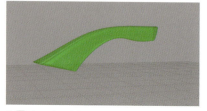
▲図Handy_14

本体部と取っ手部のソリッド形状ができた後は、[Solid Union]コンポーネントで1つのソリッドにしている。

▲図Handy_15

▲図Handy_16

またこのGHファイルは作成した形状にフィレットも掛けることができるように作成している。ただフィレットの処理は時間が掛かるため、スイッチでオン・オフを切り替えることができるようにしている。
フィレットを掛ける考え方は、バスチェアーモデルと同様なので、そちらを参照して頂きたい。

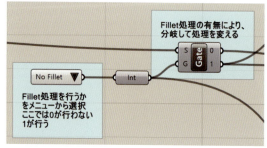
▲図Handy_17

Rhinoだけでモデリングを行うと、一度作成したデータを修正するのは時間が掛かる。こういった形でGHと組み合わせて作成することで、短い時間で様々なデザインバリエーションを検討することが可能となる。

側面視の曲線の制御点を移動した例。

▲図Handy_18　　　　　▲図Handy_19　　　　　▲図Handy_20

上面から見た曲線を修正してみた例。

▲図Handy_21　　　　　▲図Handy_22　　　　　▲図Handy_23

接合部のフィレットの大きさを修正した例。

▲図Handy_24　　　　　▲図Handy_25

7-1-3
スピーカー

ここでは既存のスピーカーモデルに配置するための、グリッドを使ったパターン模様と、外側に向かうにつれ徐々に小さくなるスピーカー穴の作成方法を紹介する。

▲図Speaker_1

▶1 グリッドを使ったパターンの作成

●使用するファイル>>> Rhinoモデル:7-1-3_Speaker.3dm
GHファイル:7-1-3_Speaker_MakePattern.gh

最初に、スピーカーのダイヤル部分のサーフェスに張り付ける凹凸のあるダイヤパターンを作成する。

1. [Rectangular]コンポーネントを使って矩形グリッドを作成し分解
2. [Point On Curve]コンポーネントで始点と中点を抽出し、中点のみZ方向に移動
3. [Weave]コンポーネントで始点と中点のリストを交互に並べ替え[Polyline]コンポーネントで線を作成（[Panel]で確認すると、同じ階層の中にリストが再構成されているのが分かる）

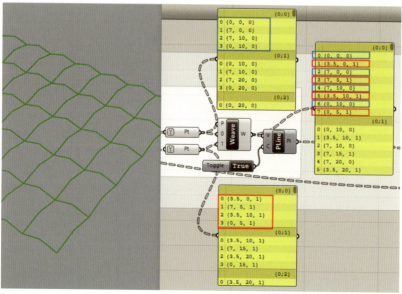

▲図Speaker_2

4. グリッドの中心点を[Area]コンポーネントで抽出
5. [Extrude Point]コンポーネントでポリラインから中心点までの押し出しサーフェスを作成
6. スピーカーのダイヤル部分のサーフェスに[SrfMorph]コンポーネントを使ってモーフ

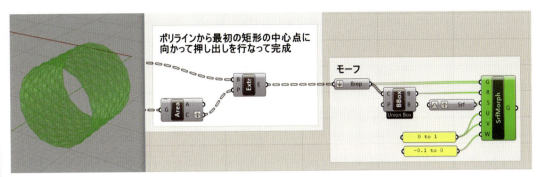

▲図Speaker_3

💡 TIPS

先ほどのダイヤパターンの考え方を応用し、ヘキサグリッドを使ったパターンも作成できる。ダイヤパターンと同様にヘキサグリッドを分解して中点を抽出し、[Vector 2Pt]コンポーネントのL端子から中心点と中点を結ぶベクトルの長さを出力する。[Sift Pattern]コンポーネントで中点のリストを1つ置きに振り分け、片方の値に[Negative]コンポーネントを繋ぎ、[Amplitude]コンポーネントでベクトルに変換し、交互に中心点から近づく点、離れる点に中点を移動させる。

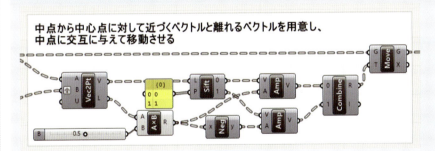

▲図Speaker_4

中点同士をポリラインで結びスケールをかけて外形曲線とし、ヘキサグリッドの中心点をZ方向に移動させてから[Extrude Point]コンポーネントで中心点までの押し出しサーフェスを作成すると、立体形状パターンが完成する。

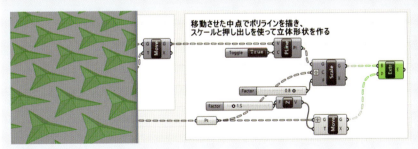

▲図Speaker_5

▶2 サイズが徐々に変化するスピーカー穴の作成

●使用するファイル ≫≫ Rhinoモデル:7-1-3_Speaker.3dm
GHファイル:7-1-3_Speaker_OrientAndProject.gh

次に外側に向かうにつれ徐々に小さくなるスピーカー穴形状を作成する。まず[Hexagonal]コンポーネントを使って六角形グリッドを作り、六角形に内接する円を作成するため、[Expression]コンポーネントに数式「x*1/2*Sqrt(3)」を入力し半径寸法を入力する。ジャンプボタン(図Speaker_06参照:赤矢印のマークをダブルクリック)で詳細解説(図Speaker_07)が確認できる。

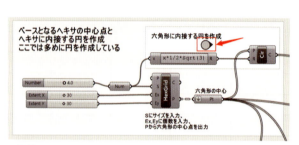

▲図Speaker_6　　　　　　　　　　　　　▲図Speaker_7

スピーカー前面パネル部の曲線を別途読み込んでおき、曲線に対して内外判定を行う[Point in Curve]コンポーネントと、リストから指定したパターンを削除する[Cull Pattern]コンポーネントを組み合わせ、最初に作成した円および中心点のデータから、曲線の内側に判定されたデータのみを抽出する。

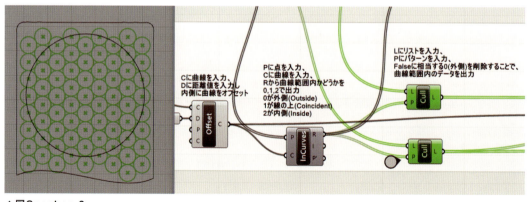

▲図Speaker_8

次に中心から離れるほど円が小さくなるように設定する。各円の中心点から外形曲線の中心点までの距離を出力し、[Bounds]コンポーネントでリストの最小値から最大値をドメインとして出力、[ReMap]コンポーネントで0から1の範囲に置き換えた値に変換する。
この値を円のスケール値として使い、[Scale]コンポーネントで円を縮小する。

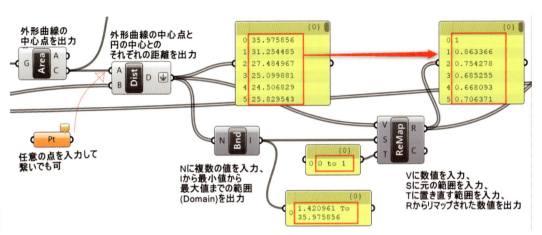

▲図Speaker_9

この段階では中心からの距離に比例した円の大きさになるため、[Scale]コンポーネントに繋ぐ前に[Graph Mapper]コンポーネントを挿入し、意図したサイズ変化になるようにスケール値をグラフで調整する。[Graph Mapper]コンポーネントでは、入力した値はX軸で読み取られ、Y軸が出力される値になる。[Scale]コンポーネントの"F入力"が0になるとエラーになるので、[Graph Mapper]コンポーネントの最小値が0にならないように注意する。

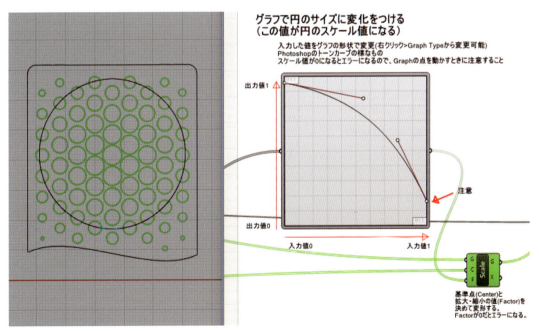

▲図Speaker_10

最後に[Evaluate Surface]、[Orient]コンポーネント等を使って円をサーフェス上に再配置し、押し出しやトリムで形状を作成し、スピーカー穴が完成する。

7-1-4
槌目甲丸リング

ここではGHの特徴を生かした、パラメトリックにサイズやボリュームが変更可能な甲丸リングのサンプルを紹介する。表面には槌目模様を施している。表面パターンを変えれば様々なデザインのリングに応用が可能だ。

▲図TsuchimeRing_1

● 使用するファイル >>>　GHファイル:7-1-4_TsuchimeRing.gh

定義ファイルのおおまかな流れは以下の通りである。

1. サイズとボリュームの設定
2. 断面カーブの作成〜本体形状の完成
3. 槌目模様の作成〜リングの完成

▶1　サイズとボリュームの設定

サイズ変更可能なリングにするため、[Value List]コンポーネントをダブルクリックして、Value List Constantsダイアログを開き、1号〜15号までのリング号数と直径寸法を設定しておく(図TsuchimeRing_3参照)。全体のボリューム感を決める要素として、リング内径幅や断面形状のオフセット距離を[Number Slider]コンポーネントにて設定できるようしておく。

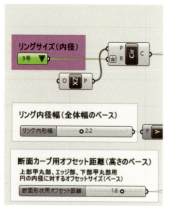

▲図TsuchimeRing_2

▲図TsuchimeRing_3

▶2 断面カーブの作成～本体形状の完成

断面カーブ（甲丸形状）のふくらみの加減は、リング内径からオフセットした円のサイズで決める。エッジカーブは[Rotate]コンポーネントを使い、回転角度で下部に向け細くなるように調節が可能である。[Point on Curve]コンポーネントを使用して円の四半円点を抽出し、上部断面カーブ、下部断面カーブの制御点を作り、[Merge]、[InterPolate]コンポーネントで上下の断面カーブを作成する。

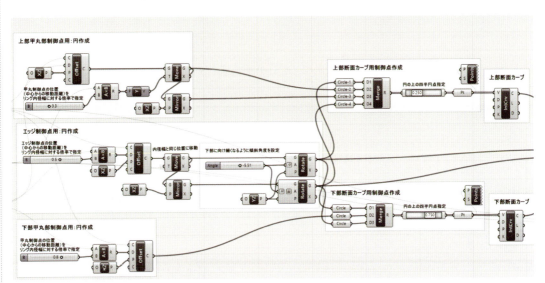

▲図TsuchimeRing_4

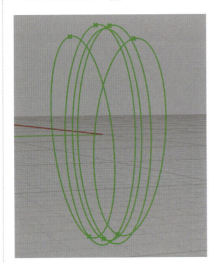

▲図TsuchimeRing_5

[Sweep2]コンポーネントに断面カーブとエッジカーブを入力し上面サーフェスを作成（図TsuchimeRing_7参照）、[Cap]コンポーネントでソリッドにしてから内径の押し出し形状でくり抜き、リング本体の形状が完成した。

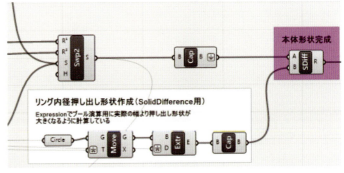

▲図TsuchimeRing_6

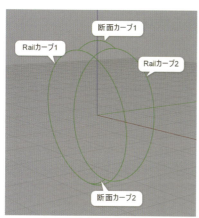

▲図TsuchimeRing_7

▲図TsuchimeRing_8

▶3　槌目模様の作成〜リングの完成

槌目のカッターになる形状を球サーフェスで作成する。[Populate Geometry]、[Surface Closet Point]コンポーネントで上面サーフェス上に点群を作成し、[Evaluate Surface]コンポーネントで点の法線方向に沿った平面を出力し、球で削る深さに合わせ平面位置を調整しておく。[Orient]コンポーネントでカッターの球を平面に再配置するが、この部分は[Stream Gate]コンポーネントを使ってスイッチを付けておくと、実行時以外は動作が重くならずに済む。最後に[Solid Difference]コンポーネントを使って本体形状をオリエントした球のカッターで削り、槌目模様のついたリングが完成した。

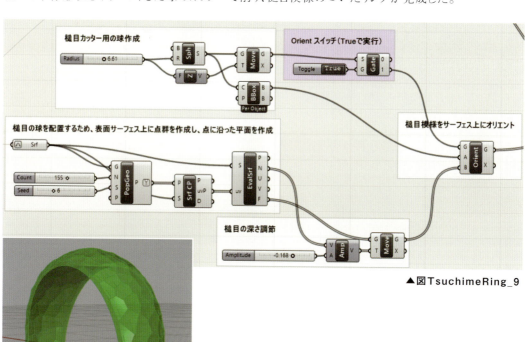

▲図TsuchimeRing_9

▲図TsuchimeRing_10

Computational Modeling

7-2
建築サンプル

7-2-1
面積等分アルゴリズムを応用したアーケード構造の最適化

5-3-3で、サーフェスを直線で分割して面積の差異を最小にするGalapagosアルゴリズムを紹介した。ここでは、そのアルゴリズムをより実践的なモデルに応用し、アーケード構造の屋根フレームの配置間隔を最適化するサンプルを紹介する。

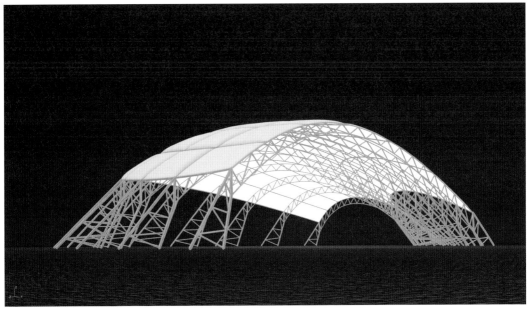

▲図RoofGalapagos_1

● 使用するファイル ≫　GHファイル:7-2-1_RoofGalapagos.gh

定義ファイルのおおまかな流れは以下の通りである。

1. アーケード構造のベースとなる分割前のサーフェスを用意
2. ［GenePool］コンポーネントで初期分割点を仮定する
3. 「全体面積を分割数で割った値」と「仮定した分割点で分割した場合の各面積」の差を算出
4. 3で求めた差の総和が最小になる分割点を［Galapagos］で求める
5. 求めた分割点をもとにフレームやルーフパネルを作成

ベースとなるサーフェスを適当な初期分割点で6分割すると例えば次の図のようになる。この状態では、明らかに一番右側の分割領域の面積が他の領域に比べて小さいように見える。

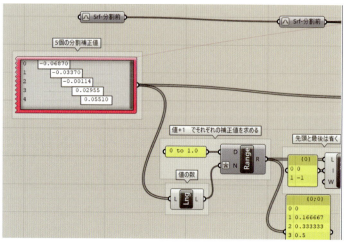
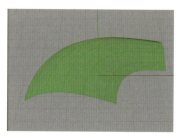

▲図RoofGalapagos_2

Galapagosでは、無数に存在する入力値の組み合わせから最適値を探そうとするので、最適化計算をいかに効率良く行えるかが重要だ。例えばこのサンプルの場合、値が重複すると分割数が減ってしまい、明らかに平均値からのずれが大きくなるので、そのような結果は除外し、元々仮定した分割数とサーフェスの枚数が同じになるときの結果のみ考慮されるように[Stream Filter]コンポーネントを用いて効率化の工夫をしている。

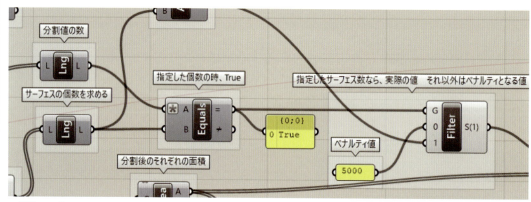

▲図RoofGalapagos_3

計算開始後に一旦もっともらしい値（極値）を見つけるとその周辺からなかなか抜け出せなくなるので、このように余計な解を考慮しない工夫や、初期条件の段階である程度あたりを付けるような工夫が、できるだけ短い時間で最適に近い解を求めるためのコツだ。

[Galapagos]コンポーネントをダブルクリックし、Solverタブの"Start Solver"をクリックすると最適化計算が開始される。このとき、最適化計算だけを行うようにするために、[Stream Gate]コンポーネントのトグルは"False"にして計算結果が後工程に反映されないようにしておこう。

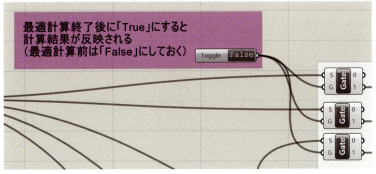

▲図RoofGalapagos_4

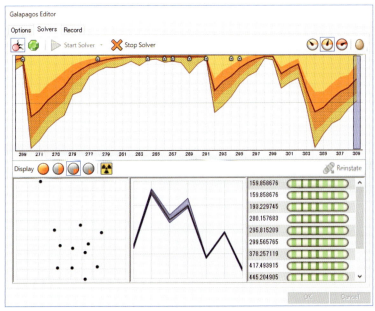

▲図RoofGalapagos_5

ある程度計算を行った後に最も誤差の小さい解を取り出した結果が以下の画像だ。無限の組み合わせから誤差が完全に0になる組み合わせを探し出すことは難しいため、時間か閾値で区切って計算を終了することになる。白文字の数値は、理想的な分割面積からのそれぞれの領域面積の誤差を表している。計算前（図RoofGalapagos_2）のものに比べ、面積が等分に近くなっていることが分かる。

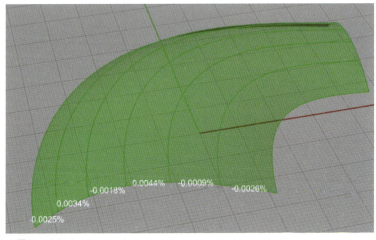

▲図RoofGalapagos_6

最適化計算が終了したら、[Stream Gate]コンポーネントのトグルを"True"にして計算結果を後工程に反映させる。後工程では、屋根を支えるアーチ状のフレームおよび支柱、屋根の分割フレームをそれぞれパイプで生成し、ルーフパネルを2種類から選択できるようにしている。

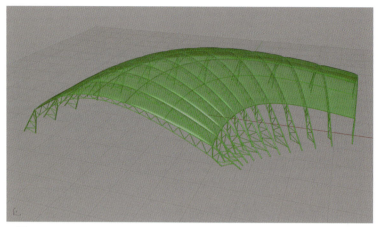

▲図RoofGalapagos_7

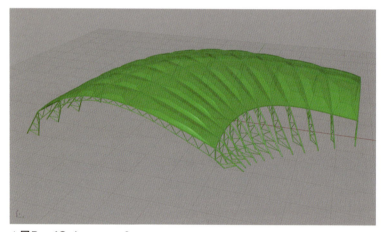

▲図RoofGalapagos_8

GHファイルでは、天井の高さやフレームの間隔や太さなどをスライダーで調整できるようにしている。形状が決まったらレイヤ別にBakeし、マテリアルを割り当てれば完成だ。

7-2-2
タワー状構造物のモデリングと積算用ツールとしての活用

1章ではGHやスクリプトを使ってどのようなことができるかを紹介するために、3つのタワーのモデルを例に、そのモデリング方法の概要について解説した。ここでは改めてそのアルゴリズムの構造を振り返るとともに、1章で解説しきれなかった部分について補足する。

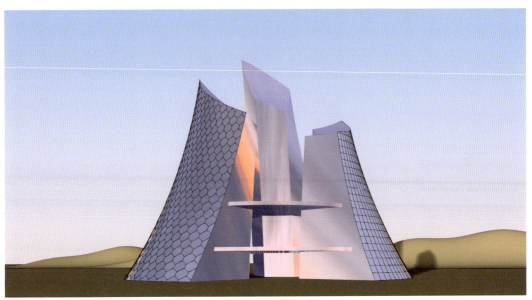

▲図ThreeTowers_1

●使用するファイル ≫　Rhinoモデル:7-2-2_ThreeTowers.3dm
　　　　　　　　　　GHファイル:7-2-2_ThreeTowers.gh

このサンプルファイルのアルゴリズムは、大きく分けると4つのパートから成り立つ。

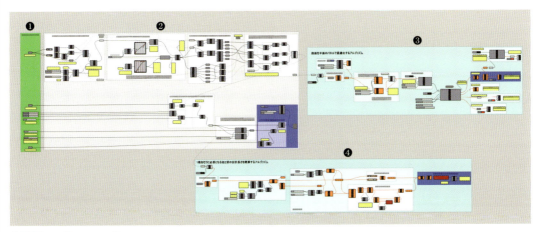

▲図ThreeTowers_2

❶初期設定 ……………… タワー外形の基準となる3本のカーブの読込とパラメータ設定
❷建物の外形を作成 ……基準カーブを元に作成した基本形状を円柱や球を使って削り取る
❸パネリング ……………タワー側面の曲面のパターンをPythonスクリプトにより平面形状で最適化
❹梁の長さの概算 ………梁や柱の間隔を設定し、それらの合計長さを求める

一見複雑なスケッチが必要に見えるかもしれないが、このモデルでは3本のカーブしか読み込んでおらず、ほぼすべてGH内で完結していることが特徴だ。

❶❷の内容については1章で解説した通りだ。基準カーブを回転配置し、その中から必要な本数だけ抽出してタワー側面の形状を決めている。いくつかパラメータも設定しているのでスライダーを動かしてみて、パラメトリックにモデルが変化することを確認いただきたい。

❸❹は補助的な機能のアルゴリズムであり、一部処理が重くなる可能性のあるプログラムを含むため、[Stream Gate]コンポーネントでON／OFFの切り替えができるようにしている。結果のプレビューを見たい場合は、それぞれToggleを"True"にすれば結果を参照できる（Pythonスクリプトの[Planarize Animation]を実行する場合は[Timer]を"Enable"にする）。

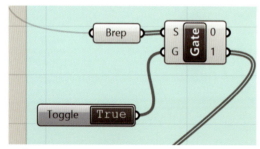

▲図ThreeTowers_3

❸のPythonスクリプトについては、基本事項については6章、最適化プログラムの内容については「7-4-2 曲面上にある曲線を平面化するPythonスクリプト」で別途解説しているのでそちらを参照いただきたい。

❹は、各階のスラブをサーフェスで生成し、設定した間隔で梁や柱を配置した場合にどれだけの材料が必要になるか概算するアルゴリズムである。梁や柱の間隔は[Number Slider]コンポーネントでパラメトリックに変更でき、変更後の計算結果がリアルタイムに出力される。

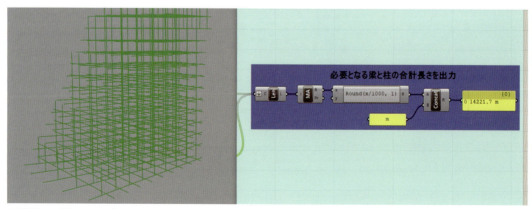

▲図ThreeTowers_4

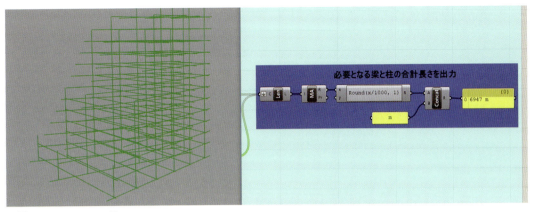

▲図ThreeTowers_5

GHはVPLの名の通り、プログラミング言語の一種と言えるため、単なるモデリングツールとしてだけではなく、このように各種積算用のツールとしての活用も可能だ。また一般的なプログラミング言語と異なり、3次元のジオメトリが容易に扱えるため、構造計算やCAEなどの解析のプリポスト処理用のプログラムとしても相性が良い。

パラメータが自由に設定でき、複雑な数式も問題なく取り扱えるので、ぜひ各々の業務や用途に合ったオリジナルのツールづくりにチャレンジし、作業の効率化にも役立ててもらいたい。

Computational Modeling

7-3
Kangaroo2サンプル

7-3-1
アーチ状天幕の物理演算シミュレーション

GHの標準プラグインであるKangaroo2を用いて、布を任意のカーブに合わせて引っ張って固定したような形状をシミュレートした。Kangaroo2は物理演算を利用しているため、より現実的で自然な形状を得ることができる。

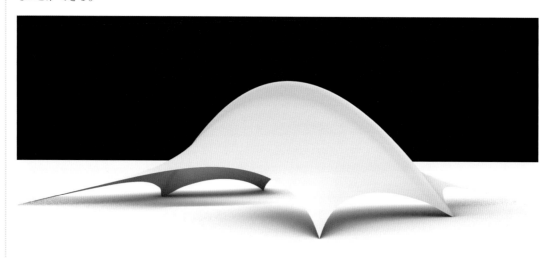

▲図Kangaroo2_Arch_1

●使用するファイル >>>　GHファイル:7-3-1_Kangaroo2_Arch.gh

定義ファイルのおおまかな流れは以下の通りである。

1. メッシュサーフェスと変形の目標となるアーチ曲線を用意
2. サーフェスの各エッジの伸びと引っ張りに対する強さを設定
3. 固定するメッシュ頂点(拘束点)を設定
4. 上記の設定を満たす形状を物理演算により求める

このサンプルでは、図のような長方形メッシュと円弧を用意した。これらは、[Scale NU]コンポーネントで幅、奥行き、高さが調整できるようにしている。

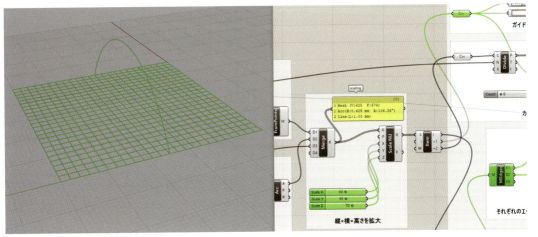

▲図Kangaroo2_Arch_2

サーフェスの各エッジの伸びと引っ張りに対する強さは、[Length(Line)]ゴールオブジェクトで設定する。Strengthの値をスライドすることで引っ張りに対する強さを調整できる。エッジの長さを変形せず、そのまま維持したい場合でも、この[Length(Line)]ゴールオブジェクトは必要になるので繋ぎ忘れないようにしたい。

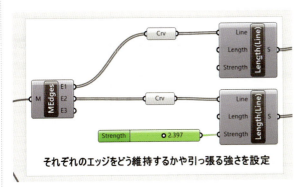

▲図Kangaroo2_Arch_3

固定するメッシュ頂点は、コーナー4点と円弧の端点2点と円弧の真下の頂点の3通りである。コーナー4点と円弧の端点2点は、[Anchor]ゴールオブジェクトでその位置から動かないように完全に固定している。円弧の真下の頂点は、[OnCurve]ゴールオブジェクトで円弧上に拘束されるようにしている。

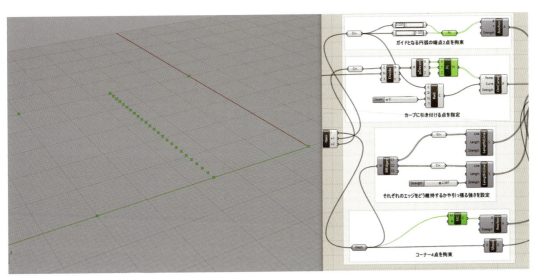

▲図Kangaroo2_Arch_4

以上の条件で演算を行うと、図Kangaroo2_Arch_1のようなアーチ状の天幕形状が得られる。パラメータを変更したときの形状の変化の仕方やコンポーネントの繋ぎ方の詳細などは、実際にファイルを開いて確認してもらいたい。

7-3-2 シャボン膜モデルの物理演算シミュレーション

石鹸膜は、表面張力の作用でできるだけ面積を小さくしようとする性質を持つ。このときの曲面を極小曲面という。Kangaroo2の極小曲面を求めるコンポーネントを利用して、2つの曲線間に生成される石鹸膜形状をシミュレートした。

▲図Kangaroo2_Soap_1

●使用するファイル >>> GHファイル:7-3-2_Kangaroo2_Soap.gh

このファイルではMeshEditという無償プラグインを使用しているのでプラグインをインストールしてからGHファイルをご確認いただきたい。

定義ファイルのおおまかな流れは以下の通りである。

1. 2つの曲線から成る柱状のサーフェスを用意し、分割数を指定してメッシュ化
2. 端部（上面・下面）の頂点を拘束
3. 専用のコンポーネントを用いてメッシュ全体が極小曲面になるよう設定
4. 上記の設定を満たす形状を物理演算により求める

2つの曲線から成る柱状のサーフェスを用意する。サンプルでは、[Stream Filter]コンポーネントで複数のBrepの中から1つ選択できるようにしている。柱状サーフェスの2つの曲線の関係は、ねじれていても、傾いていても構わないが、あまり複雑な形状にすると極小曲面に収束させるのは難しくなる。また、最終的にサーフェス化する場合は、メッシュ分割のUV方向の向きが重要になるため、読み込むBrepのUV方向の向きに注意する。

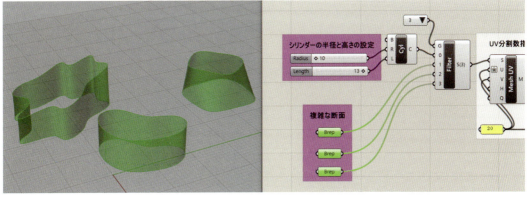

▲図Kangaroo2_Soap_2

柱状サーフェスの上面・下面側の点をすべて[Anchor]ゴールオブジェクトで拘束する。メッシュ端部の点は、[NakedVertices]のNakedPts出力から抽出できる。この[NakedVertices]の前に[Mesh WeldVertices]という別のプラグイン(プラグイン名:MeshEdit)のコンポーネントがあるが、これはメッシュのシームを繋ぎ合わせる機能を持つ。この処理がないとシームの位置もNakedであると判断されてしまう。MeshEditには他にも便利なコンポーネントが含まれているので、ぜひインストールをお試しいただきたい。

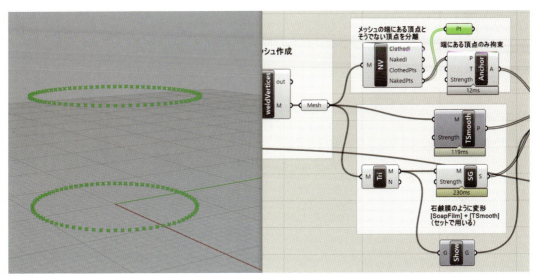

▲図Kangaroo2_Soap_3

極小曲面を求める場合は、[SoapFilm(SG)]ゴールと[TangentialSmooth(TSmooth)]ゴールをセットで用いる。

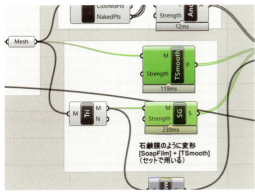

▲図Kangaroo2_Soap_4

サンプルでは、ソルバーとして[ZombieSolver]を用いているので、MaxIterationsをスライドすることで初期のサーフェスが極小曲面まで収束していくまでの様子が確認できる。

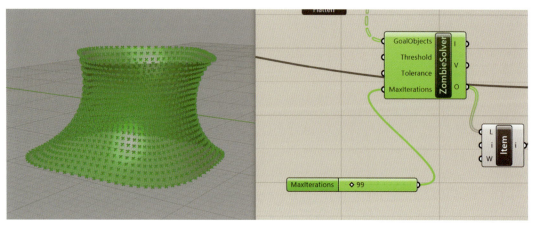

▲図Kangaroo2_Soap_5

Computational Modeling

7-4
スクリプトサンプル

7-4-1
スクリプトサンプルの確認

GHでPythonやC#を使用した簡単なスクリプトサンプルを紹介する。プログラムとして複雑なものでなくても、本章のようなスクリプトを作成することで、アルゴリズム作成を効率的にすすめることができる。

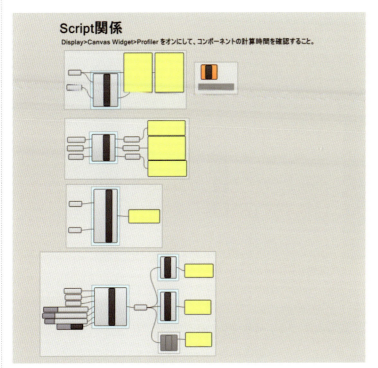

▲図ScriptSample_1

●使用するファイル>>> GHファイル:7-4-1_ScriptSample.gh

このファイルでは、青色のグループで囲っている個所が、作成したスクリプトを記述したコンポーネントになる。

またここでは、

- GHには実装されていないため、Rhino ScriptやRhino Commonから呼び出して使えるようにしたもの
- GHのコンポーネントでは複数の機能があるため、あえて単機能にして処理を高速化したもの
- 数式などを用いているので、標準のコンポーネントでは作成しづらいもの

などを紹介する。

・[SortPoints_Python]

Pythonで書かれた、点群を並び替えるスクリプトである。通常のGHの[Sort Points]コンポーネントは、X座標,Y座標,Z座標の順にしか並び替えることができない。そのためこのスクリプトは任意の座標順に並び替えることができるように作成している。例では、Y座標,X座標,Z座標の順に昇順に並び替えている。

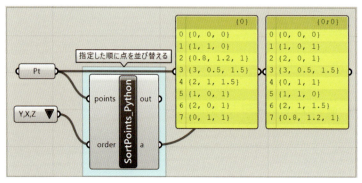

▲図ScriptSample_2

・[Smash-Python]

Pythonで書かれた、BrepとBrep上の曲線・点を、XY平面上に展開するスクリプトである。ただしポリサーフェスはそれぞれ別のサーフェスとして展開される。

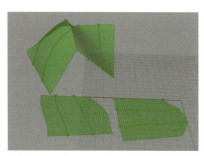

▲図ScriptSample_3　　▲図ScriptSample_4

・[ExtendCurveOnSurface_Python]

Pythonで書かれた、サーフェス上の曲線をサーフェスエッジまで延長するスクリプトである。

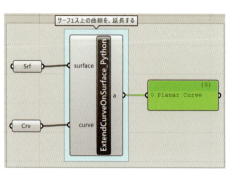

▲図ScriptSample_5　　▲図ScriptSample_6

・[Loft_To_Point_Python]

Pythonで書かれた、始点や終点も含めてLoftするスクリプトである。GHの標準の[Loft]コンポーネントは曲線しか対応しておらず、Rhinoの[Loft]コマンドと仕様が異なる。このようなスクリプトを使うことで、よりRhinoに近いモデリングが可能となる。

またその右側にある[Volume_C#]と[Volume_Python]はそれぞれRhino Commonを使用した体積だけを求めるスクリプトである。通常のGHの[Volume]コンポーネントは体積以外にも、重心（Center）などの計算も同時に行う。ここのスクリプトでは体積だけを計算することで、標準のコンポーネントで289ms掛かる処理を、17ms（約6%）の計算時間で処理している。

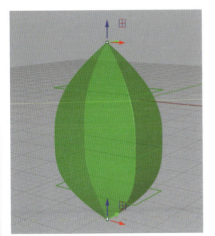

▲図ScriptSample_7

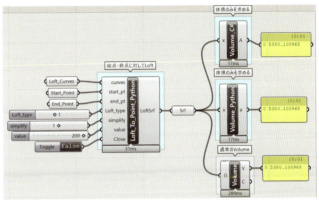

▲図ScriptSample_8

・[Shell_Python]

Pythonで書かれた、BrepのFace番号を指定して、面を削除して均一のオフセット形状を作成するスクリプトである。RhinoでのShellコマンドを模したものである。例では0番と3番の面をシェル化している。

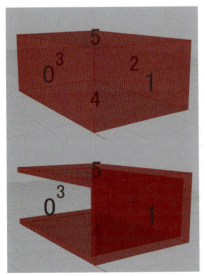

▲図ScriptSample_9

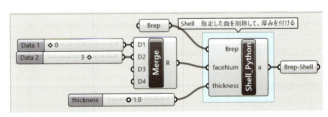

▲図ScriptSample_10

・[OffsetSrfSolid_Python]

Pythonで書かれた、サーフェスをオフセットするスクリプトである。標準のGHでは側面が作成されないため、単体のコンポーネントではソリッドを作成できない。Rhinoの[OffsetSrf]コマンドのソリッドオプションを模したスクリプトになる。

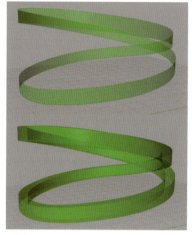
▲図ScriptSample_11

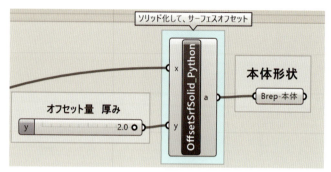
▲図ScriptSample_12

・[Fib_Sph]

Pythonで書かれた、球体上にフィボナッチ状に点を作成するスクリプトである。平面ではなく、球面上に点を発生させるように数式がコンポーネント内に記述されている。

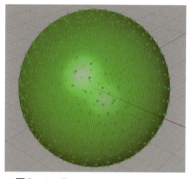
▲図ScriptSample_13

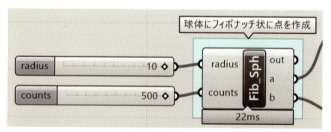
▲図ScriptSample_14

・[SurfaceSplit_Python]、[Area_C#]、[Area_Python]

どれも通常のGHよりも高速化できるように作成したスクリプトである。[SurfaceSplit_Python]は通常のGHコンポーネントの処理時間の55%と約2倍高速化している。[Area_C#]、[Area_Python]は処理時間が14%程と、約7倍ほど高速化している。

> **HINT**
>
> また6章で紹介したghaで作成したプラグインは、複数のコンポーネントを含むことができるが、そのghaファイルを持っていないユーザーにはデータを渡すことができず、該当コンポーネントが欠損となる。[GhPython Script]や[C# script]コンポーネントなどで記述したものは、データの欠損なく受け渡しできるため、大掛かりなものはghaでプラグインとして、小さい単機能のものはスクリプトと使用方法を分けると良いだろう。

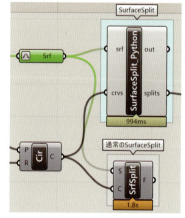
▲図ScriptSample_15

7-4-2
曲面上にある曲線を平面化するPythonスクリプト

屋根を模した曲面サーフェス上に描いた六角形のパネルを、平面化するアルゴリズムを見てみる。3D検討時には曲面で良くても最終的な製作時にはコストなどの観点から平面形状に近似するケースが良くある。このファイルでは、Pythonスクリプトを記述することで、平面化する際に生じるパネル同士のズレを指定した許容差内に収まるようにシミュレーションしている。

▲図PlanarizeRoof_1

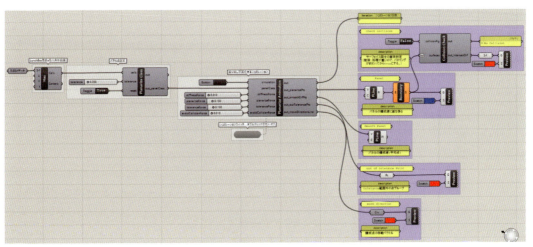

▲図PlanarizeRoof_2

●使用するファイル >>> 　Rhinoファイル:7-4-2_PlanarizeRoof.3dm
　　　　　　　　　　　　GHファイル:7-4-2_PlanarizeRoof.gh

このファイルでは2つの[GhPython Script]コンポーネントを使用して、曲面上にある六角形を平面化している。またサーフェス上に分割する元となる六角形のポリラインを作成するのに、[LunchBox]というプラグインを使用している。ファイルを開く際は、Food4Rhinoからダウンロードし事前にインストールしていただきたい。

はじめに[Surface]コンポーネントに曲面を入力し、LunchBoxの[Hexagon Cells]コンポーネントを使用し、六角形のポリラインを作成している。この時点では、六角形のポリラインは曲面に沿った形である。

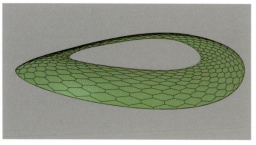

▲図PlanarizeRoof_3　　　　　　　　　▲図PlanarizeRoof_4

[Planarize Class]という名前の[GhPython Script]内で、隣り合う六角形のパネルの端点を"tolerance"で指定した値以内になるよう設定している。また[Planarize Class]で記述したクラスを次の[GhPython Script]でも使えるよう、ここでは"out_panelClass端子"からクラスの情報を出力している。

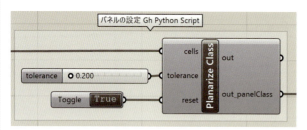 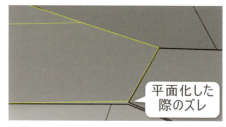

▲図PlanarizeRoof_5　　　　　　　　　▲図PlanarizeRoof_6

次に、繋いだ[Planarize Animation]という名前の[GhPython Script]で、平面化のシミュレーションをしている。前の"out_PanelClass端子"から出力したクラス情報を"panelClass端子"に入力し、このコンポーネント内でも使用している。

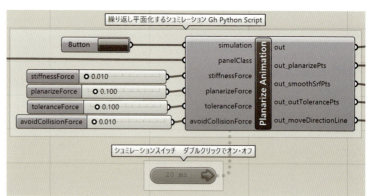

▲図PlanarizeRoof_7

"out端子"からはシミュレーションした回数が、"out_planarizePts端子"からは六角形の頂点が出力される。ここで出力された点に対して、[PolyLine]コンポーネントで閉じたポリラインを作成し、[Boundary Surfaces]コンポーネントで平面サーフェスを作成している。また作成されたサーフェスは青色で表示されるように設定している。

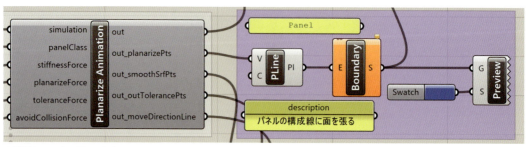

▲図PlanarizeRoof_8

実際にシミュレーションを開始するには、Planarize Animationの下部にある[Timer]コンポーネントをダブルクリックする。[Timer]コンポーネントの表示がグレーアウトした状態から色が付いた状態になり、

シミュレーションが実行される。時間とともに曲面から平面化された青色のサーフェスが増えていくのが確認できるはずだ（図PlanarizeRoof_10から PlanarizeRoof_12参照）。

▲図PlanarizeRoof_9

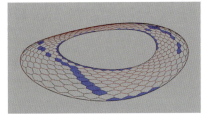
▲図PlanarizeRoof_10

▲図PlanarizeRoof_11

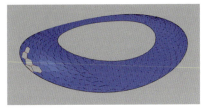
▲図PlanarizeRoof_12

下図はシミュレーションの終了間際の様子である。残り1枚まで平面化が完了したが（図PlanarizeRoof_13）、最後の一枚が指定した許容差内に収まらなかったため、再度周りのサーフェスを含めて計算をやり直している（図PlanarizeRoof_14）。

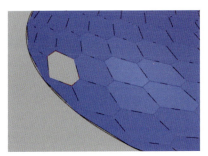
▲図PlanarizeRoof_13

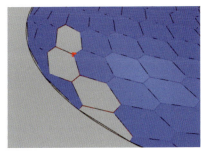
▲図PlanarizeRoof_14

再度、平面化を進めていき（図PlanarizeRoof_15）、最後の1枚まで指定許容差内に収まるとシミュレーション終了となる（図PlanarizeRoof_16）。

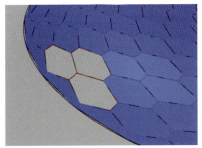
▲図PlanarizeRoof_15

▲図PlanarizeRoof_16

> **HINT**
>
> GHでは、コンポーネントを繋いだ順にデータを受け渡していきアルゴリズムを実行していくため、反復回数が多かったり、事前に回数が分からない計算は原則定義できないが、スクリプトであれば記述することで作成可能となる。プログラムの知識が必要となるため、通常のGHよりも高度な知識が必要となるが、その分制御できる幅も広がるはずだ。ぜひ、チャレンジしてみてほしい。

7-4-3
IDE（統合開発環境）を使用してみる

GHでPythonを使用する際に、標準の［GhPython］のエディタよりも効率的に開発を進める方法として、ここでは外部のIDE（開発環境）を使ってスクリプトを作成する例を紹介する。
下図は左側にGH、右側に外部のIDEのウィンドウを並べて使用している例である。

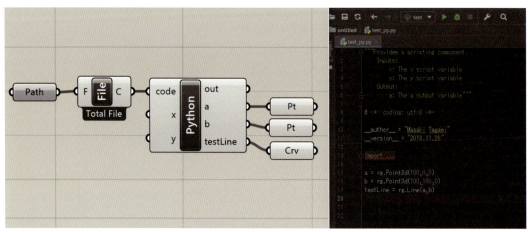

▲図IDE_1

外部環境とリンクして使用するには、下図のように［File Path］、［Read File］、［GhPython Script］コンポーネントを繋ぐ。

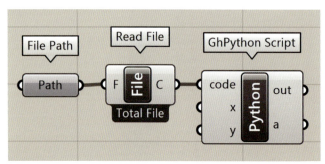

▲図IDE_2

このとき、下記の設定を行う。

- ［File Path］コンポーネントの上で右クリックし、オプションの"select one existing file"から、別途IDEで作成した".py形式"のファイルを選択。例では、"link_test.py"というファイルを選択している。

▲図IDE_3 ▲図IDE_4

- [Read File]コンポーネントのオプションの"Per Line"のチェックを外す。チェックを外すと、下部の表記が"Per Line"から"Total File"に切り替わる。

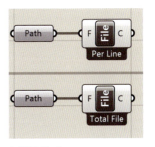

▲図IDE_5　　▲図IDE_6

- [GhPython Script]コンポーネントのオプションから、'Show "Code" input parameter'にチェックを付け、入力に"Code端子"を追加し、[Read File]コンポーネントの出力を繋げる。

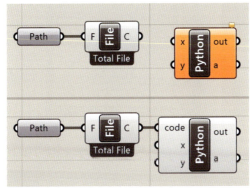

▲図IDE_7　　▲図IDE_8

この状態で、IDEでpyファイルを上書き保存すると、GH上の[File Path]コンポーネント以降のコンポーネントが更新され、スクリプトに反映される。

またここから先では、PyCharmというIDEを使用している。このIDE以外でも使用可能だが、Rhino CommonのAPIパッケージをインストールし、自動補完の一覧に追加して使用することも可能だ。下図はRhino CommonのLineタイプのプロパティやメソッドを自動補完機能で呼び出している例と、メソッドを使用中に入力する引数を確認している例である。

▲図IDE_9　　　　　　　　　　　　▲図IDE_10

PyCharmには、Python以外にも対応した有償の"Professional"とPythonだけに特化した無償の"Community"がある。ここでは"Community"を使用している。またPyCharmはGHとは異なる外部アプリケーションのため、起動時にInterpreterとしてPythonのexeファイルが必要となる。2019年7月現在、Macは標準でPython2系がインストールされているが、Windowsにはインストールされていないた

め、WindowsユーザーはPython2系をインストールする必要がある（GHの［GhPython Script］コンポーネントはPythonの2系を使用しているため）。

PyCharm、Python共にインストール方法や動作環境に関しては、それぞれの専用のWebページを参照いただきたい。

APIを自動補完に追加する手順は、下記となる。

1) Windows:File>Settingsを実行する。Mac:PyCharm>Preferencesを実行する。

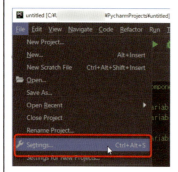
▲図IDE_11

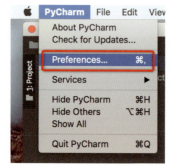
▲図IDE_12

2) Project>Project Interpreterを押し、右側に出てくる"+"ボタンを押す。

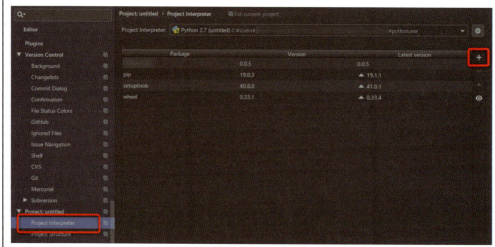
▲図IDE_13

3) 検索窓に、"Rhino-stubs"と入力し該当項目をクリック後、"Install Package"をクリックする。

▲図IDE_14

IDEを有効に活用することで、より効率的に開発を進めることができるだろう。ぜひ、試していただきたい。

索引

コンポーネント（初出ページ）

[Absolute] 066
[Addition] 121
[Amplitude] 085
[Anchor] 173
[Area] 196
[Boolean] 074
[Boolean Toggle] 066
[BouncySolver] 177
[Boundary Surfaces] 197
[Boundary Volume] 281
[Bounding Box] 064
[Bounds] 074
[Box 2Pt] 051
[Brep] 049
[Brep Edges] 134
[Brep Join] 135
[Button] 174
[C# Script] 209
[Cap Holes] 054
[Cap] 066
[Circle] 052
[Clean] 178
[Clean Tree] 127
[ClosestPt] 189
[Compound] 096
[Concatenate] 113
[Construct Domain] 064
[Construct Point] 052
[Control Points] 146
[Convex Edges] 091
[Cosine] 055
[Create Material] 098
[Cross Reference] 127
[Cull Duplicates] 084
[Cull Pattern] 080
[Curvature Graph] 144
[Curve] 051
[Curve Closet Point] 189
[Custom Preview] 097
[Cylinder] 054
[Data Recorder] 169
[Deconstruct Brep] 182
[Deconstruct Mesh] 175
[Degrees] 106
[Display Matrix] 093
[Divide] 125
[Divide Curve] 127
[Divide Domain2] 141
[Domain] 064
[Edge Surface] 157
[EdgeLengths] 173
[Ellipse] 148
[Entwine] 173
[Equality] 055
[Evaluate Curve] 059
[Evaluate Surface] 290
[ExplodeTree] 173
[Expression] 105

[ExtractIsocurve] 141
[Extrude] 045
[Face Normals] 090
[Fillet Edge] 278
[Flip] 157
[Flip Curve] 155
[Flip Matrix] 125
[Floor] 182
[Galapagos] 076
[Gene Pool] 196
[Geometry] 072
[GhPython Script(Python)] 205
[Graft] 118
[Graph Mapper] 056
[Hexagonal] 054
[Hinge] 182
[HingePoints] 181
[Integer] 074
[Interpolate] 087
[Inverse Transform] 096
[Isotrim(SubSrf)] 141
[Join Curves] 281
[KangarooPhysics] 167
[Kangaroo Settings] 166
[Larger Than] 055
[Length Line] 176
[Line] 062
[List Item] 080
[Loft] 054
[Longest List] 127
[Map to Surface] 095
[Merge] 065
[Mesh ConvertQuads] 090
[Mesh Corners] 173
[Mesh Join] 182
[Mesh Plane] 173
[Mesh Sphere Ex] 090
[Mesh Sphere] 090
[Mirror] 053
[Move] 047
[Negative] 285
[NetWorkSrf] 281
[Number Slider] 033
[Number] 074
[Nurbs Curve] 087
[Nurbs Curve PWK] 146
[Offset] 066
[Offset Curve] 054
[Offset Surface] 157
[OnCurve] 180
[Orient] 094
[Orient Direction] 093
[Param Viewer] 076
[Particle] 166
[Path Mapper] 131
[Planarize Animation] 296
[Plane] 085
[Plane Surface] 046

［Point］ 033
［Point In Breps］ 057
［Point In Curve］ 057
［Point List］ 098
［Point Order］ 116
［Polar Array］ 048
［Polygon］ 053
［Pop2D］ 128
［Populate 3D］ 057
［Populate Geometry］ 290
［Radians］ 106
［Random］ 056
［Range］ 149
［Rebuild Curve］ 156
［Rebuild］ 152
［Rectangle］ 048
［Rectangle 3Pt］ 198
［Rectangular Array(ArrRec)］ 048
［Refine］ 178
［Regional Intersection］ 129
［Remap］ 075
［Remove DuplicateLines］ 182
［Remove DuplicatePts］ 182
［Reverse List］ 080
［Revolution］ 053
［Rotate］ 105
［Rotate Axis］ 094
［Scale］ 053
［Scale NU］ 298
［Series］ 047
［Shatter］ 161
［Shift List］ 080
［Shift Paths］ 130
［Shortest List］ 114
［Show］ 173
［Sift Pattern］ 285
［Sine］ 055
［Smaller Than］ 055
［Smooth］ 176
［Solid Difference］ 066
［Solid Union］ 065
［Solver］ 174
［Sort］ 190
［Sphere］ 051
［Split］ 126
［Split List］ 080
［Split Tree］ 128
［Sporph］ 066
［Spring From Line］ 170
［Square(SqGrid)］ 184
［Srf4Pt］ 181
［Stream Filter］ 058
［Stream Gate］ 290
［Surface］ 044
［Surface Closet Point］ 290
［Surface From Points］ 175
［Surface Morph］ 063
［Surface Split］ 092
［Sweep2］ 282
［Timer］ 167
［Transform］ 096
［Tween Curve］ 150

［Twist］ 053
［UnaryForce］ 166
［Unit Z］ 045
［Value List］ 288
［Vector］ 085
［Vector 2Pt］ 285
［Vector Display Ex］ 098
［Vector XYZ］ 048
［VertexLoads］ 184
［Volume］ 195
［Voronoi］ 091
［Voronoi3D］ 091
［WarpWeft］ 179
［Weave］ 284
［Wind］ 176
［ZombieKangaroo］ 169

記号

.gh 021
.gha 111, 263
.ghx 021
.py 203

英語

Access 240
add 211
Add to group 035
Align 034
Animate機能 108
Annealing Solver 192
API 312
B-Spline 137
Bezier 137
Blob outline 035
Box outline 035
Branch 068, 117
Brep 073
C# 257
Canvas Widgets 034
class 254
Cluster 100
CMYK 097
Colour 035
Component ID conflict 111
Contour 091
def 253
Degrees機能 105
Dir 061
Disentangle 103
div 211
Domain 076
Draw Fancy Wires 032
Draw Full Names 032
Draw Icons 032
elastic body 172
elif 249
else 249
Evolutionary Solver 192
Expression Designer 107
False 066
Fitness 191

Flatten 070, 118
Flow変形 095
Food4Rhino 109
for 212, 247
Galapagos 189
Galapagos Editor 191
Genome 191, 194
GHA 263
ghdoc Object 208, 214
GhPython 205, 240
ghpythonlib 232
GHオブジェクト 208
GoalObjects 172
Graft 069, 118
HSL 097
HSV 097
IDE 017, 310
If 221, 249
import 251
in 212
Index 068
Internalize 073
Item Access 208, 219
item_count 132
Kangaroo Physics 166
Kangaroo2 172, 298
Lexer Combo Editor 132
lexical operation 132
List Access 208
Lock Solver機能 099
Magnetic Field 082
Mapping Editor 133
Markov 035
mathライブラリー 219
MaxIterations 169
MeshEdit 300
Message Balloon 044
mul 211
None 241
Null 127
Number Slider 032
Numeric Domain 046
Numeric Value 046
NURBS 136
Panel 032
path_count 132
path_index 132
Plane 091
Point3d 214
Power 075
Preview 026
print 240
Profiler 035
Python Script 011
Pythonプログラミング 238
Quad 178
Quadメッシュ 090
Rectangle outline 035
Reinstate 193
Remove from group 035
Reparameterize 059, 060, 140
res 211

Reverse 119
RGB 097
Rhino.Geometry 230
RhinoCommon 018, 202, 229
RhinoPython 202
RhinoScript 202
rhinoscriptsyntax 213
Rhinoオブジェクト 044
Rhinoカーブ 050
Rhinoサーフェス 050
Rhinoソリッド 049
Rhinoテキストオブジェクト 063
Rhino点 051
rigid body 172
SDK 018
self 254
Simplify 070, 120
Slider accuracy 046
Spline 137
sub 211
Tree Access 208
Triangleメッシュ 090
True 066
Trunk 117
Tweenファクター 151
Type hint 208, 240
t値 059
Ungroup 035
Union Box 038
User Object機能 103
using 258
UV 061
Uv方向 222
var 261
Visual Studio 263
Voronoi図 128

あ

アイコン 024
アイソカーブ 141
アイテム 068
アイテム入力 160
アニメーション 108
アフィン変換 077
アフィン変形 093
アルゴリズム構築 011
位相要素 073
遺伝子 191
遺伝的アルゴリズム 192
イニシャライザ 255
色情報 097
インスタンス 254
インターフェース 022
インデックス 080, 112, 159
インデント 247
インポート関数 251
ウエイト 147
枝 117
エッジ 091, 178
エラーメッセージ 046
円 052
演算 055

▼索引

315

演算子　211
円柱　054
エンボステキスト　065
大文字小文字　239
押し出し　047
オブジェクト関数　254
オブジェクト変数　255
オフセット　054

か

改行　239
階層　068, 117, 159
回転　053
開発環境　017, 263
角度バネ　181
可視化　098
カスタム関数　235, 253
カテナリー曲線　170
環状配列　048
関数　055, 216, 251
幾何要素　073
起動　020
逆行列　096
逆引き　037
ギャップ　016
キャプチャー画像　108
キャンバス　022
境界線　090, 134
境界値表現　073
曲率　144
虚数　241
均等配列　047
矩形配列　048
組込関数　210
クラス　254
クラスター　100
グラフ　056, 098
グリッド　054, 082, 284
グリッドセル　184
グループ化　035
黒いラベル　038
クロスリファレンス　127
検索　033, 221
合成　096
剛体　172
ゴールオブジェクト　172
コメントアウト　209, 238
コンソール　240
コンパイル　267
コンポーネント　028
コンポーネントパネル　023

さ

サイズ　288
作業平面　083
三角関数　079
サンプルスクリプト　206
シェーディング表示　025
シェル化　305
ジオメトリー　175, 208
辞書　241

次数　138
四則演算　211
磁場　082
シフト　080
ジャンプボタン　286
自由曲線　087, 138
自由曲面　089, 139
収束値　191
重力　184
樹形図　117
出力　032
順番　068
条件分岐　249
ショーテストリスト　126
新規　020
シングルスパンカーブ　146
シングルスレッド　099
数値データ　116
スーパー楕円　150
数列　081
スクリプト　303, 307
スケール　053
ステートメントブロック　213
正規化　060, 140
整数　074, 241
積算　294
接続　030
接続の解除　030
ソリッド　089
ソルバー　166

た

代数演算子　243
タイトルバー　022
代入演算子　244
タイマー　168
多項式　078
多重ノット　151
多重ループ　217
ダブル　241
球　051
端子　028
端子の追加　037
弾性体　172
単体データ　208
断面カーブ　289
置換　221
長方形　052
直方体　044, 051
ツイスト　053
ツリー構造　082, 117
ツリーデータ　208
ツリー入力　160
データ型　208
データ構造　068, 116
データ選択　124
データツリーの操作　128
データの型　029
テキストマッピング　066
デバッグ　267
点　052
点群　082, 091

点データ 084
度 105
同期 103
統合開発環境 017, 310
等高線 091
突然変異 194
トリム曲面 140

な

内外判定 057
ノット 145
ノットベクトル 147

は

配置 028
配列 049, 241, 245
配列データ 208
パネリング 011
パラメータ 059
パラメータ空間 137
パラメトリック 046
パラメトリック曲線/曲面 138
判定 055
反転 080, 119
反復回数 169
比較演算子 249
引数 215
非トリム曲面 140
表示 032
表示色 036
標準ライブラリ 251
ヒンジ 181
ファイルブラウザコントロール 022
フィボナッチ数列 253
フィルタ 058
ブール演算 014, 068, 226
ブール値 241
複数接続 030
物理演算 298
浮動小数点 074, 241
プラグイン 109
ブレークモード 268
フレームワーク 017
プレビュー表示 025
プレビュー表示の品質 027
プロジェクト 265
分割 080, 086
分析 085, 088
ペア 121
ヘキサグリッド 285
ベクトル 098
ヘッダ 213
ベルヌーイの対数螺旋状 106
変換行列 096
変換マトリックス 096
変形 095
編集 031
変数 210, 239
変数型 241
法線方向 157, 222
保存 021

母面 143
ボリューム 288
ポリライン 016, 129
ボロノイ形状 091
ボロノイ図 133

ま

マスク 126, 132
マッピング 062
マトリックス変換 124
マルチスレッド 099
幹 117
ミラー 053
メソッド 213
メッシュ 090, 173
メニューバー 022
モーフィング 095
文字列 210, 241
モデリング 044
戻り値 2512

や

焼きなまし法 192
読み込み 044

ら

ライブラリ 258
ラジアン 105
ランダム値 056
リスト 080, 125
リスト入力 160
リビルド 152
領域 074
累乗 075
ループ 212
ロック 102
ロフト 054
ロンゲストリスト 127
論理演算子 250
論理値 074

わ

ワイヤーフレーム表示 025

おわりに

Rhinoに関して当初、困った質問は、"Rhinoは何に対して使用するものか?"という問いである。
"CAD"なのか"CG"なのか？　意匠デザインのためか？　製造のためか？
使用する側は、これは何に使用するものであるという狭義の定義を欲していたのだ。

1つの回答は、"Rhinoは曲面造形を必要とする全ての分野で使用可能なデザインツールである。"ということであるが、これは具体的な回答を欲していたユーザーには評判は良くなかったが、時間が経つにつれ一応の理解を得たと思う。

それと同様の問いがGrasshopperにも言えるかもしれない。
建築デザインのために使用するのか？　構造計算や日照計算をするためのものか？　形状シミュレーションのために使用するのか？　プロダクトの加飾表現に使用するものなのか？
エンドユーザーのピンポイントのニーズを有しており、合致しないと受け入れづらい。

Rhino同様に答えれば、"Grasshopperは、コンピュテーショナルモデリングによってアドバンテージを得られる全ての分野で使用可能なツールである。"ということになる。

本書では、ソルバーであるスクリプトと"Kangaroo"や"Galapagos"に加え、プログラミングにも触れることになり、専門家である髙木秀太氏に共同で執筆することをお願いした。
当初は、RhinoPythonにもっとページ数をかける予定であったが、Grasshopper自身をプログラム実行のプラットフォームととらえ、GhPythonを中心に執筆することにした。
第6章に関しては、コンピューターサイエンスの立場からPythonの基本をしっかり説明したい髙木さんと、ユーザーの立場から現状のGrasshopperでできないものをGhPythonなりGhC#でどう補間するのかの理解が重要事項であると考える私の立場から、6-2章と6-3章で分けることにした。
内容はオーバーラップしているところはあるが、読書の興味によってどちらから読んでも良いようにしたが、できれば両方、熟読してもらいたい。
私個人としては、最も欲しい内容のスクリプトの入門書になった。

では、プログラミングを一体、何のために使用するのか？
"既存のデジタルツールを拡張してアドバンテージを得られる全ての分野で使用可能な知識・技術である。"ということではないか？
Rhino+Grasshopperとそのプラグインでも実に多くのことが可能であるが、さらにその枠を超えていくことが可能だ。
プログラミングを自分で実行できるのが理想であるが、本書を通して、さらなる可能性があることを理解頂ければプログラム可能な人材に正確にニーズを依頼することができる。
自身のアイディアを3次元デジタル空間の中に高い付加価値モデルとして構築し、リアルなモデルとして実現するための一助として頂ければ幸いである。

中島淳雄

おわりに

現在、デジタルデザインツール業界においては玉石混交の大戦国時代の形相を有している。しかし、その中でも「Rhinoは頭1つ飛び抜けている」という印象を筆者は持っている。理由は単純明快で、「デザインのデジタル制御」という領域において他のソフトウェアを大きく凌いでいるからだ。

ビジュアルプログラミングツール「Grasshopper」の登場によってデジタル制御の門戸がデザイナーに広く開かれ、世界中のデザイナー達に歓迎をもって受け入れられた。もはや、「Grasshopperを使用できる」は10年前ではレアスキルであったが、現在では必須のスキルとして求められる状況も数多く存在することに驚かされる（事実、プロダクトデザイン、建築デザイン、グラフィックデザインの領域でGrasshopperのスキルが必須な求人がここ数年で激増している）。

しかし、デザイナーに求められているデジタル知識／技術のレベルは、いまなお、刻々と上がり続けている。近年、ついにはそのレベルは「デジタルツールを使用／制御する」から「デジタルツールを開発する」へとその範囲を広げようとしている。

本書はそんな「デジタルツールの使用／制御」から「デジタルツールの開発」への移行を試みるRhino+Grasshopperユーザーのための書籍である。

デザインの領域におけるスクリプト開発は、以前であれば大変な学習コストがかかった。なにから手をつければ良いか判断ができなかったり、スクリプト言語の学習帳を開くだけで拒否反応を示してしまうユーザーも多かったと予想する。しかし、Rhino+Grasshopperに慣れ親しんだユーザーは、その「経験」がすでに大きな財産である。グラフィカルアルゴリズムエディタ（Grasshopper）による制御もスクリプトによる開発も本質的には同じだ。本書にはGrasshopperでもともと存在するコンポーネントをスクリプトで再現するような項目が含まれているが、馴染みのある機能の再現は学習の難易度を大幅に下げ、学習の深度を格段に上げてくれるはずだ。「学習するなら今」、なのである。

また、加えて、本書で扱ったKangaroo、Galapagosはデジタル制御の範囲を「幾何学」から「物理学」や「メタヒューリスティクスアルゴリズム（遺伝的アルゴリズム）」まで拡張する可能性を秘めている。デジタルスキルによる制御の対象は「幾何学」だけにとどまらない。ユーザーはためらうことなく、まだ見ぬアルゴリズムの領域へとチャレンジしてほしいと思う。

本書で取り扱った内容は、広く開かれている広大なRhino+Grasshopperの世界の根底を成すコンテンツばかりだ。未開の世界の探索に向けて、本書が多くのユーザーにとってのロードマップになることを望んでいる。

髙木秀太

サンプルデータなどは、

https://www.applicraft.com/cpmodeling_data/

で入手できます。

中島 淳雄（なかじま あつお）

3D デジタルモデリングエキスパート、曲面造形のスペシャリスト。
電気通信大学　材料科学科卒業。
電子部品メーカーエンジニアを経て、日本コンピュータービジョン社他で、3 次元 CAD のアプリケーションのテクニカルサポート、プロダクトマネージャー担当。
1997 年、株式会社アプリクラフト設立、代表取締役、現取締役。
2008 年、株式会社グリフォンデザインシステムズ設立、代表取締役。
武蔵野美術大学・基礎デザイン学科　非常勤講師。
日本デザイン学会会員、日本建築学会会員。

髙木 秀太（たかぎ しゅうた）

1984 年生まれ。東京理科大学大学院修了。建築家、プログラマ。合同会社 髙木秀太事務所代表。東京大学学術支援専門職員、東京理科大学・東京大学・工学院大学・長岡造形大学非常勤講師。The Architecture Master Prize 2018 Interior Design of the Year、SD レビュー 2018 入選ほか受賞多数。

コンピューテーショナル・モデリング 入門から応用
Grasshopper×スクリプトで極めるアルゴリズミック・デザイン

2019 年 9 月 10 日　初版第 1 刷発行

著者	中島淳雄
	髙木秀太
執筆協力	熊野優美・田上雅樹・金野圭祐
装丁	VAriantDesign
編集	うすや

発行者　黒田庸夫
発行所　株式会社ラトルズ
〒115-0055　東京都北区赤羽西 4-52-6
電話 03-5901-0220　　FAX 03-5901-0221
http://www.rutles.net

印刷・製本　株式会社ルナテック

ISBN978-4-89977-492-1
Copyright ©2019 Atsuo Nakajima, Shuta Takagi
Printed in Japan

【お断り】
- 本書の一部または全部を無断で複写複製することは、法律で認められた場合を除き、著作権の侵害となります。
- 本書に関してご不明な点は、当社 Web サイトの「ご質問・ご意見」ページ
  http://www.rutles.net/contact/index.php をご利用ください。
  電話、ファックス、電子メールでのお問い合わせには応じておりません。
- 当社への一般的なお問い合わせは、info@rutles.net または上記の電話、ファックス番号までお願いいたします。
- 本書内容については、間違いがないよう最善の努力を払って検証していますが、著者および発行者は、本書の利用によって生じたいかなる障害に対してもその責を負いませんので、あらかじめご了承ください。
- 乱丁、落丁の本が万一ありましたら、小社営業宛てにお送りください。送料小社負担にてお取り替えします。